城市规划管理制度研究

郐艳丽◎著

U0195138

中国建筑工业出版社

图书在版编目（CIP）数据

城市规划管理制度研究／邹艳丽著 . —北京：中国建筑
工业出版社，2017.6
ISBN 978-7-112-20749-7

Ⅰ．①城…　Ⅱ．①邹…　Ⅲ．①城市规划－城市管理－
研究　Ⅳ．① TU984

中国版本图书馆 CIP 数据核字 (2017) 第 088058 号

责任编辑：杨　虹　刘晓翠
责任校对：李欣慰　刘梦然

城市规划管理制度研究

邹艳丽　著

＊

中国建筑工业出版社出版、发行（北京海淀三里河路9号）
各地新华书店、建筑书店经销
北京嘉泰利德公司制版
北京君升印刷有限公司印刷
＊
开本：787×960毫米　1/16　印张：17$^3/_4$　字数：318千字
2017 年 8 月第一版　2017 年 8 月第一次印刷
定价：56.00元
ISBN 978-7-112-20749-7
　　（30406）

P 前 言
PREFACE

　　城市规划是政府调控城市空间资源、指导城乡发展与建设、维护社会公平、保障公共安全和公众利益的重要公共政策之一，城市规划是特殊的公共政策，核心是公共利益，载体是城市空间，而法律制度则是维护公共利益的必要条件。城市规划政策的制定和实施是一个政策本身与政策客体、政策环境之间不断博弈的动态过程。我国城市规划作为公共政策在不完全产权环境的物权制度和复杂垂直科层体系的行政管理体制下运行，有中央（省）政府、城市政府、企业和城市公民四个主要相关利益方。城市规划的合理性不再只建立在工程技术是否合理的基础上，而是越来越受到城市规划利益方的选择和选择偏差的影响。城市规划对城市空间的形成和更新实施有效管理，不同层级的规划，包括法定和非法定规划都在现实世界中对城市发展从时间维度施以空间维度的引导、管制以及管理，构成了城市规划空间管理制度的框架体系。城市综合交通系统管理与城市市政基础设施管理系统是保障城市安全的基础支撑系统，其规划、建设和运营过程中，城市规划管理起着协调、整合和调整的作用。我国城乡规划的法制体系不断完备，但仍存在产权制度下的实施困境，城乡规划权利救济也存在制度性缺陷。在快速城镇化背景下，新问题、新需求不断涌现，不断修订和完善制度体系成为立法实践的重点。

　　本书是基于《城市规划与公共政策》的教学及科研实践总结形成的，试图构建城市规划公共政策视角下的基于空间、设施的分析框架，通过概括规划管理特征、发现规划管理问题，提出制度破解之道，实现规划治国理政。

郐艳丽

2017 年 1 月 11 日

C目 录
ONTENTS

第一章 | 公共利益与公众参与制度

城市规划的目的是通过城乡规划管理协调城乡空间布局，改善生态环境，促进资源、能源节约和综合利用，保护耕地等自然资源和历史文化遗产，保持地方特色、民族特色和传统风貌，防止污染和其他公害，改善人居环境，维护社会公平，保障公共安全，促进城乡经济社会全面协调可持续发展，城市规划的核心是公共利益，实现公共利益的基本途径是公众参与。

第一节　公共利益的一般内涵和法律界定

一、公共利益概念内涵

公共利益的界定和内涵解读是城市规划决策和管理的基础。

（一）公共利益的概念

1. 公共

《辞源》曰：公共，谓公众共同也。公共这一概念本身是不确定的，因为人们无法知晓究竟多少私人之集合方能称之为公共，在古希腊语中有两个起源：①pubes 或 maturily，其强调个人能超出自身利益去理解并考虑他人的利益，同时意味着具备公共精神是一个人成熟并且可以参与公共事务的标志；②缘于古希腊词汇 koinon、英文词汇 common（共同），意味着人与人在工作、交往中互相照顾关心的一种状态。即公共蕴含两个内涵：①对自我利益的超越；②公共具有共同的涵义。美国行政学家德怀特·沃尔多从三方面阐述了公共的含意：①可以根据国家之类的词给公共下定义，这就涉及主权、合法性、普通福利等方面的问题；②可以按照某种社会中人们对于某些公共职能与公共活动的认识，简单地从经验方面给公共下定义，由于人们的认识不同，很难有统一的规定；③可以根据政府所执行的职能或活动的常识性方式来定义，但许多政府行为是不稳定、不确定的。

2. 利益

与公共相比，利益本身的内涵更加丰富，它是不同主体对同一客体的价值判断。而判断则有所不同，其中包含了欲望说、客观说、主客观统一说、关系说等，利益具有客体性、主体性、过程性、时间性和空间性等多种含意，因此这种价值所形成的利益概念仍然具有现实性、变化性及相当大的不确定性。

3. 公共利益

当我们将"公共"及"利益"两者的定义组合、对比时可以得出三个结论：①利益含意的多样性使得公共利益的界定变得十分复杂；②公共利益不限于物质利益增加了其界定的难度；③公共利益蕴含着事实判断与价值判断的对立关系。德国学者洛厚德于 1884 年发表的《公共利益与行政法的公共诉讼》一文认为，公共利益是任何人但不必是全部人们的利益，并提出把地域基础作为界定人群的标准。罗斯科·庞德认为利益即是人们个别的或通过集团、联合或亲属关系，谋求满足的一种需求或愿望，并将其分为三类：①个人利益（individual interests），是指直接涉及个人生活并以个人生活名义提出的主张、要求或愿望；②公共利益（public interests），是指涉及政治组织社会的生活并以政治组织社会名义提出的主张、要求或愿望；③社会利益（social interests），是指涉及文明社会的社会生活并以这种生活的名义提出的主张、要求或愿望。这种思想无疑是认为人们需要永远地对不同利益做具体衡量，不可能有一个一劳永逸的标准明确地将公共利益区分出来。个人利益、社会利益、公共利益等的区分又是相对的，如人格方面的个人利益又可归入一般安全（社会利益），家庭关系中的个人利益又可纳入社会体制安全（社会利益），公共利益中的国家人格统一又可视为社会政治体制安全（社会利益）等。

根据上述分析，公共利益首先是一种个人利益与社会利益平衡的秩序关系。依据法治原则，解决这种利益冲突的方式是限制或放弃较小价值利益的权衡规则，在结合某一情景时应当有其内在的正当性与合理性，否则就会导致权力的滥用。

（二）公共利益的内涵

1. 公共利益的学术之争

公共利益存在多种学术争辩：①不存在说。以布坎南为代表的公共选择理论从理性经济人的假设出发，运用经济学方法研究政府过程，得出了公共政策取向是个人利益的观点，认为根本就不存在公共利益这种东西❶。杜鲁门用集团概念来解释政治生活，因此所谓的公共利益不存在，政治生活中只有集团利益。罗斯认为社会生活是个人体验，人类社会作为整体并没有自身的利益，所以就没有所谓的公共利益。美国经济学家 K. J. Arrow（阿罗）曾提出著名的不可能性定理，认为在自由平等的市场体制下，满足个人利益不等于满足社会整体利益，社会整体利益不可能由市场主体行为来满足，应当由一个超越市场主体的裁决者来识别和确定公共利益；②私人利益总和说。这种观点承认了公共利益的存在，但认为公共利益是一种个人利益的总和。如方法论个体主义认为公共利益必须

---

❶ 张彩千，吕霞. 公共利益：公共政策的出发点与最终归宿 [J]. 前沿，2005 (1)：81-82.

以个体利益为基础，并最终落实到个体利益之上。公共利益是个人效用的函数。亚当·斯密的自动公益说认为人们在追求个人利益最大化的同时，能够带来意想不到的结果即实现公共利益，因此所谓公共利益是个人利益最大化的副产品。托马斯·潘恩认为正如社会是个人的总和一样，公共利益也是个人利益的总和；③公民全体利益说。德国学者纽曼提出界定公共含义的开放性标准，任何人可以接近、不封闭，但也不专为某些人保留，这也包含着对个人超越的意思，按照现代主流经济学观点，个人利益用个人效用函数表示，公共利益则用社会福利函数表示。这种理论类似于代数中提取公因式，即公共利益来源于个人利益又独立于个人利益，是全体成员享有的普遍的利益，因此公共利益是公民中的整体利益而不是局部利益，是普遍利益而不是特殊利益；④数量说。作为公共利益主体的"公共"比社会学所谓的"群体"、政治学所谓的"阶级"更广泛。公共利益不一定是全体社会成员的利益，社会中大多数人的共同利益也是公共利益。此理论强调数量上的特征，以过半数（多数人）的利益作为公共利益的基础，符合多数决定少数、少数服从多数的民主理念，是目前广为接受的观点。但是数量说面临最大的挑战是"谷堆辩"，在到底增加或减少多少人后构成或不构成公共利益成为数量说面对的一大难题；⑤目的性价值说。美国政治学教授Sorauf 指出，公共利益中的公共性是指公共理性和公共价值，它代表的是道德、效率、正义和传统。公共利益的正当性并不取决于受益者的数量，而是取决于优先的他利性或明智的要求。比起其他学说，正义说在"质"上的认识更加深入，是一种抽象的目的价值，但在关于数量的"量"的考虑方面却有所欠缺，很难具体描述；⑥地域说。德国学者洛厚德以地域性的标准出发，认为公益是一个相关空间内关系大多数人的利益。这个地域空间就是依地区来划分，且多以国家的行政组织为单位，所以地区内大多数人的利益足以成为公益。但地域说本身也存在一个很大的问题，即这种行政区域到底是省、市、县、乡还是村？同时存在着很大的问题是，当某个公共利益的决策涉及一个省、市或县的利益，但会伤害到另外几个县的利益，那么这种利益还算是公共利益吗？

  2. 公共利益的基本属性

  虽然公共利益的概念有如此的不确定性与多变性，但其基本属性是得到共识的：①公共受益性。纽曼（F-J. Neumann）在其所发表的《在公私法中关于税捐制度、公益征收之公益的区别》一文中认为"公共性"即为范围的开放性和受益人的不确定性。公益是一个特定多数人的利益，这个不确定的多数受益人也就符合公共的意义，而且该项利益需求往往无法通过市场选择机制得到满足，需要通过统一行动有组织地提供。因此，只要大多数的不确定数目的利益人存在，即属公益，也符合民主多数决定少数，少数服从多数之理念；②社会开放性。公共利益的受益群体并没有确定的界限，地域范围的模糊化又削弱了公共利益受益群体的划分范围，这也是它直接区别于私人利益、特殊群体利益的关键所在。由于公共利益涉及全体社会公民，因此实现过程需要公共、公开参与，在决策和执行过程中需要做到公开透明，依法保障行为相对人的知情权、听证权、陈述权、申辩权等程序权力和民主权力的有效行使；③客观存在性。虽然利益的概念具有很强的不确定性，但实际上还是存在某种客观利益以及独立于其自身之外，由他人所设定或承认的"客观评价标准"，以此衡量的价值就是客观利益；④制约补偿性。运用公共权力追求公共利益，强制克减和限制公民权利必然存在代价，因此应进行有效的监督和制约，方能建设法治政府。同时有损害就要有救济，特别损害给予特别救济，方能符合公平正义的社会价值观。

公共利益是一个既牵涉私权行为限度的问题，也是一个涉及公权行为正当性的问题。当前界定公共利益面临如下困境：①从范围角度，公共利益的概念难以表达清楚，特别是公共利益与集体利益、社会利益及国家利益如何进行区别；②从体制角度，由于体制转型使得国家利益结构、权利保护范围、社会形态以及治理方式等方面发生变迁，这为公共利益的实现带来阻碍；③从文化角度，由于缺乏公共精神，在有关公共利益与私人利益的认知上产生偏差，并导致一种私人利益的道德低评价，这在无形之中造成了公共利益与私人利益间的对立。

二、公共利益法律界定

（一）公共利益立法模式

公共利益概念的宽泛性、内容的不确定性、认识的主观性、利益层次的复杂性决定法律无法准确界定其概念和范围，因此判断标准和立法模式存在差异。

1. 判断标准

民法学家梁慧星认为违反公序良俗的行为主要有危害国家公序、危害家庭关系、违反性道德、射幸、违反人权和人格尊重、限制经济自由、违反公正竞争、违反消费者保护、违反劳动者保护的行为以及暴利十类行为。何种事项违反公共秩序及善良风俗，确实难以一一列举，盖以社会之一般秩序、一般道德为抽象的观念，其具体的内容随时代而变迁，应按照时代需求而个别具体决定❶。

---

❶ 史尚宽. 民法总论 [M]. 北京：中国政法大学出版社，2000.

依日本判例、我国民法判例及台湾地区判例提出下列判断标准：①违反人伦者；②违反正义之观念；③剥夺或极端限制个人自由者；④侥幸行为；⑤违反现代社会制度或妨害国家公共团体之政治作用。

2. 立法模式

国内外关于公共利益有两种立法模式：①概括式。指在宪法或土地征收等法律文件中，仅原则性地规定征收必须符合公共利益目的性，对公共利益的概念、内涵或公共利益的内容范围未作详细描述的立法形式，一般由议会会议或法院判例对公共利益作出界定，有界定公共利益的完善法律机制，也有较为成熟的私人财产保护机制。美国、法国、加拿大属于此类，该列举设置兜底条款；②模糊式。既没有在法律中明确规定公共利益概念和内容，也没有相关的公共利益认定和私有财产保护机制的规定。这类模式的国家往往由行政主体在土地征收等情形中对公共利益作专断的认定，行政主体的解释权易被滥用，我国属于此类。

案例：新伦敦原来是美国的一个潜艇基地，当地经济一直靠这个军事基地拉动，1996 年军事基地关闭，该市经济一蹶不振，两年后失业率猛增为州平均失业率的两倍。市政府为振兴经济，决定征用河边住宅区，改建为辉瑞制药公司的研发基地。当地民众普遍认为应该招商引资来改善就业，而且住户质疑政府征地的目的是否真正为了公共利益，向法院提起诉讼，最终联邦最高法院判决，征地源于发展城市经济，符合公共利益，市政府动用国家征用权合法。

（二）国外法律界定

1. 表述形式

各国宪法对公共利益的表述有以下三种形式：①为了公共使用而征用。如美国宪法第 5 条修正案规定，没有正当补偿，任何人的私有财产均不得被征用为公共使用。日本宪法第 29 条第 3 款规定，私有财产，在正当补偿之下可收归公共使用；②为了公共福利而征用。如德国基本法第 14 条第 3 款规定，公益征用，惟有为公共福利故，方可准许之；③为了公共利益而征用。如意大利宪法第 42 条第 3 款规定，为了公共利益，私有财产在法定情况下须有偿征用之❶。

2. 应用范围

公共利益概念不独存立于公法之中，在私法尤其是民法当中公共概念也被

---

❶ 周杏梅. 公益征收征用补偿制度研究 [D]. 郑州大学，2006.

广泛地使用。公共利益是私法自治的前提，从立法角度而言是贯穿始终的基本原则。民法中的公共利益更多地被称之为公序良俗，是现代民法中一项重要的法律概念和法律原则。如《法国民法典》第6条规定，个人不得以特别约定违反有关公共秩序和善良风俗的法律，第1128条具体规定公序良俗，第1133条规定，如原因为法律所禁止，或原因违反善良风俗或公共秩序时，此种原因为不法的原因。此外，《日本民法典》中第90条规定，以违反公共秩序或善良风俗的事项为标的的法律行为无效，而在《德国民法典》中只有善良风俗概念，而无公共秩序概念，这是德国法与法国法、日本法的不同之处 ❶。

（三）国内法律界定

我国现阶段使用公共利益的法律法规有50多部，涵盖了《宪法》、《立法法》、《民法通则》、《合同法》、《专利法》等多部重要法律和法规。

1. 普遍特征

有些法律规定了为公共利益可进行的行为（表1-1），但关键的公共利益定义问题没能明确地体现在法律的条文中。

我国法律法规相关公共利益条款　　　　　　表1-1

法律名称	条款
《宪法》	我国宪法第十条规定，国家为了公共利益的需要，可以依照法律规定对土地实行征收或者征用并给予补偿。 第十三条第二款规定，国家为了公共利益的需要，可以依照法律规定对公民的私有财产实行征收或者征用并给予补偿
《土地管理法》	第二条第四款规定，国家为了公共利益的需要，可以依法对土地实行征收或者征用并给予补偿
《物权法》	第四十二条规定，为了公共利益的需要，依照法律规定的权限和程序可以征收集体所有的土地和单位、个人的房屋及其他不动产
《建筑法》	第五条第一款规定，从事建筑活动应当遵守法律、法规，不得损害社会公共利益和他人的合法权益
《城市房地产管理法》	第六条规定，为了公共利益的需要，国家可以征收国有土地上单位和个人的房屋，并依法给予拆迁补偿，维护被征收人的合法权益；征收个人住宅的，还应当保障被征收人的居住条件。第十二条规定：国家对土地使用者依法取得的土地使用权，在出让合同约定的使用年限届满前不收回，在特殊情况下，根据社会公共利益的需要，可以依照法律程序提前收回，并根据土地使用者使用土地的实际年限和开发土地的实际情况给予相应的补偿
《城镇国有土地使用权出让和转让暂行条例》	第四十二条规定，在特殊情况下，根据公共利益的需要，国家可以依照法律程序提前收回，并根据土地使用权已使用的年限和开发利用土地的实际情况给予相应的补偿

❶ 刘莘，陶攀. 公共利益的意义初探 [A]. 修宪之后的中国行政法——中国法学会行政法学研究会 2004 年年会 [C]，2004.

2. 其他表述

有些法律没有直接出现公共利益一词，但有和公共利益相关说法的法律规定，如《世界人权宣言》第 29 条第 2 项规定，人人在行使他的权利和自由时，只受法律所确定的限制，确定此种限制的唯一目的在于保证对旁人的权利和自由给予应有的承认和尊重，并在一个民主的社会中适应道德、公共秩序和普遍福利的正当需要。我国于 1998 年签署加入（尚未批准）的《公民权利和政治权利国际公约》第 12 条规定迁徙自由、第 18 条规定宗教信仰自由、第 19 条规定发表意见自由、第 22 条规定结社自由时均强调，上述权利，只受法律所规定并为保障国家安全、公共秩序、公共卫生或道德或者他人的权利和自由所必需的限制。有些法律采用列举法规定公共利益，如《信托法》第六十条❶、我国台湾地区的《土地法》第 208 条❷、《国有土地上房屋征收与补偿条例》第八条❸等。

（四）土地征收中的公共利益

1. 土地征收的公共利益核心

土地征收在美国称为最高土地权的行使、英国称为强制收买、法国及德国和我国台湾地区称为土地征收、日本称为土地收用，而我国香港地区称官地收回。这些私有制国家和地区，土地征收通常定义为国家为了公共利益的需要，依据法定程序，强制性地取得私人土地的相关权利并给予补偿行为，是公权力对于私人财产的一种割舍行为。因此法学界将土地征收定义为以公共利益为目的，依法定程序运用公共权力从其他民事主体获取土地权利的行为。经济学界则认为土地征收是国家为了社会公共利益的需要，按照法律规定批准权限及程

❶ 《信托法》第六十条规定，为了下列公共利益之一而设立的信托，属于公益信托：（一）救济贫困；（二）救济灾民；（三）扶助残疾人；（四）发展教育、科技、文化、艺术、体育事业；（五）发展医疗卫生事业；（六）发展环境保护事业，维护生态环境；（七）发展其他社会公益事业。

❷ 《土地法》第 208 条规定，因下列公共事业之需要，得依本法之规定征收私有土地。但征收之范围，以其事业所必需者为限：（一）国防设备；（二）交通事业；（三）公用事业；（四）水利事业；（五）公共卫生；（六）政府机关、地方自治机关及其他公共建筑；（七）教育学术及慈善事业；（八）国营事业；（九）其他由政府举办以公共利益为目的之事业。

❸ 《国有土地上房屋征收与补偿条例》第八条规定，为了保障国家安全、促进国民经济和社会发展等公共利益的需要，有下列情形之一，确需征收房屋的，由市、县级人民政府作出房屋征收决定：（一）国防和外交的需要；（二）由政府组织实施的能源、交通、水利等基础设施建设的需要；（三）由政府组织实施的科技、教育、文化、卫生、体育、环境和资源保护、防灾减灾、文物保护、社会福利、市政公用等公共事业的需要；（四）由政府组织实施的保障性安居工程建设的需要；（五）由政府依照城乡规划法有关规定组织实施的对危房集中、基础设施落后等地段进行旧城区改建的需要；（六）法律、行政法规规定的其他公共利益的需要。

序，并依法律与农民集体经济组织和农民个体补偿后，强制将农民集体所有转变为国家所有的一种行政行为。

2. 土地征收的公共利益基础

公共利益是作为所有权实现社会义务的重要体现。在近代民法中，所有权是一种法律权利，具有政治、经济及法律的丰富含义，是决定国家政治目标的实现和对社会事务的干预力量，也是实现经济、社会资源配置的前提和交易目的。早在罗马时期所有权就是一个受私法及公法调整的权利，而土地正是所有权的重要客体。土地征收具有五个基本特征：①为了公共利益的目的；②要有法律依据；③要依据法定程序；④要具有强制性；⑤体现国家的意志。其中公共利益的需要是土地征收的唯一的基础，并成为土地征收依据的通行准则。

第二节　城市规划中的利益主体与现实解释

一、利益主体角色与利益交织

在单一制政府体制下，央地关系是利益博弈最重要的维度，中央政府是经济转型过程中最主要的市场规则的制定者，中央政府和省（市）政府主导国家和省（市）域的大空间尺度的制度建设和公共利益维护，国家战略和政策（法律规则、财政体制、行政体制）直接影响地方的发展环境；而地方尺度上，城市政府及部门、企业和城市居民是主要利益博弈主体，而城市规划师以专家的身份作为城市空间的技术分配者参与各利益主体的利益分配。

（一）利益主体角色

1. 城市政府及部门

城市政府及部门主要是指具有政策制定权、决策权的政治主体。新制度主义基于国家（政府）的行为有税收最大化假设、发展型国家理论、公共选择理论和寻租理论四个理论学说。基于上述理论，城市政府不完全是价值中立的参与者。美国学者 Jean C.Oi 认为，中国的地方政府是一个羽翼丰满的经济行动者，而不仅仅是一个行政服务的提供者。同时，政府和企业结成联盟分享共同利益，这种联盟形成的重要原因是地方政府能在推动地方经济发展过程中获利，并以此为治下人民提供福利和公共服务。在城市规划和城市建设领域中的政府主要有两个身份：①城市政府是中央政府的执行者，解释国家政策在地区的适用性并制定实施细则；②作为国家权力的代理人，城市政府主导地方发展战略、地方规则和政策的制定及执行，主导城市公共产品的提供和分配，掌握土地和空间资源的配置。

2. 企业

由于市场经济的存在，导致企业作为市场中的基本单位，为了在竞争中获得优势，保证自身的优化发展，必然存在逐利性，即在确保较少投入成本的情况下追求利益的最大化，希望得到高收益率和高资本回报率。因此企业多会通过抢占市场的方式，逐步扩大自己的市场份额，企图影响甚至控制市场，甚至不惜通过侵害社会公共利益的方式，降低自身生产成本，扩大产品市场占有率。

3. 规划师

在城市规划运行当中，城市规划师是掌握专业知识的职业人员，作为精英知识分子，具备强烈的社会责任感，在方案制定过程中具有公利性，通过采用科学、合理的方式和手段，按照自身的价值判断、独到的规划理念以及政府制定的目标完成技术服务内容，奉技术合理、政治可行为宗旨，向权力讲授真理。但规划师并不生活在价值观的真空带之中，他们也具有一定的自利性，而且这种自利性是需要附着于其他利益团体之上才能得以实现的。在目前的体制下，规划师个人的自利性得到极大的调动，处于一种公共利益价值观与个人私利追求的矛盾之中，这也导致该群体在一定程度上缺乏"中立"，不能很好地担任起协调各方利益、权衡各方得失、维护公共利益的责任。如果没有必要的职业道德约束，公共利益极有可能被置于一个不恰当的位置上。

4. 社会公众

社会公众也就是生活在城市中的普通市民，经过逐步了解，已开始从对城市规划的漠然不视转变为积极主动参与其中。在对城市规划关注度不断提高的过程中，其维权意识也在不断加强。事实上，社会公众对于城市规划的专业性了解并不深入，他们追求的只是一个良好的生产生活环境，真正关心的问题多局限于规划实施之后对于自身的生活会带来何种影响，对于规划方案的反馈更多是表达自己在生活中的民意诉求。随着社会的信息化，公民可以越来越多获得有关公共管理方面的信息，公众和非政府组织的参与也逐渐成为现代政府治理的组成部分。

（二）利益交织空间

1. 空间稀缺

城市化的快速推进促使大量的人口和经济活动在有限空间内快速聚集，这种集聚过程导致城市发展中普遍的外部性和公共产品问题的出现，使得城市空间成为最稀缺的公共资源和公共资本。美国学者 G·哈丁（Garrett Hardin）提出的"公地的悲剧"概念，描述了一处牧民们可免费进入的公共牧场，牧民们为了追求个人利益，尽可能增加奶牛数量，结果导致该牧场草场退化，直至毁灭。其结论是无限扩张的人性欲望会使无人保护的公共利益最先受到侵害。城市空间即是典型的"公地"，不同主体均利用自身的便利性通过各种方式侵占城市空间。

2. 利益属性

从城市空间角度城市规划中的公共利益体现在三个方面：①经济利益角度，土地空间是有使用价值的，土地使用者通过获得土地使用权，进行开发建设，从而获得经济上的回报，这其中蕴含着巨大的经济利益；②法律权益角度，由于土地和空间的使用具有唯一性和排他性，一旦某个使用者占据了其使用权，就将其他使用者排除在外，因此决定了与土地相关的一系列其他权益的归属；③社会地位角度，土地空间区位不仅仅是土地价值的一种表现，也是权力和地位的一种象征❶。

二、利益主体博弈背景与特征

（一）利益主体博弈背景

种种的社会制度不健全与社会资源分配的不公平造成了目前中国社会存在以下问题。

1. 城乡整体失衡引发的社会争议

目前我国城乡建设存在三个维度的失衡：①层级维度。存在宏观、中观和微观的结构失衡，宏观结构失衡体现在公共资源在城乡、地区之间分配差异太大，中观结构失衡体现在按照身份制、单位制和等级制进行公共资源分配，个体结构失衡体现在大多数人保证不足而少数人超额需求，基本公共服务均等化目标难以实现；②均衡维度。存在保障性与享受性的失衡，如富人的豪华医院与贵族医疗、重点学校与贵族学校、豪华别墅，穷人不敢进医院、无钱上学、排队购买经济适用房等；③全局维度。存在局部和整体的失衡，体现于形形色色的政绩工程下，更关注示范、关注局部、关注形象和好大喜功。"挤车效应"中社会资源的分配制度是协调社会冲突的关键因素，在我国经济转型初期关于社会公平与资源分配并没有像今天一样上升到全社会的大讨

---

❶ 石楠. 试论城市规划中的公共利益 [J]. 城市规划，2004（6）：20-31.

论之中，而是仅仅停留在意识形态上的政治性探讨层面，而在社会转型逐渐将社会结构固定，并且社会阶层之间流动性大大降低的时期，社会争议开始凸显。

2. 居民基本权利引发的社会保障

社会领域中公民应该享有生存权、健康权、居住权、劳动权、受教育权和资产形成权六个方面的基本权利，可以分为基本需要（或生活必需品消费）、非基本需要（非生活必需品消费或奢侈品消费）两个层面。以马斯洛（Abraham Maslow）的需求层次论来考量，社会权利涉及的是较低层面的基本生活需求，需求的层次越低，就越接近人的自然属性或动物本能，在这些方面普通居民以及弱势群体几乎是没有退路的，这就需要政府和社会给以切实的保障。这些保障主要由政府和非营利的"准市场"来提供，而对准市场政府也需要通过社会政策和公共财政给予指导和支持。与上述社会权利相对应，就有了基本生活保障（社会保险）和最低生活保障（社会救助）、基本医疗服务和医疗保险、义务教育、就业服务和失业保险、居住保障等社会政策。而非基本需要或非生活必需品消费这一更高的层面则由市场去供应，政府以经济政策进行调控，这也是"富人不需要规划"的一种现实解释。

（二）利益主体博弈特征

由于城市本身是一个高度分化的区域，天然带有多样性，加之我国实行社会主义市场经济体制，市场具有利益主体多元化的特点，所以必然产生需求的多元化和多样性。城市不透明规划和规划调整的存在，给个人利益交换留下了空间。不同利益主体在城市社会中扮演的不同角色，组成了不同的利益集团，分为权力集团、资本集团、劳动力集团和知识集团四种类型。这些利益集团具有不同的规划需求和利益诉求，相互间具有不同的作用机制（表 1-2）。

不同利益集团的利益博弈特征 表 1-2

利益主体	利益组合	选择行为	选择基础	协调关系
中央政府	决策集团	放与不放（权威）	中央集权	央地关系
地方政府	权力集团	卖与不卖（财政）	可持续发展	央地关系
规划部门	知识集团＋权力集团	管与不管（行政）	公正与公平	城乡关系
规划师	知识集团（权力集团）	干与不干（衣钵）	秩序与美观	公共利益
企业	资本集团	买与不买（利润）	品牌与战略	社会责任
民众	劳动力集团	值与不值（安居）	衣食住行	城市未来

1. 政府

（1）中央政府

我国目前仍处于社会主义初级阶段，在社会主义市场经济体制下，任何市场主体由于利益限制都难以超越自我成为公平的裁决者。由于社会经济发展和城市建设的需要，地方政府是不透明规划和行政干预规划的受益者，并具有不完全自利性，因而不可能成为真正公正的利益裁决者。中央政府与地方政府相比，更能从代表广大人民群众的公共利益角度出发，超越一般市场主体裁决利益纠纷，同时由于中央政府掌握的资源更加丰富，能更好地处理利益纠纷，其权威性使其决定的推行更加顺畅，因而在现有制度框架内只能由中央政府来扮演裁决者角色。

（2）地方政府

地方城市政府具有多重角色，各角色之间具有矛盾性：①理性经纪人角色。政府在很大程度上可以理解为一个扩大化的理性经济人，具有有限理性，也存在自利性，即为了区域经济发展、满足政绩需求而应对企业等市场利益团体的利益诉求，为他们提供充分的保障和较好的政策环境。政府作为理性经纪人最重要的影响因素是政府常常处于财政困难之中，靠出卖土地弥补城市财政的拮据，与耕地保护原则相悖，与公共利益原则相左。另一个因素是城市政府具有天生的扩张行政权力的欲望，"为官一任，造福一方"是我国几千年官场文化的基本信条，也是现实政绩考核体制下城市政府所面临的共同压力，城市规划扮演的往往是为了政府官员的业绩和自身的自利而努力的角色[1]；②公共利益代理人角色。城市政府是被社会公众所选出代表公众意志行使公共权力的特殊群体，势必要考虑社会公众的利益诉求，为保障公共利益提供足够的政策支持和保证。从城市规划角度来说，政府及规划部门是规划政策的发起者、协调者、决策者和执行者。作为协调者和决策者，政府往往处于企业与社会公众的利益冲突的中心，必须兼顾公共权力所赋予的维护社会公众公共利益的责任；③决策者个人利益角色。政府内部存在着不同的个体或部门利益诉求。单一制政府体制下，个体或部门的利益诉求通过制度化的公共组织体系转化为政府官员群体的利益表达。在快速城市化进程中，尤其在现有政治制度框架和官本位背景下，政府本位的利益有时候可能是某些决策者的"个人利益"，部门法律之间的冲突很容易转化为指向公共机构的冲突[2]。

---

[1] 石楠. 试论城市规划中的公共利益 [J]. 城市规划，2004（6）：20-31.

[2] 张静. 政府财政与公共利益——国家政权建设视角，引自周雪光、刘世定、折晓叶主编. 国家建设与政府行为. 北京：中国社会科学出版社，2012:217-237.

2. 规划部门

城市规划部门作为政府行政主管部门不仅具有管理公共事务的本质属性，也有为自身行业或组织的生存与发展创造条件的属性，在与其他政府部门的竞争中，维护本部门、本行业的权威与地位。如城市规划部门殚精竭虑想方设法证明城镇体系规划是城市规划的组成部分；在面对国民经济发展计划更名为规划，市域土地利用总体规划悄然转向综合性的区域规划的时候，自身的危机感迫使其决策和管理向更微观的技术领域发展，如城市设计、海绵城市、地下管廊等，以显示自身的不可替代性和技术权威性。

3. 规划师

作为知识阶层的一部分，规划师既可能是属于知识集团中的专业技术人士，又可能有一些属于权利集团，这种跨越两大利益集团的境地使其具有双重人格的特点。利益博弈过程中，规划师们是在考虑一定程度的公共利益的前提下，尽量满足地方政府的需求。由于我国的大量资源多集中在政府手中，虽然规划师有较强的专业技能，可以通过科学手段制订城市规划和设计方案，但迫于政府压力，很多规划师不得不依照行政领导的要求对原先科学的方案一再更改，以换取与政府长久的合作，保证项目的满意度，从而得到更多的项目资源。目前，规划师正逐步丧失作为城市规划智囊的原有作用，由于规划制定者缺位而造成的规划失灵现象屡见不鲜。

4. 企业

在现实中，企业为达到利润最大化目的，经常与地方政府进行博弈，或联合地方政府，或通过自身经济发展来"威胁"地方政府，使其对已有规划指标进行修改。这些行为导致的结果就是原有规划失灵，原定规划在利益驱使前变得苍白无力。一般企业在自身利益和社会公共利益之间，多选择前者，这也成为当前社会出现大量规划失灵的最主要内因之一。而房地产市场出现的供给大于需求状况以及伴随房地产企业转型产生的正常利润和微利化趋势，对于企业的生存模式和经营模式都是巨大的挑战。

5. 民众

在城市规划的实施过程中，草根阶层的自主性保护意识逐渐增强。由于缺乏明晰的产权制定和有效的管制机制，各利益主体均基于短期私利对公共空间资源实施不同途径的过度利用。此过程中也爆发了一系列的矛盾与问题，如某些民众为了维护自身的采光权、通风权，将地方政府和规划行政主管部门告上法庭；在各地的征地拆迁过程中，"钉子户"事件、群体上访事件层出不穷；大量违法建设屡禁不止；政府拆除大量违法建设不得不支付极高的经济成本等。出现这些问题的原因既有行政权力对城市规划与建设的粗暴干涉，也有基于社会稳定导致行政权力的无限妥协。总之，这些问题严重影响了正常的城市建设秩序，严重损害了公共利益，使普通市民与规划行政主管部门的矛盾愈发激烈，政府公信力明显下降。

三、公共利益的不同理解与困境

（一）城市规划中的公共利益

城市规划的载体是空间，按照空间与社会相互作用的经典理论，空间是社会发展的背景与容器，是社会发展与社会关系的投影。空间与社会相互作用表现在空间对社会关系产生影响，社会也会反过来影响空间的形态。当代城市构建和谐与平衡社会关系的基础是公共利益，公共利益成为城市规划的本质核心，但不同时期、不同地域对于公共利益的理解是不同的。

1. 不同历史时期城市规划中的公共利益

（1）改革开放前

计划经济体制下，公共利益是不成问题的问题。当时每个个体考虑的都是国家利益、集体利益，任何对于个人利益、小团体利益的追求都被认为是自私自利的。当时的价值观是不承认个体利益的合理性与合法性，压制和掩盖个体利益的存在，抹煞个体利益与集体利益的界限，公共利益高于一切，始终处于主宰地位。对于一个从生产到生活全过程、从宏观国民经济到微观个人家庭生活都由计划进行安排的社会而言，这种观念的存在有它的合理性：在面临资源全面短缺的形势下，采取这种同舟共济的模式，才能维持全社会的基本生活需求。计划经济时期的城市规划和其他领域一样，个体的需求、个人的利益被掩盖，取而代之的是一种大家的需求、集体的利益。城市规划作为国民经济计划的延续、深化和具体化，是计划在空间上的落实，也是政府对各种资源进行直接配置的手段。城市规划所从事的各项工作，无论是用地规模的预测、生产生活用地的安排，还是各种配套设施的建设，乃至城市公共形象的设计，都是为了全体人民的集体利益，因此当时的城市规划自然是一种公共利益的完整化身。这种公共利益实际上是以抹煞个体利益为前提实现的，是一种对于客观经济规律的否定和对于基本人性的忽略，既不能反映真正的民众个人的意愿，也无法有效地回应社会公众的集体愿望❶。

---

❶ 石楠．试论城市规划中的公共利益 [J]．城市规划，2004（6）:20-31.

（2）改革开放后

改革开放后，中国经济体制逐渐由计划经济转向具有中国特色的社会主义市场经济。随着市场经济制度的日益完善，经济运行不再由国家单一支配，而是有多个主体参与到市场经济的运行过程中，利益如何分配就成了一个难以界定和不可回避的问题。中国社会由单一社会逐渐进入多元社会，它包括三种含义：①在社会结构分化的基础上形成的不同利益群体，承认每个群体的利益都是正当的。既承认多数群体的利益，也承认和尊重"少数群体"的利益，这种利益的多元性，表现在政治和社会层面上，就是代表着不同利益群体的各种"压力群体"的存在；②就政治制度而言，形成的是一种以自主而多元的政治力量为基础的政治框架，而不同政治力量的组织形式就是政党。正如政治哲学中所述，"一个政党不可能代表所有人的利益和要求"，因此，政党的存在体现了利益的多元性；③多样性的社会方式、价值观念和文化的产生，并不存在"唯一正确"或"唯一正当"的社会方式、价值观念和文化。经济、社会的多元化交织反映在城市规划领域，表现为多元利益主体和多种社会需求的出现，规划师、开发商、普通市民以及其他社会阶层都开始参与到城市规划和建设的过程中，表达自身的利益诉求，使城市规划不再是政府简单地对城市发展作出的直接安排。

2. 不同地域城市规划中的公共利益

公共利益的最大属性在于其社会性和层次性，不仅有地域的层次，还有需求的层次以及法律的界定。特定的公共利益存在其特定的地域范围和影响半径，很多情况下城市的公共利益不等同于政府本位的利益，也不是社会个体利益的简单叠加。下述案例可以反映不同地域范围公共利益博弈的现实状况。

案例：2008 年 6 月 10 日，××市国际会展中心建设工程指挥部办公室取得该市发改委《关于<××市国际会展中心项目建议书>的批复》（X 发改[2008]354 号），批复同意建设××市国际会展中心，选址在 X 河与 Y 河交叉以西地段，总用地 68.5ha，项目总建筑面积 19 万 m²，占用 YY 村部分集体土地。2008 年 6 月 27 日指挥部办公室取得该市规划局关于该项目的《建设用地规划许可证》（地字第 × 拆 [2008]21 号）。项目占用的 YY 村集体土地，拟建设老年社区项目，且已办理了部分审批手续、接到 YY 村投诉后，上级城乡规划行政主管部门经过调查认为上述审批未违反城市规划以及国家、省、市有关法律规定。根据建设用地性质正向调整和兼容原则，市规划局在规划设计条件中将原规划景观住宅用地调整为会展中心用地，用地性质调整符合有关要求，未涉及城市规划的强制性内容，确认××市规划局的行政许可有效。

本案是同一块地上不同的建设主体均获得部分审批手续，其差别是 ×× 市国际会展中心项目属于城市政府大型公共项目，老年社区项目属于村集体的小型公共项目、项目裁决的基本依据是公共利益的界定，不同层级政府（市政府、村委会）的博弈结果是集体利益服从和妥协于城市利益。

3. 不同国家城市规划中的公共利益

看待城市规划问题可以有两个视角——政府的立场和普通市民的立场，两种截然不同的视角可能存在着极大的差异和不和谐，但两者之间共同的领域就是公共利益。各国近代城市规划产生和发展的动机不尽相同，但作为政府行政工具，对市场经济活动实施干预，弥补市场机制的不足，以维护公共利益却是其共通点。我国政府日益关注的是城市规划如何保护公共利益，为公共利益服务，市民关心的是公共利益如何被实现。西方城市规划的立足点是产权的确立和受法律保护以及以维护公共利益为目的的公共干预机制，其手段有二：①代表公权的政府机构实施包括土地强行征收在内的公共设施建设和城市改造；②通过对私有土地上的建设活动实施限制来达到维持居住和城市环境、保障市民健康的目的❶。

（二）城市规划中公共利益的制度环境

1. 物权制度

（1）演进过程

中华人民共和国成立以来，以土地换房产为核心的物权观念及立法活动经历了四个主要阶段：①起步阶段（1949~1952 年），废除封建土地关系，建立新民主主义的土地制度和房屋所有制度；②发展阶段（1952~1956 年），引导、鼓励甚至强制实行合作化、集体化、公有化，实现社会主义物权制度；③停滞阶段（1956~1976 年），确立国家所有、集体所有的物权制度；④创新阶段（1976年～迄今），以土地公有为特征的具有中国特色的物权制度。

（2）物权规定

《物权法》共 5 编 19 章 247 条，与城市规划密切相关的主要条款有：涉及土地征收征用及赔偿的第二编所有权，第四章一般规定中的第 42 条，以及涉及土地用途和建筑物等占用空间的第三编用益物权、第十二章建设用地使用权中的第 138 条和 140 条。根据《物权法》的精神❷，国有财产与公民私有财产

---

❶ 谭纵波 .《物权法》语境下的城市规划 [J]. 国际城市规划，2009（A1）:312-318.

❷ 朱喜钢，金俭，奚汀 .《物权法》氛围中的城市规划 [C]. // 中国城市规划学会编 .2007 年中国城市规划年会论文集哈尔滨：黑龙江科学技术出版社，2007：81-88.

受到同等的法律保护，无论财产主体是谁，其在法律许可范围内的价值取向行为都应受到法律的保护。

2. 制度环境

我国城市政府面临的制度环境根植于1978年以来深刻的经济制度转轨、社会转型和政治体制改革的大背景下，以下制度和机制成为城市政府扩张式城市发展的动力：①国家经济强国战略衍生的"经济强市"战略；②单一制政府体制是决定我国城市政府的政治激励机制的根本政治制度，体现在对地方官员的政绩考核体制；③行政分权化改革从1980年代开始推进，从根本上重构了中央和地方的权力配置关系，也重构了各城市政府的行政事权范围和领域；④中央、地方财税关系是财政激励机制中影响城市政府行为的最重要的制度因素，主要包括分税制、地方财政预算体制、预算外财政收支体制对城市政府的制度约束。

3. 行为结果

在当前的制度环境下，利益的博弈会产生两难的境地。

（1）极化效应突出

土地在地方政府GDP中占有很大比重，是城市经营中最有价值的资产。为了追求中心城区的财富和形象效应，在规划住宅区时，中心城区常被开发为高档商品房区域，而拆迁安置房和一般商品房则被规划在城市边缘。城市中心区位被高收入人群占据，形成高档社区，而低收入群体、农民工只能选择郊区居住，城市范围不断蔓延，导致一些城乡结合部逐渐形成"城中村"。由于质量相似的社区往往由社会经济特征相似的群体居住，这在一定程度上对不同阶层的人群在居住空间上产生了"人以群分"的集聚、分流和过滤的作用，强化了居住社区的空间分异，即在城市规划和小区建设的过程中，高档社区的建设质量往往较好，绿地、公园等公共空间充足，基础设施完善，而在低档小区或"城中村"，几乎没有公共空间，基础设施严重不足，建筑质量也较差。

（2）城市建设实现难度加大

当前阶段，对于城市商业区开发、商品房开发等盈利性项目，因《物权法》对个人不动财产的平等保护，政府无法找到合理的法律依据而强制进行前期的征地、拆迁等工作，因而其投资主要集中于城市基础设施和公共服务设施等非盈利的建设项目。即使是用于公共设施的政府投资，城市规划也必须考虑项目的经济可行性和民众的需求与反应，将有限的投资应用于最能提高城市公共利益和居民最为需求的项目上，否则会很难实施。各地频出的"最牛钉子户"事件则说明这样一个现实,政府即便有公共利益为依据,也可能因民众的强烈抗议和反对而无法推倒私人房产,致使行政的强制力无强制性。而公安部党委下发的《2011 年公安机关党风廉政建设和反腐败工作意见》提出,严禁公安民警参与征地拆迁等非警务活动,对随意动用警力参与强制拆迁造成严重后果的,严肃追究相关人员的责任,这样的规定存在着对行政强制的误读。

(三)城市规划中公共利益的现实困境

1. 难以肩负代表责任

城市规划具有代表公共利益的天然属性,但由于以下几个方面的原因,城市规划并不能自动代表公共利益:①城市规划学科自身定位的因素,导致城市规划在现阶段只能是一种满足一定政治与经济目的的技术工具;②城市规划学科的外部效应,既是一种城市规划公共利益属性的体现,也决定了它必然的"悲剧角色";③城市规划决策程序民主的缺失,注定城市规划在整个社会政治过程中被当作"替罪羊";④我国目前社会主义初级阶段的时代特征和转轨时期的特点决定了人们价值取向的自利性,也是城市规划难以肩负起公共利益代表者的宏观原因❶。

2. 城市规划效率性质疑

改革开放后,在由计划经济向市场经济转型的前期,效率和公平的"双缺失"使人们产生了对社会进行变革的强烈要求,并开始质疑政府执政的合法性。中国作为经济后发国家一直把关注点集中在经济发展速度上,并把对发展的谋求集中于一些单一性的指标上,持续设定赶超的目标,从而确立起其动员社会资源的合法性,发展被认为是理所当然的第一要务。政府事务之所以以效率优先,可以说是在新的社会经济条件和意识形态下计划经济体制的延续,其中也包含对过去不重视效率的一种反弹作用。在没有任何监督机制的形势下,政府自我假定地代表了社会公众、代表了城市市民的意愿,因此也就可以假定社会效率的提高是城市社会的唯一需要。

我国进入城市快速发展的阶段后,城市规划也把谋求发展效率作为首要准则,控制性详细规划顺理成章地成为追求市场效率、应对市场需求的推进器。修建性详细规划几乎是房地产商的盈利工具,而且最近十余年兴起的战略规划也多替代了难以修改的城市总体规划,并以地域扩张为基调

---

❶ 石楠.试论城市规划中的公共利益 [J]. 城市规划,2004(6):20-31.

满足城市政府所谓的经营城市的愿望。然而将发展效率作为规划所追求的目标之后，人们却发现城市规划的处境越来越困难，城市规划越想要顺应发展的潮流、赶上建设的步伐，越发现变化比规划更快❶。当市场的力量越来越强大，资本与权力组成了精英联盟，社会阶层发生了重构，社会公平问题也就随之暴露。

3. 城市规划的前瞻性缺失

城市规划是超越于城市发展现阶段的、对城市的科学构思和规划，其目的是为城市的未来发展留有足够的空间，指导城市的可持续发展。这个内涵决定了城市规划具有前瞻性，需要体现超越现在所处阶段的构思，指导城市的未来发展模式，处理好届时的利益关系。应对未来规划管理以控制为主，以及当前多项因素交织影响的情况，造成了城市规划难以把握一段时间之后公共利益的走向，即便把握了也难以协调当前利益和未来利益，不免迁就现状，导致城市规划的前瞻性和远见性被搁置。

4. 城市规划的不稳定性提高

城市规划缺乏必需的连续性和相对稳定性，主要基于两种原因发生更改和替代：①自然更迭。虽然城市规划对于城市的发展框定了一个较为合理的模式和方向，但毕竟根据当时的方法所得出的规划方案，无法与时俱进地适应现阶段的城市现实，因此必然地出现了为适应城市发展现状而产生的、在一定程度上对原有方案进行的修改；②政治更迭。我国基层政府的短任期事实以及不完善的地方政府绩效考核制度、明显的政绩导向模式，直接导致了政府交接之后出现新班子、新方案的情况，上一届领导班子留下的城市规划方案轻易地被新方案所取代，也直接导致了城市规划在实践层面的不稳定性，间接导致了城市规划实践中公共利益的不稳定状况。

5. 城市规划裁量的广泛性凸显

由于城市规划中出现的违规现象没有明确的裁量规定，政府在裁量过程中具有一定的冗余空间，存在裁量的广泛性。这一特点直接导致政府在处理市场利益团体和社会公众的利益纠纷中，缺乏有效的法律参考和准确指标，在缺乏确定度的裁量方案下，很难公正合理地裁定市场利益团体侵害公共利益的情况。换言之，城市规划中部分指标的模糊化、裁量的广泛性为市场利益团体侵害社会公众的公共利益提供了可能性。

---

❶ 孙施文. 城市规划不能承受之重——城市规划的价值观之辨 [J]. 城市规划学刊, 2006 (1): 11-17.

第三节　城市规划中的公共利益实现基础

城市规划的公共利益是公共政策价值观的核心，公共政策视角下的城市规划研究应首先解决公共利益的理论基础和实现路径，以此构建公共利益实现的制度机制。

一、城市规划中的公共利益维护理论

（一）规划理念

在一定程度上，规划实践证明了规划价值观的重要性。回顾城市建设的历史，如果说规划工作出现了失误，那么大部分失误并不是由于具体规划方案、手法出了问题，而是规划目标及理念出了问题❶。例如1950年代美国推行由联邦政府主导的自上而下的城市更新（urban renewal），大拆大建造成很多问题。1980年代后城市再生（urban revitalization）代替了城市更新，方式转变为自下而上、由社区主导内容，从单纯的物质建设扩大到经济社会提升。这其中具体项目的规划设计手法并没有太大的变化，而是基本理念的变化才带来了规划工作的上述转变。纵观现代我国的城建史，造成问题的原因往往是追求政绩、盲目决策，而和具体规划方案的失误关系甚小。

（二）理论基础

姚洋教授在借鉴和整合西方古典自由主义、功利主义、平均主义和罗尔斯主义等主要公正理论的基础上，提出了针对我国的公正理论四个层次内涵。前三个层次中，上一层次优先于下一层次，第四层次是对前三个层次必要的补充和完善。

1. 第一层次：公民基本权利的平均主义分配

公民基本权利包括公民的人身自由权和社会参与权，其中人身自由权包括言论自由、思想自由、迁徙自由等内容；社会参与权是指公民拥有平等地参与政治和社会生活的民主权利。在这一层面城市规划和城市发展要坚持各种职务、地位和机会平等地向所有公民开放，保障每个公民拥有均等的社会参与机会，在城市规划中可以充分地表达自己的利益诉求。

2. 第二层次：经济活动收益的效率主义分配

这里将效率主义原则置于公民基本权利的等量分配的原则之下，是由于效

---

❶ 张庭伟. 梳理城市规划理论：城市规划作为一级学科的理论问题 [J]. 城市规划,2012(4):9-17.

率原则本身并不具有价值，它只是实现社会进步和个人全面发展的重要工具。为了调动劳动者的生产积极性和进取精神，经济活动利益的分配应当贯彻"效率优先"原则。效率主义分配原则基本上等同于功利主义分配原则，这种以促进个人财富之和最大化为目标的社会分配原则，需要尽可能地实现经济学上的"帕累托最优状态"，即在不损害他人利益的前提下追求效率，提高社会公众的需求满足水平。在这一层面城市规划要合理布局，为公众提供住房、教育、医疗、交通、必要的公共空间以及其他基本的基础设施和公共服务，以保证和提高居民生存和发展的基本能力。

3. 第三层次：社会底线需求的平均主义分配

个体在智力、身体、家庭、社会关系等方面存在着很大差异，为了保障人人都能享受经济发展和社会进步的好处，必须界定社会成员底线需求的最低满足标准，为社会成员提供最低生活保障和最低发展需求，包括被共识的"公共领域"（公共设施、开放空间、生态空间）、最底层群体的公共服务及公共住房问题等公共利益。随着经济发展水平的不断提高和社会财富总量的不断积累，底线需求也应适当提高。

4. 第四层次：促进社会和谐的综合回应分配

依靠前述三个层次的社会公正原则，还不足以保证社会运行的和谐状态。烈士家属、单亲家庭、妇女和未成年人等特殊人群的生存和发展具有特殊的权利要求，难以通过普适性的最低满足标准予以保障。如果这些特殊人群的特殊权利得不到保障，社会共同体的和谐运行就会出现裂痕，尤其是对于那些曾经在政策上受到不公正待遇者（如农民、农民工），公共政策应该给予额外的物质帮助和利益补偿。积极回应特殊社会群体的特殊利益要求，通过互动式社会协商对话机制，实现能给最少受益者带来补偿利益的分配方式。

（三）主要作用

城市规划中的公共利益维护具有四个方面的重要作用。

1. 倡导社会公平

《哥本哈根宣言》指出单凭市场不可能消除贫困，也不可能获得公平和平等，而这二者却是发展的基石❶。在市场经济体制下，土地空间资本、金融资本和劳动力资本这三个最基本的生产要素中，土地空间资本和金融资本扮演着绝对重要的角色，如果放任市场决定土地利用和空间发展，一方面，不具备土地空

---

❶ 王波，褚智荣. 试论城市规划中的公共利益 [J]. 城市建设理论研究（电子版），2011（29）.

间资本和金融资本优势的使用者将无法在一个公平的竞争环境中参与城市开发建设；另一方面，具备土地空间资本和金融资本优势的使用者将绑架政府，使得中低收入人群的基本需求被忽视。空间资本再分配的不公平可能造成更加严重的贫富不均和社会地位的差异问题。社会公平所关心和涉及的内容主要指向公共领域，因此作为政府重要的公共行政和公共服务职能的城市规划，势必成为社会公平诉求的主要对象。

2. 追求美好环境

城市规划工作的基本目标和城市规划学科最擅长的业务领域就是追求美好城市形象、追求优良环境质量、追求舒适生活等。对于美的追求是人的一种天性，城市规划是人们实现这种追求的技术手段，从这种角度来看，城市规划代表了公共利益。

3. 促进全面发展

要实现公共利益，必须实现公众的全面发展，以人为本、综合协调既是城市规划的基本原则和工作方法，也是城市规划代表公共利益的具体体现。协调利益的手段和途径多种多样，但是不管什么样的逐利行为，事实上都难以脱离一定的土地和空间范畴，城市规划正是从这个角度切入全社会的利益协调体系之中的。

4. 提供公共服务

随着市场机制的进一步完善，政府的职能越来越多地转向提供公共物品和公共服务。从这一角度，城市规划的公共利益特性表现得非常明显。以古城保护为例，保护历史文化遗产符合全人类的崇高利益，是一种名副其实的公共利益，是一种价值取向，是对于历史文化的客观认识和远见追求。因此这种公共利益是一种较高级的需求和欲望，是基于一种较大地域范围、全国甚至世界文化的认同，是一种更大地域范围对于本地居民施加的文化价值观。

二、城市规划中的公共利益实现路径

城市规划公共政策执行过程中切实体现公共利益的需求，有赖于宏观社会环境的转变，有赖于我国社会政治、经济体制的变革，也有赖于城市规划学科自身的变革。

（一）法律层面

尊重城市规划及城市规划中的公共利益，对公共利益涉及的范围和损害公共利益的具体行为要有清晰的法律界定和客观规范。

1. 界定空间初始产权

城市建设主体的多元化导致城市建设投资中公共投资的比重逐年降低，大量社会资本广泛参与城市建设的各个领域，因此城市规划实施常常面对的是产权所有者之间，以及开发建设与公共利益之间因土地利用和空间利用方式不一致所产生的矛盾，如目前大量的上访案件集中在提高容积率目的下对于采光权的争夺问题，这主要是产权主体的外部性造成的。现代制度经济学将其归结为因初始产权界定不清而产生的不当产权行为❶，因此当前公共利益维护的基础是产权的法律界定，规划需要界定和确定城市中用地和空间的初始产权，在业主追求自身利益过程中，防止其行为对他人和社会产生损害，保证所有产权人的福利公平，其中，"城中村"、老城区成为确权的重点区域。

2. 建立法律平衡机制

城市规划实施的路径是通过土地和空间管理来协调产权所有者之间的利益，我国法定城市规划体系中的控制性详细规划借鉴了美国分区规划的方法，其法律精神的内在精髓在于政府为了公共健康、公共安全等公共利益有权对个人行为进行管制，而无需做出任何补偿。我国现实的城市规划公共政策制定中的核心控制部分——控制性详细规划指标的合理性并不取决于规划编制与规划实施单位，而是在被控制对象的权力主体之间的讨价还价和博弈、妥协的过程中，在产权所有者和利益相关者围绕控制指标极其复杂的互动协调过程中，在法律平衡机制与利益诉求机制的多重矫枉过程中，规划指标逐渐趋向公平。这种路径下形成的规划条文和内容因具有契约性而增强了法律的严肃性与刚性，也提高了规划实施的可操作性。

3. 建立利益诉求机制

城市规划管理应在法律上明确、在实际操作中确立城市规划中的利益诉求机制。既然规划的核心问题是利益协调问题，那么就不能仅仅按照一般的技术问题或工程问题进行规划决策，而应该按照政治学的程序和管理学的逻辑进行民主决策，而且要从制度上保证社会不同利益群体有公平的机会参与到规划决策程序中来，彻底改变由少数社会精英把持城市规划的局面，真正实现人民城市人民规划、人民城市人民建设。

（二）程序层面

制定行之有效的公共利益维护流程，促进公共利益保护的制度化和规范化。

---

❶ 朱喜钢，金俭，奚江.《物权法》氛围中的城市规划［J］. 城市规划，2008（1）：81-84+88.

公共利益的判别程序包括四个步骤：①预先通知程序；②专家参与论证的制衡制度；③项目立项规划前的听证制度；④结果公布制度。透过程序来保障公共利益的实现，当公共利益提出发生争议时，就要引入特别的程序（听证程序），避免任何一个主体因规避公共利益的"独断"行为带来社会信任危机，最大程度地保障私权，信守程序原则、比例原则、公平补偿原则三大基本规则。

（三）技术层面

支撑公共利益与个人利益的平衡点体现在规划学科理论、规划技术、规划实施和规划师的系列变革：①通过从技术性、艺术性规划向政策科学转变，以公共利益的实现为底线，争取公共利益与个人利益的双赢局面。但这并不否定原有的规划理论与技术，放弃土地利用与空间发展的擅长，而是要引进政治学、社会学、经济学和管理学的研究成果，更好地学会将城市规划放在其运行的社会经济环境中加以研究，学会从事物的本源上研究土地利用与空间发展问题、研究城市规划职业的价值观问题，这才有可能真正实现城市规划的科学化；②创新社会利益的现实表达机制。城市规划必须研究社会利益机制问题，尤其是必须研究社会主义市场经济体制下的产权制度问题，社会各利益集团和各利益个体的利益需求问题，只有充分了解社会的综合需求、个体的利益需求，才有可能从中发现、达成社会公共利益，才有可能通过土地利用、控件开发等媒介来维护和实现公共利益，否则，仅仅从规划师自身的价值判断或理想情结出发，是难以把握社会的总体脉搏、满足社会的需求的❶。

三、城市规划中的公共利益保障制度

公共利益的保障需要多主体的共同努力，从城乡规划技术保障角度公共利益保障制度主要包括规划师制度和规划审查制度。

（一）构建规划师素养和责任制度

规划师自身的职业素养和核心价值观至关重要，而建立对规划师违反职业道德的惩处机制和因维护公共利益而遭受损失的利益赔偿机制会起到一定的制约作用。

1. 全面的知识结构

"为什么要学习规划理论"是美国规划理论界不断提出、不断讨论的问题。按照弗里德曼（J.Friedmann，2008）的观点，规划工作是一种社会学习、社

---

❶ 石楠. 试论城市规划中的公共利益 [J]. 城市规划，2004（6）:20-31.

会改革，学习规划理论有三个任务：第一个任务是在规划中融入经过深思熟虑的人文哲学，并探寻它对规划实践的影响，这是规划理论的哲学任务；第二个任务是帮助规划实践适应现实世界中尺度、复杂性及时间的约束，这是规划理论的适应任务；第三个任务是将在其他领域产生的理念和知识转化到规划领域，使它们易于获得、并有益于规划及其实践，这是规划理论的转译任务。在规划强调工程技术的时代，人们普遍约束规划师需要用"科学的"和"客观的"方法去认识和规划城市，规划师应独立于政治干扰之外，根据自己的专业价值和技术能力，保持中立。随着规划强调社会伦理时代的来临，城市规划转变成一个充满价值判断的政治决策过程，规划师不能将自己的价值观凌驾于城市主人之上，而应进行平等协商、沟通、谈判等，因此规划师应具备公共政策能力，即规划师的知识结构应该是四维的，既有专业的深度，又有学科的广度，还有政治和哲学的高度和远见 ❶。

2. 人本主义核心价值观

随着城市公民法治意识的提高，过去城市利益主体比较单一、城市政府的意志完全左右发展的时代已经过去，在目前城市利益主体多元化以及个人利益受到法律平等保护的背景下，规划需要以社会公正为基础进行综合的价值判断和利益协调。规划需考量社会各利益集团和利益主体在城市中的不同利益诉求，由过去的以政府为本转向以社会为本，体现完全的法律意义和以人为本的公平价值观。规划师要将以人本作为自己规划设计的核心原则，在规划中首先要考虑的是人的尊严和人的基本需求，考虑人的多样性打造人性化的空间，真诚地关注规划地区人民的条件、困难、需求、未来如何发展等，而且这种关注需要影响到尽可能所有人，尤其是其中的弱势群体 ❷。

（二）建立完善规划审查和审核机制

美国的城市规划审查首先集中在是否违宪问题上 ❸，即城市规划必须首先符合联邦宪法和州宪法的规定，分区规划条例主要受联邦宪法第 14 条修正案的正当程序条款和公平保护条款以及第 5 条修正案的"不经公平补偿不得夺取"条款规定的制约。我国的规划审查机制包括纵向和横向的行政审查、技术审核和社会审核。从权力配置角度城市总体规划涉及建设用地的扩张、耕地保护和

---

❶ 龙翔. 工程师伦理责任的生成及其表现 [J]. 科技管理研究，2008（6）:433-435.

❷ 王红扬. 论中国规划师的职业道德建设 [J]. 规划师，2005, 21（12）:58-61.

❸ 朱喜钢，金俭，奚汀.《物权法》氛围中的城市规划 [J]. 城市规划，2008（1）:81-84+88.

城乡关系以及风景名胜区、历史文化名城名镇名村保护等国家利益的问题，规划的审批权应适当上收，规划审批的闸门作用应予以强化。为提高行政效率，减少行政许可管理层级，应实施市县同权。同时应适当精简内容，如侧重城市建设用地规模、区域性市政基础设施、区域性生态格局、历史文化保护等，赋予报批行政机关城市空间结构调整、产业布局、基础设施和公共服务设施配置等涉及具体事项的城市规划布局的决策权。由于旧城更新，一般乡村规划是土地效益的释放和规划利益的分配过程，涉及众多的利益群体和市场，反而需要适当下放规划编制权和审批权，在维护公共利益的前提下，建立协调反馈机制。

第四节　公众参与的理论基础与实践探索

随着人们生活水平的提高和民主意识的增强，公众越来越重视生活的环境和质量，维护自身权益的意识也不断增强。城市规划不再是简单的行政命令，而需对涉及的各种利益关系进行协调，建立磋商机制。

一、西方公众参与制度特征

西方社会公众参与是城市规划的重要组成部分，关于公众参与的理论研究和总结也比较深入，对我国有深远的影响和借鉴意义。

（一）理论基础

西方城市规划公众参与最早的理论基础是 1960 年代大卫多夫提出的辩护性规划理论，他认为城市规划应该由不同利益群体的规划人员共同商讨、决定对策，以求得多元化市场经济体制下社会利益的协调分配，规划师应当成为社会弱势群体的辩护人。1970 年代哈贝马斯又提出了交往式规划理论，主张建立一种"政府—公众—开发商—规划师"的多边合作，参与规划的各个主体在决策的过程中应相互理解，相互沟通，建立一种友好合作的关系，实现最为广泛的社会群体参与。Sherry Arnstein 从实践角度提出了公众参与城市规划程度的阶段模型理论——"市民参与的阶梯"，为衡量规划过程中公众参与成功与否提供了基准 ❶。将公众参与比喻为梯子，根据权力分配关系总结了八级公众参与实践活动并将其划分为三大层次（图 1-1）。

---

❶ Sherry Arnstein.A Ladder of Citizen Participation[J].Journal of American Institute of Planners, 1969（35）:216.

形式	特征
市民控制（citizen control）	公民力量
代理（delegation）	
合作（partnership）	
安抚（placation）	象征性参与
咨询（consultant）	
告知（information）	
治疗（therapy）	无参与的参与
操纵（manipulation）	

图 1-1　公众参与阶梯

（二）实践特征

自 20 世纪中期开始，以英国、美国和德国为首的西方国家已经建立较为完善的城市规划公众参与机制。1969 年英国发布了《人民与规划》，为公众参与城市规划提供了最早的制度框架、参与过程和相关方法。美国在城市规划的制定、选择、实施和反馈四个阶段都有完善的公民参与方式，公民可以反映规划预期、参与设计、召开讨论会、投票选择方案、参与规划知识培训，同时也可通过信访和咨询反馈规划实施意见。德国也相类似，首先是公示城市规划，而后听取公民会议的意见进行修改，之后再度公示。在此期间有相关专家对规划进行解答，任何公民都有审查规划的权利。一个月公示期结束后，议会将讨论公众的意见并进行表决，将最后的表决结果告知提出意见的公民本人。最终规划上报州审批，通过之后正式成为法定规划。通过对美国、英国和德国公众参与主要形式的梳理可以看出，公众参与形式、内容及其演进具有一定的共性。

1. 公民参与需要从形式化的参与程序开始

在公众参与的初级阶段，无论是告知还是咨询都可能是信息的单向流动，由于没有法定权力，所以公民意见对决策并不能造成影响。形式主义是公众参与的起步，给予公众部分知情权，让公众意识到规划的存在和基本流程，随着对规划认识的深入和自身诉求的明晰，才能在具备组织、资金条件的时候，提出实质参与的要求。因此在告知和咨询的过程中，普及规划知识、培养参与的意识至关重要。

2. 公众参与需要公众基础和公众代表

实现真正的公众参与需要权力的重新分配，而权力是通过弱势群体的斗争而获得的，坐等当权者放弃权力是不可能的。公众参与意味着权力的再分配，必然会面临利益主体的阻力，因此需要有组织的公民基础和卓越的公众代表有意识地进行争取。当前我国的公众基础和组织能力极为有限，正是基于此，我国城市规划的公众参与还有很长的路要走。为了促进公众参与，规划师可以更多地与社区居民沟通，为居民普及相关知识，提高其参与和谈判的能力，对公众参与提供积极的引导。正如美国托马斯·杰斐逊（Thomas Jefferson）总统所说，"我不相信世上有比把权力放在人民手里更安全。如果我们认为人民没有足够的智慧去行使这权力，解决的办法不是把权力拿走，而是开启他们。"

3. 公众参与需要资金、组织和技术支持

资金、组织和技术支持是市民团体获得谈判能力、分享权力的基础。其中，资金是最根本的因素，如果市民对资金的运用具有决定权，那么当权者就不得不与之妥协。如果社区不能获得足够的资金支持，那么所有权力都是"空头支票"。社区组织是公众实施参与和管理的保障，高水平、深层次的公众参与需要专门的人员和机构组织，结构严密、具备实力的社区组织在公众与市政府谈判中起着举足轻重的作用，所以社区 NGO 的发展极其重要。无论是传统规划还是公众参与的规划，技术人员包括规划师、律师等都是不可缺少的角色，他们发挥的作用根据其服务的机构和方式而有所不同。从美国市民、规划官员、市议会议员在规划过程中主辅责任的分布来看，规划人员在其中主要起着技术支持的作用，而市民和市议会负责价值判断和利益分配。

4. 公众参与需要建立配套机制

实现持续的公众参与需要建立一套鼓励机构改革、方法创新的机制，不仅要在公众参与，也要在城市规划、政府管理等相关领域进行改革。公众参与要与项目的能力、财力、耐力和结果的重要性对等，也要适合城市其他的职责和需要，公众参与应该只是手段，而非目的。否则，依靠传统组织、传统方式进行的公众参与只能停留在形式层面。当然，公众参与的控制能力和规模不是越大越好，居民一般只会主动参与影响自身利益的规划；地理范围愈广、概念愈抽象、方案愈空泛，市民的兴趣越低；大规模、广义式的参与基本上是违反理性的，因此公众参与的内容和程度应该有所限制。例如加拿大温哥华规划，总共花费了 5 年时间和 1500 万加元，但做出来的规划却与现实脱节，缺乏实现的资源。

二、我国公众参与实践探索

公众参与城市规划的概念从西方国家引入我国后，由于规划管理制度、社会文化风俗的差异等原因，目前公民参与的范围十分有限、参与水平不高，公众参与的必要性、参与程度和组织形式等成为规划界普遍关注和讨论的问题。代表性案例包括阿苏卫生活垃圾焚烧厂建设项目、深圳前海地区规划等。

（一）公众参与学术研究

公众参与城市规划的问题从 20 世纪 90 年代初就开始在我国讨论，近年来关于公众参与实施层面的研究增多，尤其是全面构建基于主体再造、法律完善、制度健全的公众参与，直接肯定了全过程的参与（规划管理、规划编制）。

1. 公众参与的必要性与阶段性

我国学者将西方城市规划的理念、民主的理念作为基础直接肯定了公众参与的必要性和必然趋势，如胡云（2005）认为城市规划的目的就是为了满足广大公众的最大利益，是一种政府行为，更是一种公众行为，因此公众始终应当是规划的服务对象而不是被动接受者❶。戴月（1999）通过在规划工作中进行问卷调查提出了关于公众参与的思考，他认为公众参与需要花费时间和财力，同时还受到群众基础素质的影响，而规划师也要对调查结果加以分析判断而不可全信❷。

2. 公众参与的主体和路径

赵燕菁（2015）总结了公车悖论、阿罗不可能定理以及奥尔森提出的"集体行动的逻辑"三个悖论，通过厦门社区安装电梯的问题提出政府在公众参与中要管住自己的手，让不同利益主体通过公众参与，自行解决利益的转移与补偿问题，政府所要做的是研究是否有更好的制度设计❸。陈有川（2000）分析了我国公众参与中政府、市民、利益集团、规划人员四大主体的参与动机，提出规划人员通过公众参与来判别和选择发展中的问题，而政府则通过公众参与增加公众对政府的理解和支持、避免产生对立❹。胡程锦（2011）指出城市规划就是要公众参与到编制、实施和监督的各个环节中去实现民主规划❺。

❶ 胡云. 论我国城市规划的公众参与 [J]. 城市问题，2005（4）：74-78.

❷ 戴月. 关于公众参与的话题：实践与思考 [J]. 城市规划，2000（7）：59-61.

❸ 赵燕菁. 公众参与：概念·悖论·出路 [J]. 北京规划建设，2015（5）：152-155.

❹ 陈有川，朱京海. 我国城市规划中公众参与的特点与对策 [J]. 规划师，2000（4）：8-10.

❺ 胡程锦，陶丽萍. 浅谈我国城市规划的公众参与 [J]. 城市建设理论研究（电子版），2011（21）.

3. 公众参与的权力救济

近年来，城市规划从实施角度受到诟病的原因主要有规划实施阶段的监督缺位和民众的权益受到侵害时的维权难问题。第一种情况比较复杂，一方面政府公示详细的规划文件后，市场利益集团有机会推高当地房价、城市拆迁规划引起的违法建筑同属此列。另一方面由于规划文件公示不详细，致使规划文件中的绿地指标、建筑高度等被权谋阶层以收受贿赂的形式篡改，即在规划文件编制完成后公示并付诸实施阶段，公众对政府的监督权没有得到发挥。第二种情况以丽都华庭小区对修建垃圾场的维权为例，垃圾场修建区选择的规划阶段就没有公众的参与，导致在维权阶段发生了围殴事件。如果公众维权的渠道通畅，又何以导致围殴事件的发生。以上现实足以反映公众的权力救济渠道被压制得非常严重。类似的事件在城镇污染型企业选址、新区扩建征地等与规划相关的情况中经常出现，民众往往只能通过聚众暴力事件才能引起媒体关注，继而再对政府施加压力。

（二）公众参与具体进展

1. 公众参与范围领域

2008 年颁布的《城乡规划法》明确了规划编制审批、监督检查等过程都必须要征求公众意见或受公众监督，城市规划公众参与的法律地位正式确立。按照《城乡规划法》要求，各地城市总体规划已经普遍以新闻媒体的形式向公众进行传播、公示，在此期间有一定知识基础、社会责任感的民众可以通过一定渠道反馈意见。近些年我国城市规划一直在致力于提高公众参与程度，民众对城市规划的关注意识逐渐提高，并集中在不同层面：①关于城市整体发展的，如新区规划、旧城改造、重大交通设施（如地铁）修建、标志性建筑等，这些虽然与自身无关，但属于城市的重大事件，他们会表示出关心，但因无专业性的分析判断、也无话语权，所以受专家、媒体的影响较大；②与日常生活息息相关的，如小区内的规划与管理，小区的停车规划、小区绿地、小区环境、电梯安装等，他们会通过居委会反映解决，一些地区则通过推行社区规划师制度来解决这一问题。

2. 公众参与不足原因

总体而言，我国的公众参与层次仍然处于象征性参与和没有参与阶段，居民参与热情不高，对于其原因存在几个方面的解释：①城市规划的公众参与程度和方式极其有限。在规划编制过程中，尽管有现状的调查和公众意愿的收集，但真正起作用的仍然是地方政府强势赋予规划自身的意志。在城市规划制定之后，政府才将其告知公众。然后采取专家评估、地方人大审批的方式进行规划审批，尤其是规划实施阶段，缺乏合法的公众参与渠道，许多人也因自身素质有限，无法参与到城市规划的过程中；②城市规划的公众参与大多处于告知阶段。各地城市规划根据《城乡规划法》要求通过网站或其他方式向公众公布规划信息，但这种公告往往专业性较强，对于公众来说理解困难，信息经过筛选并单向流动，极少因为公众意见进行修改，而只对质疑给出官方、技术、专业的否定性回答；③没有形成互动机制。我国目前正处于城市快速建设期，城市规划的编制、审批和实施时效明显加快，专业的城市规划管理人员数量不足，加之时间周期短，很难开展有深度的公众参与，难以形成参与—反馈—再参与的良性互动过程❶。

（三）公众参与制度变革

公众参与是一个逐渐发展的过程，制度建设需要与阶段性相适应。

1. 确定参与层次

公众参与的目的不同，参与层次也存在差异，在城市规划编制、实施、监控过程中发挥的作用自然就不一样，应分析、梳理和辨识城市规划公众参与的不同层次的必要性与目的，分层次、分阶段推动公众参与城市规划：①"代表性"参与。针对与广大市民直接利益相关性不大、市民在日常生活中无法直接感知、但事关城市的整体发展的规划内容，可以通过媒体渠道吸引民众关注、通过专家解释进行宣传普及，但参与却需要以"代表"的形式，采取听证会、研讨会等方式，可适当降低参与成本；②互动式参与。针对与市民日常生活息息相关的规划内容，需要通过方案意见征集、意见反馈、意见申诉等形式吸引市民参与并表达自己的利益和需求诉求，而且应保证这些诉求能切实反映到规划方案中去；③维权参与。在政府和市场同时失灵的情况下，公众发挥保留的权利，如果规划方案影响到公共利益或私人利益，则需要有畅通且切实有效的法律渠道和申诉渠道。

2. 制定参与制度

突破目前呼吁性、理论性、制度构建性的研究和实践探索阶段，推进公众参与城市规划需要制定近期目标、中期目标和远期目标以及具体的实施方案，在公众意识还不完全充足的情况下，充分发挥社会组织相对较高的专业知识、精力、热情和话语权的引导作用以及媒体的宣传作用。我国目前更适于进行小

❶ 孙施文，殷悦. 基于《城乡规划法》的公众参与制度 [J]. 规划师论坛，2008（5）：11-14.

范围的公众参与制度构建，划定公众参与规划项目的类型、范围，将公众参与纳入规划的编制和实施过程，力求提高公众参与的质量，而不是泛泛地在所有项目中都形式化地开展公众参与。

本章小结

城市规划的公共利益是公共政策价值观的核心，公共利益应具有正当性与合理性。我国城市规划在不完全产权环境的物权制度和复杂的垂直科层体系的行政管理体制下运行的过程中，主要涉及中央（省）政府、城市政府、企业和城市公民四个主要利益相关方，地方层面公共利益主体的博弈过程不可避免受到央地博弈对城市政府行为方式的影响。公共利益的实现需要从法律、程序、技术三个维度建构基础路径，并以构建规划师素养和责任制度及建立完善规划审查和审核机制作为保障。实现公共利益的基本手段和方法是公众参与，需要借鉴西方公众参与理论，研究公众参与的本土化特点，确定参与层次，制定参与政策，提高公众参与的总体质量。

第二章 城市空间管理制度

城市快速发展导致城市空间快速拓展，经济和政治目的下的城市扩张需求面临生态安全、粮食安全乃至国家安全的乡村土地保护制度的抵御，我国的城乡土地调控制度即基于此建立。城乡规划管理的基本制度是开发控制制度，由法律法规、技术标准规范、地方具体政策以及不同层级的法定城市规划共同构成。

第一节　城乡土地调控制度

在中华人民共和国成立后的 60 多年时间里，由于受到生产力发展水平和政治因素的影响，土地制度发展一波三折，城市土地和乡村土地作为我国土地的两个组成部分，其所对应的土地制度也伴随着城市化进程的不断推进显现出迥异的发展路径。

一、城乡土地制度演进

（一）城市土地使用制度的演进

土地使用制度是在一定的土地所有制条件下，人们在使用土地上所形成的经济关系，它是对土地使用的条件和程序的规定 ❶。从 1949 年中华人民共和国成立至今，我国的城市土地使用制度大致经历了五个不同的发展阶段，每个发展阶段都有着不同的内涵。

1. 城市土地使用制度的形成阶段（1950~1957 年）

我国城市土地使用制度创设于中华人民共和国成立初期，1950 年 6 月政务院颁布的《铁路留用土地办法》以及该办法的解释，首次提出国家因铁路建设的需要，可以通过地方政府对私有土地和公地进行征用、收买或征购。1950 年 11 月政务院颁布的《城市郊区土地改革条例》规定，国家为市政建设及其他需要征用私人所有的农业土地时，需给予适当补偿或同等土地调换及解决农民安置。由于经济建设对土地的迫切需要，1953 年 12 月政务院颁布了中华人民共和国第一部较完整的土地征用法规《国家建设用地征用土地办法》，界定了国家建设的内涵，规定了国家建设征用土地的基本原则、补偿标准、批准权限、征地程序等。1957 年 10 月《国家建设征用土地办法》第一次修正，中华人民共和国土地征用制度的基本框架和征地立法机制随之初步形成。

---

❶ 彭震伟. 迈向 21 世纪中国城市土地使用制度的思考 [J]. 城市规划汇刊，1998（1）:27-28.

这一阶段城市土地使用制度表现出以下特点：①征地对象主要是农民私有土地。中华人民共和国成立初期我国实行的农民土地所有制制度，随着经济的复苏和各项建设的开展，城市建设用地需求增加，城市周边郊区的农地成为征地的主要对象；②征地补偿强调公平合理原则。征地采用协商制度，强调要给群众以必要的准备时间，使群众在当前切身利益得到照顾的条件下，自觉服从国家利益，不突出土地征用的强制性；③土地征用权限比较宽松。采用较为宽松的补偿与审批政策，征地补偿标准不是刚性的，具有适当补偿、不予补偿、同等调换、协助转业等多种选择方式❶。

2. 城市土地使用制度的调整阶段（1958~1965 年）

1953 年农业生产合作化运动在全国范围内的掀起，使农村土地使用制度发生重大变革，城市土地使用制度随之调整。1955 年前后全国各城市相继取消了城市土地使用税（费），采用城市土地行政划拨方式，逐渐形成了城市土地无偿、无限期、无流动的使用制度❷。1956 年 3 月《农业生产合作社示范章程》正式实施，标志着农村土地从土改后形成的农民私有转变为集体所有。原有的土地征用办法难以适应新形势下的国家经济建设要求，1958 年 1 月国务院第二次修订《国家建设征用土地办法》，强调节约用地，调整征地对象、补偿标准和安置形式❸。这一时期通过生产合作社运动逐步确立了我国基于社会主义土地公有制的城镇土地国有制和农村土地集体所有制两种形式。1964 年 5 月国务院颁布《关于严格禁止楼堂馆所建设的规定》，上收征地审批权并严格禁止楼堂馆所建设，要求各建设单位将早征迟用、多征未用、征而未用的土地退还生产队耕种。1964 年 7 月国务院下发《关于国家建设征用土地审批权限适当下放的通知》，要求征地 10 亩以上须报省一级政府审批。

这一时期的土地征用制度存在两个问题：①征地过程中强调国家建设需求多，对被征地群众的利益诉求考虑较少，对以土地为生的农民利益损害较大，一度严重挫伤了广大农民支持国家建设的积极性；②城市土地无偿、无限期、无流动的使用制度一定程度上虚化了城镇土地的国家所有权，用地者成为真正的土地所有者，无偿占有了本该属于国家的所有权收益，造成了土地资源配置

❶ 刘巍. 中国征地制度研究—基于一个征地个案的博弈分析 [D]. 安徽大学，2009.
❷ 这里所指的无偿仅指使用划拨土地的单位不用缴纳租金，也不用承担赋税，但是使用前所必须支付的土地补偿费、劳动力安置费等费用仍然需要用地单位支付。
❸ 补偿标准由原来的"一般土地以其最近 3 年至 5 年产量总值为标准"，改为"以它最近 2 年至 4 年的年产量的总值为标准"，安置方式改为农业安置。

效率低下、城市建设投入资金回收困难等不良后果。

3. 城市土地使用制度的停滞阶段（1966~1977年）

1966年"文化大革命"爆发，受国内政治环境的影响，土地制度的立法工作基本处于停滞状态，仅在1973年6月由国家计划革命委员会和国家基本建设革命委员会发布了《关于贯彻执行国务院有关在基本建设中节约用地的指示的通知》，要求对基本建设征用土地，各地区、各部门必须加强管理，严格执行征地审批制度，认真办理征地手续。对于初步设计未经批准的项目，则不许征用土地。初步设计批准后，也需要根据工程的建设进度，分期分批办理征地手续。征地的审批权限严格按照1964年颁布的《关于国家建设征用土地审批权限适当下放的通知》执行。

4. 城市土地使用制度的发展阶段（1978~1998年）

改革开放以后，随着我国经济的快速发展，新增建设项目逐渐增多，土地的价值逐渐凸显，城市土地行政划拨使用制度的弊端日益暴露。为了妥善处理社会经济关系调整过程中由于土地征用所引起的土地关系调整问题，我国相继颁布了一系列法律法规，土地使用制度不断发展与完善（表2-1）。1987年9月深圳市率先试行，12月首次公开拍卖了一块国有土地的使用权，正式揭开了城市国有土地使用制度改革的序幕。1990年代初我国出现了开发区热，土地开发过度导致供过于求、地皮炒卖盛行的情况。1994年中央收紧银根，炒卖土地资金链断裂，导致大量没有真实需求的烂尾楼、烂尾地的出现。1996年8月1日起施行的《贷款通则》（中国人民银行令[1996]2号）进一步放宽了地方政府通过土地质押及按揭贷款的渠道，为银行系统间接举债创造了可能❶。1997年4月国务院做出冻结非农业建设项目占用耕地一年的重大决策，进行非农业建设用地的大清查和土地整理。

我国土地制度主要法律法规（1978-1998年）　　　　表2-1

颁布时间	颁布部门	法律法规名称	相关内容与意义
1982年5月	国务院	《国家建设征用土地条例》（国发[1982]80号）	对征用土地制度作了较大幅度的修改和增加，提出节约用地的基本国策以及征地强制性的概念，明确土地的补偿费用包括土地补偿费、青苗补偿费、附着物补偿费和农业人口安置补助费等，其中有些原则沿用至今

---

❶ 刘美平. 城市土地制度的改革与优化[J]. 当代经济研究，2002（10）：56-59.

续表

颁布时间	颁布部门	法律法规名称	相关内容与意义
1986 年 6 月	全国人大常委会	《土地管理法》	我国第一部土地大法颁布实施，将《国家建设征用土地条例》的大部分规定上升为法律
1988 年 4 月	全国人大常委会	《宪法》（修订）	确立土地使用权可以依法转让
1988 年 9 月	国务院	《城镇土地使用税暂行条例》（国务院令 [1988] 第 17 号）	土地使用费改为土地使用税，城镇土地有偿使用实现了法制化
1988 年 12 月	全国人大常委会	《土地管理法》（第一次修订）	国家依法施行城市土地的有偿使用制度
1990 年 5 月	国务院	《国有土地使用权出让和转让暂行条例》（国务院令 [1990] 第 55 号）	明确规定土地使用权出让、转让、出租、抵押、终止以及划拨土地使用权等问题，为规范土地使用权的流转奠定了基础
1992 年 3 月	国家土地管理局	《划拨土地使用权管理暂行办法》（国土局令 [1992] 第 1 号）	对划拨土地使用权的具体操作做了进一步的规范
1994 年 7 月	全国人大常委会	《城市房地产管理法》	与《土地管理法》和《城镇国有土地使用权出让和转让暂行条例》构成我国现代土地管理的三个最基本法律法规，土地管理立法呈现出多元化和全面化的局面

这一时期随着我国土地管理立法的不断完善，城市土地使用制度逐渐朝着有偿、有限期、可流转的方向发展，并逐渐被引入两条轨道：一是通过行政划拨从农村征用过来的城市建设用地收取土地使用税；二是通过土地使用权的有偿转让一次性收取地租。同时城市土地使用制度的职能是调控城市内存量土地资源，规范城市增量土地使用的土地征用制度有三个核心特征：政府特有的权利、用于公共目的和行使这个权利时必须给予合理的补偿。

5. 城市土地使用制度的改革阶段（1999 年～迄今）

1999 年 1 月 1 日第二次修订的《土地管理法》正式实施，继而不断出台和完善相关的法律法规（表 2-2），开启了城市土地使用制度的改革进程。2001 年下半年国土资源部提交的《征地制度改革试点总体方案》确定上海、南京、温州、福州等 9 个征地制度改革的试点城市，标志着新一轮征地制度改革的实质性启动。

我国土地制度主要法律法规（1999 年～迄今）　　　表 2-2

颁布时间	颁布部门	法律法规名称	相关内容与意义
1998 年 12 月	全国人大常委会	《土地管理法》（第二次修订）	以立法形式确认了土地管理基本国策的法律地位，改革过去的土地征用分级限额审批制度，确立了以土地用途管制为核心内容的新型农用地专用和土地征用审批制度以及区分城市分批次建设征用土地和单独选址项目征用土地两种征地报批方式，建立了征地工作"两公告一登记"制度 ❶，较大幅度提高了征地补偿标准
1999 年 1 月	国土资源部	《关于进一步推行招标拍卖出让国有土地使用权的通知》（国土资发[1999]30 号）	推行招标、拍卖出让国有土地使用权
1999 年 3 月	国土资源部	《建设用地审查报批管理办法》（国土资源部令[1999]第 3 号）	规范建设用地审查报批工作
1999 年 8 月	财政部、国土资源部	《新增建设用地土地有偿使用费收缴使用管理办法》（财综字[1999]117 号）	加强新增建设用地土地有偿使用费的收缴使用管理，保证新增建设用地土地有偿使用费专项用于耕地开发，实现耕地总量的动态平衡
1999 年 12 月	国土资源部	《关于加强征地管理工作的通知》（国土资发[1999]480 号）	完善政府统一征地制度，依法拟定征用土地方案和征地补偿安置方案，确保农村集体经济组织和农民的合法权益
2001 年 4 月	国务院	《关于加强国有土地资产管理的通知》（国发[2001]15 号）	严格控制建设用地总量和国有土地有偿使用制度，促进国有土地使用权招标拍卖在全国范围内逐步推开
2002 年 5 月	国土资源部	《招标拍卖挂牌出让国有土地使用权规定》（国土资源部令[2002]第 11 号）	建立和完善经营性土地使用权的招标拍卖挂牌出让制度以及公开、公平、公正的国有土地使用权招标拍卖挂牌出让组织实施程序制度，促使土地使用权出让方式进一步规范和透明化
2004 年 10 月	国务院	《国务院关于深化改革严格土地管理的决定》（国发[2004]28 号）	强调加强土地利用总体规划、城市总体规划、村庄和集镇规划实施管理，完善征地补偿和安置制度，健全土地节约利用和收益分配机制，建立完善耕地保护和土地管理的责任制度，在征地制度改革史上具有里程碑式的意义
2004 年 11 月	国土资源部	《关于完善征地补偿安置制度的指导意见》（国土资发[2004]238 号）	对统一年产值标准的制定、统一年产值倍数的确定、征地区片综合地价的制定、土地补偿的分配等提出了指导意见

---

❶ 征地方案公告、补偿安置方案公告和补偿登记。

续表

颁布时间	颁布部门	法律法规名称	相关内容与意义
2006年4月	国务院办公厅	《关于做好被征地农民就业培训和社会保障工作的指导意见》(国办发[2006]29号)	明确指出将确保被征地农民生活水平不因征地而下降，长远生计有保障作为基本原则，落实社会保障资金。土地调控政策开始从总量调控转向结构转变
2006年5月	国土资源部	《协议出让国有土地使用权规范》(国土资发[2006]第114号)	规范协议出让国有土地使用权
2006年7月	国务院办公厅	《关于建立国家土地督查制度有关问题的通知》(国办发[2006]50号)	正式建立国家土地督察制度，将全国省(区、市)及计划单列市的土地审批利用全部纳入严格监管
2006年11月	财政部、国土资源部和中国人民银行	《关于调整新增建设用地土地有偿使用费政策等问题的通知》	规定从2007年1月1日起，新批准新增建设用地的土地有偿使用费征收标准在原有基础上提高1倍，同时调整地方分成的新增建设用地土地有偿使用费管理方式，地方分成占70%，一律全额缴入省级国库
2007年9月	国土资源部	《招标拍卖挂牌出让国有建设用地使用权规定》(国土资源部令[2007]第39号)(第一次修订)	规范招标拍卖挂牌出让国有建设用地使用权
2008年11月	国务院	《关于印发全国土地利用总体规划纲要(2006~2020年)调整方案的通知》	围绕优化国土开发格局，科学划分土地利用区，明确区域土地利用方向，对不同地区不同性质的土地做了方向性的规定，实施差别化的土地利用政策，加强对省、自治区、直辖市土地利用的调控，促进国家区域发展战略的落实
2011年1月	国务院	《国有土地上房屋征收与补偿条例》(国务院令[2011]第590号)	明确规定被征收人的补偿、征收范围、征收程序，强调政府是房屋征收与补偿的主体，取消行政强制拆迁

变革后的城市土地使用制度把土地所有权、使用权和经营权相分离，允许土地使用权和经营权进入市场，实现了三个转变：①变传统观念上城市土地的非商品属性为承认土地的商品属性；②变单纯强调城市土地的自然属性为同时强调城市土地的经济属性，承认土地利用的差异性；③变城市土地的国家划拨、无偿使用、长期占有为城市土地的出让与转让、有偿和有限期使用，充分体现城市土地的国家所有权。

（二）农村土地使用制度的变迁

农村土地制度的发展和建立受到一定时期内生产力发展、社会经济形态的影响，处于动态的变化过程之中。土地制度变迁存在两个分析框架：①以周其仁为代表的被动制度变迁。即国家不会主动提供有效率的产权制度的保护，除非农户、各类新型产权代理人以及农村社区广泛参与新产权制度的形成，并分别通过沟通和讨价还价与国家之间达成合理的交易❶；②以温铁军为代表的主动制度选择。在国际和国内约束条件下，国家选择最优的制度来维持整体稳定和促进经济增长。当国家所面临的约束条件改变时，原有制度安排带来交易成本的逐渐增大，对国家而言，不经济时，国家会主动寻求制度变迁，以维持国家系统的稳定和促进经济的增长❷。制度变迁是国家主动选择和社会发展需求共同作用的结果，中华人民共和国成立以来农村土地制度的变迁大致可分为三个阶段。

1. 第一阶段：土地改革和互助合作时期（1949~1955 年）

中华人民共和国成立之前我国的农村土地制度是封建地主占有为主的土地私有制，占乡村人口不到 10% 的地主和富农，占有 70%~80% 的农村土地，这是一种极其不公平的土地制度，导致了农村人口普遍贫困。为实现"耕者有其田"的政治理想，1949 年 9 月中国人民政治协商会议通过的《共同纲领》规定，中华人民共和国必须有步骤地将封建半封建的土地所有制改变为农民的土地所有制。中华人民共和国成立以后即在全国推行土改制度改革，1950 年 6 月中央人民政府颁布《土地改革法》，提出土改的基本目的是废除地主阶级封建剥削的土地所有制，实行农民的土地所有制，从而建立了中华人民共和国历史上第一种农村土地制度——农民土地私有制。从 1950 年秋开始，农村土地制度改革按照典型示范、逐步开展的方式进行，到 1953 年春，全国除新疆、西藏和台湾地区之外基本完成了土地改革，满足了千百年来农民对土地的要求，调动了农民的生产积极性，解放了农村生产力，为国家工业化的起步奠定了基础。李行、温铁军（2009）认为中华人民共和国成立伊始的土改实际上是一种彻底的村社内部均分制，使农民获得了土地除租让权之外大部分私有的所有权。国家土地制度的初始路径选择与土地制度选择的经济意义及其政治意义紧密相连，即国家通过强制性变迁在激发人们生产积极性的同时，也通过政治手段获取了其政治权威的积累。

土地改革完成之后，土地个人所有制在当时社会经济条件下的局限性却越发显现：①由于当时我国农村经济基础薄弱，生产力相当落后以及生产资料严重匮乏，致使农民在生产中遇到很大的困难；②分散的小农经济以及缺乏必要

---

❶ 周其仁. 产权与制度变迁——中国改革的经验研究 [M]. 北京：社会科学文献出版社，2002.

❷ 李行，温铁军. 中国 60 年农村土地制度变迁 [J]. 科学对社会的影响，2009（3）：38-41.

的劳动协作，使得农业生产抵御自然灾害的能力较差；③由于缺乏系统的管理措施和指导，我国农村在试行了几年以土地私有制为基础的个体经济之后，开始出现发展不平衡和两极分化的现象。针对这些问题，国家决定开展生产的互助合作运动。1953 年 12 月中共中央发布的《关于发展农业生产合作社的决议》指出，党在农村工作中的最根本任务就是要逐步实行农业的社会主义改造，使农业由落后的个体经济变成先进的合作经济。早期的农业生产互助合作采取互助组的方式，以资源为基础，农民家庭之间进行劳动互助与生产协作。土地改革和互助组的成功提升了党中央加快完成农业的社会主义改造的信心。1955 年 10 月党的七届六中全会通过的《关于农业合作化问题的决议》提出农业生产合作社的发展思路，但在互助合作推行的过程中，初级社的一些做法一定程度上否定了农民的土地所有权，这也为土地农民个人所有制向集体所有制转变埋下了伏笔。

2. 第二阶段：土地集体化时期（1956~1978 年）

1956 年高级农业生产合作社开始在全国推广，到 1957 年超过总农户数 90% 的农户加入了高级社。在"公有公营"的农地制度中，农民不再是土地的所有者，土地的农民私有制被强制转变为集体所有。这种仿照苏联集体农庄的做法脱离了我国特殊的国情和当时生产力发展的水平，不仅没有起到促进农业生产的效果，还造成了粮食生产增长速度的下降。受当时党内"左"的思想的影响，农村土地制度走向集体所有制的极端。1958 年 4 月中央政治局会议批准的《关于把大小型的农业合作社适当地合并为大社的意见》指出，为了适应文化和农业革命的需要，有条件的地方把小型的农业合作社有计划地适当地合并为大型的合作社是必要的。同年 8 月中央政治局通过的《关于在农村建立人民公社问题的决议》指出，人民公社是形势发展的必然趋势，建立农林牧副渔全面发展、工农商学兵互相合作的人民公社是指导农民加速社会主义建设，提前建成社会主义并逐步过渡到共产主义所必须采取的基本方针。此后人民公社化运动在农村范围内迅速展开，1961 年 6 月中共中央施行的《农村人民公社工作条例（修正草案）》全面确立了农村"三级所有、队为基础"的人民公社体制及其相应的土地制度，并一直延续到改革开放❶。

人民公社的土地制度路径选择的原因是 1955 年苏联已经具备向外扩张产业资本和投资的能力，苏联式大工业和大农场模式成为中国进入现代化的首选，

❶ 何朝银. 革命与血缘、地缘：乡村社会变迁研究（1949-1965）[D]. 福建师范大学，2008.

同时感恩式忠诚和权威式意识形态也起到重要作用。这一时期对于人民公社体制及其相应的农地制度安排运行的效果有两种截然不同的观点：①人民公社作为一种高度控制与全面干预的管理体制，其本质上是国家机构对社会资源和信息的全面控制与垄断，保证了城市工业发展从农业提取积累，并降低政府与小农经济之间的交易费用。有研究表明国家至少从农业中提取了 2800 亿元的积累❶，有的估计高达 6000 亿元❷；②由于这种制度设计的基本动因是出于政治目的而不是经济目的，在制度设计中过度向城市和工业倾斜，因此从农业发展的角度来看是一种失败的制度选择，是中华人民共和国历史上效率最低且最不公平的土地制度。1978 年全国农村没有解决温饱问题的贫困人口达到 2.5 亿人，占农村总人口的 30.7%❸。而失败的原因，林毅夫（1994）认为在人民公社的制度框架下，土地归集体所有、集体经营所造成的农民的"产权残缺"导致了劳动监督成本过高和劳动激励过低的问题。人民公社内部社员缺乏"退出权"，以至于无法惩罚团队中的懒惰行为，造成劳动效率低下。

3. 第三阶段：土地公有私营时期（1978 年~迄今）

改革开放后的农村土地制度也是一个循序渐进的过程，可分为四个阶段。

（1）1978~1981 年的家庭联产承包责任制

联产承包责任制一直存在于中国集体化时期的管理制度之中，由于不符合国家工业化尽可能占有农业剩余的制度要求，一直作为非正式的内部制度时断时续。1978 年 11 月由安徽凤阳县小岗村 18 名村民自发尝试实行的承包经营方式，成为当前我国农村土地集体所有制的开端。同年 12 月党的十一届三中全会通过了《关于加快农业发展若干问题的决定（草案）》和《农村人民公社工作条例（试行草案）》同时指出允许"包产到户"和"分田单干"，这是我国农地制度改革所迈出的关键一步。1980 年中共中央下发的《关于进一步加强和完善农业生产责任制的几个问题》提出，包产到户应当区别不同地区，不同社队，采取不同的方针。联产承包责任制作为一种制度安排，是在国家遭遇经济危机、维系原集体化制度的交易成本大于其收益时，利用政治权利推行的、通过村社集体和农民在土地及其他农业生产资料所有权的让步，是甩出农村集

❶ 武力. 1949—1978 年中国"剪刀差"差额辩证. 中国经济史研究 [J]，2001（4）：3-12.
❷ 发展研究所综合课题组. 农民、市场和制度创新——包产到户八年后农村发展面临的深层改革 [J]. 经济研究，1987（1）：3-16.
❸ 中华人民共和国国务院新闻办公室. 中国农村扶贫开发白皮书 [N]. 人民日报，2001-10-15(8).

体管理、农民福利保障以及公共积累的制度交易。这一时期农村生产力得到释放，促进了粮食的增产，解决了农民的温饱问题，使几乎陷于崩溃边缘的中国农村经济开始摆脱困境，维护了国家经济系统的稳定性。

（2）1982~1995 年的大包干政策

1982 年开始中央连续三年发出关于"三农"问题的"中央一号文件"，指出要实行生产责任制，特别是联产承包责任制，实行政社分设，并承诺土地的承包周期 15 年不变，表达出前所未有的让步政策，促使人民公社制度在全国范围内彻底瓦解，并被集体所有、家庭经营联产承包责任制所取代。这一举措调动了农村劳动力的生产积极性，促进了农业的发展，缩小了城乡差距。随之农户所面临的问题变成了分散小规模农业生产主体无法应付市场和生产中的风险、扩大规模效应及农田水利设施系统的破碎化。1993 年第一轮土地承包期到期，同年 11 月中共中央、国务院发布《关于当前农业和农村经济发展的若干政策措施的决定》（中发 [1993]11 号）做出继续延长 30 年的决定，提出在不改变土地用途的前提下，经发包方同意，允许土地使用权依法有偿转让的政策思想。

（3）1996~2005 年的延包政策

1996~1999 年全国范围内落实了土地延包政策，其中 1998 年 8 月在第三次修订的《土地管理法》中明确限定了土地承包权的期限为 30 年。2002 年 8 月《农村土地承包法》（主席令 [2002] 第 73 号）颁布实施，与《土地管理法》共同构成了当前农村土地制度的基本法，对土地承包权的保护从政策层面上升到法律层面。虽然中央政府以政策和立法形式不断通过自上而下的制度供给加强农户产权，但土地产权仍极不完整，延续了土改以来形式不同，但本质相同的残缺产权，所有权主体不清晰，促使 6 亿多农民成为最大群体的小产权所有者。伴随着我国城市化的进程不断加快，城市不断向周边农村扩张，规模不断扩大，在征用集体土地过程中，土地征用补偿费"乡（镇）扣"、"村留"、"乡（村）经济组织提"的现象，给农民的利益造成了极大的损害，而产权残缺成为滋生侵权并难以形成稳定产权的制度根源。这一时期农业发展渐入困境，一度缩小的城乡差距进一步扩大，耕地面积锐减，也成为促使农村产权制度后续变化的制度基础。进入 21 世纪，国家进入工业反哺农业的阶段。从 2002 年开始的税费改革取消了乡统筹、村提留和农村义务工等收费和摊派项目，只对农民收取较原来税率有所提高的农业税和农业税附加（分别占常年亩产的 7% 和 1.4%）。

（4）2006 年之后的免除农业税政策

2005 年 12 月，第十届全国人大常委会第十九次会议高票通过决定，《农业税条例》自 2006 年 1 月 1 日起废止，标志着我国延续了两千多年的农业税正式走入历史。由于农村功能由传统的农业生产功能向生态功能、游憩功能、生活宜居、农产品提供以及文化功能五大复合功能转变，对于国家制度选择构成新的需求。即农业的生态环保功能的制度保障和农民组织的制度构建，使得分散的农民能够通过组织形成群体谈判，为此，2006 年 10 月国家通过了《农民专业合作社法》（主席令 [2007] 第 57 号）。2008 年 10 月中共中央颁布《关于推进农村改革发展若干重大问题的决定》，正式授权农村居民向其他个人或公司流转为期 30 年的土地承包经营权，以发展适度规模经营。

随着生产条件的改善，家庭承包责任制的优势逐渐消耗殆尽，农地制度对农业生产率增长的贡献逐渐下降。但在现有条件下，国家无法提供完全的社会保障，农业劳动力无法充分转移和就业，而且农地集体所有制性质与现行的其他土地制度及财政体制等都存在着较强的互补性，因此维持家庭承包责任制仍是较好的制度选择，它可以保持集体所有制性质不变，而对农民土地承包经营权的内涵加以丰富和充实，并从法律上加以保证，符合渐进式的改革逻辑，可以充分保证改革的有效进行。如果立即着手农地所有制的改革，势必要承担极大的改革成本，而且使改革充满了不确定性，这显然不是一条最优路径。

二、城乡土地调控制度

城乡土地调控是指国家以保护耕地资源、促进集约利用土地、限制城市过度扩张和统筹城乡发展为政策目标，对农用地、建设用地和未利用地的相互转化做出的以土地用途管制为核心的制度安排，包括耕地保护、土地利用计划以及建设用地增减挂钩等政策。

（一）城乡土地调控政策的演进

我国的城乡土地调控政策始于改革开放之后，但在 1986 年之前政策内容较为零散，除了要求土地的合理布局、不乱占耕地之外，几乎没有具体的政策措施，也没有成体系地应对人地关系逐步变化的制度来保障城乡间用地的正常转换。1986 年之后城乡土地调控政策呈现分阶段、渐进式的发展态势。

1. 城乡土地调控的萌芽阶段（1986~1996 年）

1986 年 3 月中共中央、国务院下发的《关于加强土地管理、制止乱占耕地的通知》（中发 [1986] 第 7 号）是我国城乡土地调控萌芽阶段的纲领性文件，明确指出十分珍惜和合理利用每一寸土地，切实保护耕地，是我国必须长期坚持的一项基本国策。按照通知要求成立的国务院领导的国家土地管理局，负责全国土地的统一管理。同年 6 月出台的《土地管理法》（主席令 [1986] 第 27 号）重申了通知精神并提出了节约使用土地的基本原则，即可以利用荒地的，不得占用耕地；可以利用劣地的，不得占用好地。1987 年 4 月国务院颁布的《耕地占用税暂行条例》（国发 [1987] 第 27 号）要求以县为单位、以人均耕地为参考标准，向占用耕地从事非农建设的单位和个人征收不同比例的耕地占用税。1988 年 12 月第一次修正的《土地管理法》（国务院令 [1988] 第 12 号）落实了上述文件精神。1991 年 2 月国务院颁布《土地管理法实施条例》（国务院令 [1991] 第 256 号），细化了土地管理法的相关规定，强调按照规定用途使用土地。1992 年 2 月国务院颁布《关于严禁开发区和城镇建设占用耕地撂荒的通知》（国办发 [1992]59 号），提出严格执行各类开发区和城镇建设用地特别是占用耕地制度。1994 年 10 月国务院颁布《基本农田保护条例》（国务院令 [1994] 第 162 号），明确要求各地划定基本农田保护区，以提高审批级别的方式将基本农田保护提升到国家战略的高度，其中占补平衡的原则成为我国耕地保护的一项重要原则和城乡土地调控的基本内容之一。

从上述政策演进可以发现，在城乡土地调控的萌芽阶段，中央政府的主要政策目标是控制城乡建设用地的扩张，并为此建立了税费、利用计划和农田保护等一系列制度，以国家土地管理局为主体的土地管理组织结构基本完善，以控制建设用地扩张为基础的城乡土地调控的基本模式和体系得以确立。

2. 城乡土地调控的制度化阶段（1997~2003 年）

1997 年 4 月中共中央、国务院下发的《关于进一步加强土地管理切实保护耕地的通知》（中发 [1997 年]11 号）统领了这一阶段的政策改革，提出了省级行政区内耕地总量动态平衡原则，以确保本行政区内的耕地总量不减少。1998 年 3 月由地质矿产部、国家土地管理局、国家海洋局和国家测绘局共同组建国土资源部，负责土地资源、矿产资源、海洋资源等自然资源的规划、管理、保护与合理利用，并实施统一管理。同年 8 月修订的《土地管理法》（主席令 [1998] 第 8 号）纳入了 1986 年以来的城乡土地调控政策，明确指出国家按照农用地、建设用地和未利用地对土地进行分类，编制土地利用总体规划以确定土地的用途，实施建设用地总量控制和土地利用年度计划，提升了建设占用耕地的审批级别。同年 12 月国务院颁布《基本农田保护条例》（国务院令 [1998] 第 257 号），强化基本农田保护的"全面规划、合理利用、用养结合、严格保护"方针。1999 年 2 月国土资源部颁布的《土地利用年度计划管理办法》（国土资源部令 [1999] 第 66 号）规范了土地利用年度计划管理，规定土地利用年度计划由国土资源部主导编制，并报国务院批准。

这一阶段的政策演进以加强中央政府对土地转用的控制为主要目标，全面提高了农地转用的审批级别，将前一阶段对建设用地增长的单纯控制改为规范化的、受到严格控制的、动态平衡的调整策略，开启了城乡之间土地转用增减挂钩模式，为城市空间扩张留下了一条正式的通道。

3. 城乡土地调控的成熟阶段（2004年～迄今）

2004年11月国土资源部第一次修订了《土地利用年度计划管理办法》（国土资源部令［2004］第26号），将土地利用年度计划管理的指标分为新增建设用地计划指标（包括新增建设用地总量和新增建设占用农用地及耕地指标）、土地开发整理计划指标（包括土地开发补充耕地指标和土地整理复垦补充耕地指标）以及耕地保有量计划指标三类，共同构成土地利用年度计划的政策内涵。同年12月国务院颁布的《关于深化改革严格土地管理的决定》（国发［2004］28号）将城乡土地调控提升到了经济增长的高度上，确立了城乡建设用地增减挂钩的制度基础，开启了新一轮的城乡土地调控政策的改革。2006年6月国土资源部颁布了《耕地占补平衡考核办法》（国土资源部令［2006］第33号），试图通过城乡增减挂钩制度的实施保证耕地不减少，促进城乡一体化的发展。同年11月第二次修订的《土地利用年度计划管理办法》（国土资源部令［2006］第37号）对土地利用年度计划作了更为具体的安排。

2008年7月国土资源部颁布了《城乡建设用地增减挂钩试点管理办法》（国土资发［2008］138号），通过规范增减挂钩制度达到支持农村建设、城市反哺农村的政策目标。2011年12月国土资源部下发《关于严格规范城乡建设用地增减挂钩试点工作的通知》（国土资发［2011］224号），进一步阐述了城乡建设用地增减挂钩的农业现代化和统筹城乡发展的导向，严厉禁止"盲目大拆大建和强迫农民住高楼"的做法。2012年4月财政部、国土资源部共同颁布《新增建设用地土地有偿使用费资金使用管理办法》（财建［2012］151号），要求将新增费纳入政府性基金预算管理，实行专款专用。2016年5月国土资源部第三次修订《土地利用年度计划管理办法》（国土资源部令［2016］第66号），提出新增建设用地计划指标下达前，各省（区、市）可按不超过上一年度指标的50%预先安排使用，要求保障农村居民申请宅基地的合理用地需求。

成熟阶段的城乡土地调控政策相较于前两个阶段的政策有了更为显著的进步：①其着眼点不再限于耕地保护，而是从经济社会发展的角度出发，以促进城乡统筹为主要目标进行的政策调整；②城乡土地调控的工具越来越多，城乡建设用地增减挂钩的试点逐步完善，使得城乡的土地调控更加多元；③城乡土地调控的范围也有所扩大，使村镇建设用地的管理真正纳入到土地管理的体系中来，土地利用规划的规范性也日益体现。

（二）城乡土地调控政策的特征

1. 城乡土地调控政策的主体

中央政府是城乡土地调控政策的主体，主要基于以下两方面原因：①中央政府保证农业发展和全国粮食安全。农业发展是工业化和城镇化的重要基础，粮食安全是国家崛起和发展的重要保障，因此保障耕地红线对于国家安全有着非常深远的意义。而地方政府并没有一种有效和长久的动力对粮食安全提供保障，在市场化逐步推进的今天，地方政府可以通过市场的手段在更大范围内解决本地区的粮食供给问题。当每一个地方政府都牺牲本地区的粮食供给为城市提供更多的发展空间，势必导致国内粮食供给的减少，从而影响工业化和城镇化的质量。因此，从粮食安全的角度讲，中央政府必须是城乡土地调控政策的主体；②中央政府调节地方政府竞争。在市场经济中，地方政府面临着发展经济和招商引资的激烈竞争，如果没有更高层面的制度约束和市场规范，地方政府就会陷入恶性竞争。因此，中央政府是城乡土地调控政策的制定者和监督者，对城乡用地实行自上而下的调控。

2. 城乡土地调控政策的作用

新型城镇化强调城市和乡村一体化发展，通过城乡之间公平互动的协调机制达到统筹城乡发展、共享现代化成果的政策目标，为长远的经济发展和增长打下坚实的基础。

（1）城乡土地调控对农村现代化的积极影响。这种影响体现在四个方面：①城乡土地调控可以增加有效耕地面积。合理进行土地开发和整理，是城乡土地调控的重要手段，对于增加有效耕地面积具有积极影响；②城乡土地调控可以改善农业生产，提升农业产业效率。农村土地的开发整理还体现在对现有耕地质量的提升上。通过现代化的技术手段，土地的开发利用不仅可以改进土壤质量，还可以按照现代农业的要求将零星闲散的耕地整理成适宜现代农业生产的整块耕地，对于提升农业的现代化水平具有非常重要的意义；③城乡土地调控可以改善农村的生产生活条件。土地整理和城乡建设用地增减挂钩引导城市资本向农村流动，利用这些资本可以改造农村危旧房、改造农村基础设施以及为农村提供与城市均等的公共服务，而农村生产生活条件的改善也进一步提升了农村的现代化水平;④城乡土地调控可以促进农村产业的集中发展。城乡土地调控促使城市和乡村集约利用土地,引导城乡工业集中发展,促进了农村和小城镇的就业,对于繁荣农村,防止农村空心化发展具有重要作用。

(2)城乡土地调控对城市发展的积极影响。这种影响体现在三个方面:①城乡土地调控促进城乡土地集约利用,优化城市空间结构。一方面,城乡土地调控限制城市建设用地的不合理增长,限制城市工业用地的低价供给,有利于引导城市产业的集中发展,防止城市无限蔓延。另一方面,城乡土地的集约利用也有利于城市内部的产业结构调整,从而促进城市以一种更为高效的形态发展;②城乡土地调控有助于城市产业升级,并引发城市的扩散效应。城乡土地调控通过挂钩的方式促进了资本、劳动等生产要素在城乡之间的流动,逐步打通了城乡间的要素市场,为农村地区承接城市的产业转移提供了基础。同时集约的土地利用加快了城市的产业升级,带动了城乡之间的产业扩散,形成了良好的城乡发展模式;③城乡土地调控促进改造城市的居住环境。城乡土地的集约利用促进城市不断利用现有建设用地实现更为高效的发展,实现城市的棚户区和危旧房的改造,构筑城乡一体的田园城市景观。

3. 城乡土地调控政策的问题

虽然我国已经建立了一套从目标到手段都相对理想和完善的城乡土地调控制度,但是这套制度在实施过程中也受到其他制度的制约和限制,从而不能在实践中达到其政策目标。

(1)地方政府进行城乡土地调控的动力不足

由于地方的经济发展诉求,地方政府在制定政策的过程中往往以GDP增长为中心,以增加财政收入为导向,会通过招商引资吸引工业企业以及大力发展和繁荣房地产市场。工业用地和商住用地的需求驱动着地方政府不断征地,从而导致城市的过度扩张,而城乡土地调控的考核和引导机制在这样的发展模式下则显得苍白无力。如果城乡土地调控的考核引导没有一种核心的驱动力,或者地方政府的GDP导向得不到有效遏制,那么征地制度和城乡土地调控所形成的引导城市合理发展的城乡土地发展利用模式就不能得到有效实施。

(2)农民缺乏自主权,新村建设质量低下

在城乡土地调控的实践中,依靠强制的行政权力大力推行土地整理和增减挂钩项目,实现农村的集中居住、城市空间合理扩张是各地政府约定俗成的做法。而农民在项目中不能自主决策,应该得到的利益却得不到有效的保障,导致整个新农村建设质量的全面低下，直接影响农村通过城乡土地调控实现现代化的道路不够顺畅。

（3）城乡规划不统一，造成资源浪费

理论上城市的土地集约效率高于乡村，因此随着城镇化进程的不断推进，全国城乡建设用地总量应维持平衡甚至减少。现实中城乡建设用地却在同步增加，并未因城乡土地调控政策实现较大的改变，其根本原因在于两栖化的城镇化特征导致城乡规划的悖常：城市按照城镇化的规律预测的未来人口规模配置建设用地的增量空间，而乡村按照现状人口规模设计维系固有建设空间甚至增加建设空间，即将要进入城市的人口在城市和乡村都被预测，也意味着建设用地的城乡双重供给，从而造成土地资源的过度消耗和城乡建设的统筹协调无法完成。

三、土地产权制度比较

土地产权制度是决定城市空间规划管理制度和政策体系的核心，影响城市规划编制、实施和城市运营的全过程。

（一）我国土地产权制度

1. 我国土地产权制度的历史

我国自古以来就是一个农业大国，围绕着生产力和生产关系的发展，土地产权制度也在不断地变化和发展。从战国中叶的商鞅变法、魏晋时期的占田制和中唐两税法为标界，我国古代的土地制度各有特点，总的来说是土地产权结构不断调整的连续过程，也是土地所有权不断明晰化的发展过程。中华人民共和国成立以后我国经历了几次土地制度改革，最终形成了社会主义公有制前提下的城市国家所有和农村集体所有的二元权属结构。

2. 我国土地产权制度的本质

我国的土地产权模糊化的本质，与西方土地产权清晰化存在巨大的差异❶。中国古代土地资源相对丰厚，农业的耕种能够满足自给自足的发展，因此形成了相对单一的耕种生存模式。土地是一种稀缺资源，拥有这份资产就代表了拥有相应的权利，它将人们束缚在其中，也因为土地的集中而产生了相应的有产阶级。静态的土地决定了乡土中国是以血缘和家族为纽带的，同样相对静态的

---

❶ 希腊、雅典、罗马等国家受到地理环境的影响，土地资源相对稀缺，水路交通十分发达，这也使国外的生产方式是以贸易交换为主导的契约方式，人与人在交换过程中相对平等，而人与土地之间的交换是由土地所有者决定，因此土地产权极度清晰。

生产方式也决定了人们的生产生活是围绕土地而展开的，这也正是家族式存在并不断地成长、壮大的基础。土地作为家族的内部财产本身并不需要明确清晰的区分，它通过继承的方式一代代的向下传递，经过时间和朝代的更迭，成为中国乡村传统的乡土文化深埋在每个人的心底，时刻影响着人们的思维。也正因为如此，可以认为模糊化的土地产权本身就是我国土地制度的常态，也成为现行法律制度下土地产权模糊化的根本原因。

（二）国内外城市土地制度的对比

土地制度是人们所有、占有、支配、使用土地所形成的关系的总和，包括土地所有制、土地经营和土地管理等方面。国际上通行的城市土地制度受到各国政治制度、经济制度、基本国情的影响而各有不同。

1. 土地所有制度

土地所有制是土地制度的基础，是指在一定的社会生产方式下，由国家确认土地所有权归属的制度。从这个角度来看，当今国际上土地所有制大致可以分为私有制和国家所有制两种形式，以及以土地私有制为基础而形成的完全市场模式和以土地国家所有制为基础而形成的不完全市场模式。前一种模式，以美国、日本、法国为代表，后一种模式以英国和英联邦国家及地区为代表❶。在实行土地私有制的国家，土地作为财产同其他私有财产一样是神圣不可侵犯的，但是土地所有者可以在市场上转让土地的所有权或使用权。实行土地国家所有制的国家，土地的所有权归国家所有，通过"土地批租"而赋予土地使用者相对完整的产权，使土地在租期内同样可以上市进行交易。

2. 土地经营制度

土地经营制度主要受土地所有制形式的影响，各国土地经营制度也存在着差异：①在以土地私有制为主的国家，如在美国私人土地占58%，联邦政府土地占32%，州政府土地占10%。因此土地市场中最多的交易是土地所有权的交易，即土地直接买卖，进行永久性地让渡。虽然这些国家的土地交易市场还存在使用权的转让、抵押权买卖、开发权交易等形式，但是这并不影响土地所有权在土地市场中的主体地位，相反这些交易形式可以作为所有权直接交易的补充，完善和活跃整个土地交易市场；②在以土地国家所有制为主的国家和地区，如中国香港全部土地由政府垄断占有，称为官地。政府不向土地使用者出让土地所有权，只授予租业权，即一定年限内的土地使用权。租约规定了明确的土

---

❶ 赵理尘，姜杰. 国外城市土地利用制度及其对我们的启示 [J]. 法学论坛 :2003（2）:69-73.

地用途、租用年限和地租。租约期满时由政府将土地连同土地上的建筑物无偿收回，再做下一轮批租。租约有效期内，土地使用者可以将土地租约连同地上建筑物进行出售、转让、抵押、出租等，政府不得干涉，充分体现了土地所有权与经营权分离的原则。

虽然土地所有制形式不同，但是由于上述国家和地区的土地市场发育都较为完善，因此在土地经营过程中均具有以下特点：①土地市场交易主体地位平等，限制较少。在这些市场经济国家土地市场十分活跃，交易对象和主体广泛，几乎不受限制，只要符合法律法规，符合土地管理的限制条件，缴纳一定税费都可以参与土地交易；②土地交易价格由供求关系决定。由于土地市场较为完善和发达，任何交易主体在进行交易时都是按照市场价格来定价的。但同时为了防止地价出现非正常的波动，一些国家还建立了土地估价制度，如美国政府规定，进入市场交易的土地必须进行价格评估，专业人员实行资格认证制度❶。

3. 土地管理制度

土地作为一种对人类生存十分重要的特殊商品，发挥市场配置的基础性作用，可以提高其利用效率、降低交易成本。但若过度依赖市场调节，亦会存在市场失灵的风险，因此各个国家和地区都采取了不同的措施和手段不断强化土地管理。

（1）强调城市规划的重要性

通过详细的规划控制规定土地的用途、布局、容积率、建筑密度、高度、环境要求等，在一定程度上限制了土地交易的对象和范围。在以土地私有制为主的国家，如在美国城市规划是政府实施土地管理的最重要手段之一，任何开发商在开发土地之前，都需要弄清根据城市规划哪些可以做，哪些不可以做。如果违背规划，开发商将受到行政和法律的制裁。在一些以土地国家所有制为主的国家和地区，凭借国家对土地强有力的控制，政府可将详细规划限定的要求作为土地交易的前置条件置于土地经营的过程中，实现对土地市场的管理。如在中国香港地区土地通过官契的方式批租使用，每一块土地对应一张地契。政府在做好土地规划和设计的同时，将土地规划和设计的要求制定成地契条款，作为土地批租的前提条件。地契具有法律效率，土地承租人需要严格遵守地契条款的要求，保证土地按照政府规划的要求进行开发。

❶ 赵理尘，姜杰. 国外城市土地利用制度及其对我们的启示 [J]. 法学论坛，2003（2）:69-73.

（2）运用税收手段

几乎每个国家和地区对土地的占有、保有、经营、开发、交易、消费都征收相应的税收。许多国家按照占有不动产的数量和价值，征收不同税率的不动产税从而对占有土地进行限制，其他的税种还包括印花税、增值税等。有些国家为了抑制投机性投资，按照买进和卖出的时间长短，征收不同税率的所得税，通过高税率将转卖土地的全部收入以税收形式交给政府，使投机者无利可图。如日本所得税的税率与买进和卖出的时间有关，时间越短税率就越高，最高达96%。世界上土地税按征收时机可分为三种情况：①土地的逐年征收。其中有的对土地单独课税，有的将土地与房屋合并征收不动产税，如英国、法国和德国。有的将土地与其他财产合征财产税，如美国；②土地转移时的课税。其又分为两种情况，一种是土地有偿转移时，课征不动产转移费或登记费，如德国、日本。另一种是土地无偿转移时，课征继承税、遗产税或赠与税，如英国；③其他场合的土地课税。土地增值税在发生转移时征收和定时征收。受益捐或工程受益费是一次性土地投资时对周围土地的收益人收取。按照土地税征收连带也分为三种情况：①不单独对土地课征，将土地连通房屋甚至各种固定资产在内综合课征不动产税或房地产税。如法国、原联邦德国、荷兰、巴西、新加坡等国的不动产税，意大利的不动产增值税，日本的不动产取得税，墨西哥的房地产税、英国的营业房地产税、保加利亚和捷克的住房税，泰国的住房建筑税和地方发展税等；②把土地单独列为一个税种。如印度为土地税，澳大利亚、中国香港为地价税，法国为土地登记税，巴西为农地税和城市土地税，匈牙利为地皮税，新加坡为土地租金税，日本为特别土地保有税；③将土地税作为一个税类单独立法，下设各个税种。如中国台湾地区在统一的土地税法下，分别开征地价税、田赋（1989年起停征）和土地增值税❶。

（3）强调公众参与和听证

在大多数市场经济国家和地区，土地开发和房屋拆迁必须要听取利益相关者或社会团体的意见建议，并赋予当地居民参与土地开发利用方案制定、决策的权力，进一步加强对土地市场的管理。

（4）完善的土地登记制度

土地登记是对土地及地上建筑物所有权他项权利的登记，是反映一个国家土地交易活动程度的标志。很多国家实行完整的土地登记制度，主要包括土地总登

---

❶ 孙钢. 对土地税收制度的初步研究 [J]. 经济研究参考，1997（60）:2-20.

记、土地经常登记、他项权力登记、设定登记、转移登记、变更登记、灭失登记、预告登记、异议登记、暂时登记等内容 ❶。这些国家运用现代通信技术和手段，建立土地登记信息系统，便于查找每一块土地的详细信息。这种制度除了能够有效保护业主的权利之外，还有利于市场的管理，防止投机和欺诈行为 ❷。

第二节　城市平面空间管理制度

城乡空间秩序的维护主要依靠两条路径实现：①法律法规和行政约束构建的国家自然秩序；②市场机制条件下开放和竞争形成的开放社会秩序。同时城市规划有两面性，既可能为行为主体的行为提供一种指向性的秩序框架、稳定的发展预期和宽松的授能环境，也可能对行为主体的行为构成一种强制性的干预框架、冷酷的不发展前景和严重的去能环境 ❸。前者包括空间增长边界和内部空间用途管制，即外在的干预控制机制，后者涵盖针对市场行为主体的参与机制，是内生的自由长成秩序。

一、城市建设空间规划管理制度

城市建设空间受制于不同类型的空间规划、专项规划、发展规划和土地利用规划等，在不同部门主管下自成体系，每一体系均包括许多具体规划类型。由于部门利益的要求和调控方式不同，多个规划管制导致城乡规划被肢解，缺乏有效的协调机制，重复治理现象突出，沿袭计划管控导致规划管控刚性有余而适应性不足，与刚性不足、随意性调整规划现象同时存在，市场作用受限，造成市场缺乏活力，侵害公共利益行为泛滥。

（一）城镇体系规划管理制度

区域空间管理在我国城乡规划管理中处于较为薄弱的层级，虽然已建立了以城镇体系为管理依据的管理制度，由于部门争权、维权以及地方自利空间管制作用并未得到有效的发挥，更重要的是区域管理的重要性未得到各级政府的重视，因此缺乏具体的管理手段和制约机制。

1. 空间管理层级

1989 年 12 月颁布的《城市规划法》已然确立了全国和省、自治区、直辖

❶ 刘玉录.城市土地制度的国际比较及其启示[J].中国房地产，2002（6）:1.
❷ 杨重光.国外土地制度和管理及对我国的启示[J].中国地产市场，2004（11）:76-87.
❸ 毛寿龙，冯兴元.规则与治理：理论、现实与政策选择[M].杭州：浙江大学出版社，2014:116-125.

市的城镇体系规划的法定地位，用以指导城市规划的编制。1994年8月建设部颁布了《城镇体系规划编制审批办法》（建设部令［1994］第36号），将城镇体系规划分为全国、省域（或自治区域）、市域（包括直辖市、市和有中心城市依托的地区、自治州、盟域）、县域（包括县、自治县、旗域）城镇体系规划四个基本层次，要求城镇体系规划区域范围一般按行政区划划定。同时规定根据国家和地方发展的需要，可以编制跨行政地域的城镇体系规划。

我国实施的市管县体制（地级行政建制的市领导县的行政区划体制）始于中华人民共和国成立初期，1950年代末和1982年是两次高潮期，主要基于省级政府管辖的区域太大，在省以下划分地区，每个地区包括若干个县级行政区，设置地区行政公署，作为省政府的派出机构，代表省政府管理该地区的社会公共事务。由于地区一级不是正式的行政区划，改革开放后陆续进行地市合并或撤地建市，目前市管县体制已成为我国大多数地区的行政区划体制，因此我国空间规划体系包括了国家、省（自治区、直辖市）、地级市、县级市（县）四个空间层级，标志着不同层级政府的事权划分。2008年实施的《城乡规划法》将国家、省、自治区、直辖市城镇体系规划作为独立的法定空间规划予以规定，地级市、县级市城镇体系规划纳入城市总体规划范畴。

2. 空间管理作用

2005年建设部颁布的《城市规划编制办法》（建设部令［2006］第146号）第20条规定，城市总体规划包括市域城镇体系规划和中心城区规划。第21条规定编制城市总体规划，应当以全国城镇体系规划、省域城镇体系规划以及其他上层次法定规划为依据，从区域经济社会发展的角度研究城市定位和发展战略。2007年3月建设部发布的《关于加强省域城镇体系规划调整和修编工作管理的通知》（建规［2007］88号）指出，各省级人民政府以省域城镇体系规划为依据，起到协调省（自治区）域城镇发展，保护和利用各类自然资源和人文资源，综合安排基础设施和公共设施建设，指导城市总体规划的制定的作用。2008年实施的《城乡规划法》第12条规定，国务院城乡规划主管部门会同国务院有关部门组织编制全国城镇体系规划，用于指导省域城镇体系规划、城市总体规划的编制。根据上述条文可以判别，区域管理的事权范围一般为行政区划范围，跨行政地域的城镇体系规划应由上一级行政主管部门实施管理。目前《全国城镇体系规划》（2005年编制完成）并未获得国务院审查批准，大多数省（自治区）编制和审批了省域城镇体系规划，各级城镇体系规划仅仅作为下位规划的编制依据，少有作为区域范围内各项工程建设活动、生态环境保护管理的行政依据。

3. 空间管理内容

作为法定规划，规划的内容即为管理的内容。《城乡规划法》第 13 条规定，省、自治区人民政府组织编制省域城镇体系规划，内容应当包括城镇空间布局和规模控制、重大基础设施布局和为保护生态环境、资源等需要严格控制的区域。《城市规划编制办法》（建设部令 [2005]146 号）第 30 条规定了七项具体内容。建设部等九部委《关于贯彻落实〈国务院关于加强城乡规划监督管理的通知〉的通知》（建规 [2002]204 号）文件规定了省域城镇体系规划的强制性内容，包括城市发展用地规模与布局、区域重大基础设施布局、需要严格保护的区域和控制开发的区域及控制指标、毗邻城市的城市取水口和污水排放口的位置及控制范围、区域性公共设施的布局等。目前区域性重大建设项目一般采用核发选址意见书的形式进行规划建设行政管理，问题是非划拨方式的建设项目缺乏合法的行政管理手段。

（二）城市总体规划管理制度

1. 城市总体规划审查的行政监督

我国具有长期的部门共治传统和行政层级管理特征。《城乡规划法》第 16 条规定，省、自治区人民政府组织编制的省域城镇体系规划，城市、县人民政府组织编制的总体规划，在报上一级人民政府审批前，应当先经本级人民代表大会常务委员会审议。相应的审查机构行使的权力仅为审查权，目前许多城市采用规划委员会制度。相比全体市民参与规划决策而言，参与人员大量精简，人员具有代表性和专业性，会议讨论、协商的社会成本降低，使城市规划审批决策能够及时有效和尽可能体现正义，较为充分地保障了城市规划审批决策体制的正义和效率。技术审查会通过后的规划成果，由当地城市人民政府报同级人民代表大会审查通过，再送呈上一级城市人民政府或国务院审批。

2. 城市总体规划审批的部门博弈

（1）审批过程

设市城市的人口规模和建设用地规模要由上级行政主管部门送同级有关部门审核同意。国务院审批的城市（截至 2016 年底共有 107 个）由住房城乡建设部召开部际联席会议审查。有关城市人民政府根据规划纲要及有关的法律、法规组织编制城市总体规划，报经省（自治区、直辖市）人民政府审查同意后，由省（自治区、直辖市）人民政府报国务院审批。按照 1999 年 4 月国务院办公厅《关于批准建设部〈城市总体规划审查工作规则〉的通知》（国办函 [1999]31 号）要求，住房城乡建设部接国务院交办文件后，即将报批的城市总体规划连同有关附件分送国家发改委、科技部、国土资源部、交通运输部、环境保护部、水利部等十几个部门征求意见，上述部门提出与本部门管理职能相关内容的书面意见，在规定时间内反馈至住房城乡建设部，并通过部际联席进行审查。城市总体规划审批必须随之上报人口规模和用地规模两个专题研究，以应对发展改革部门与国土资源管理部门的规模核算。具体成果在住房城乡建设部 2013 年 4 月下发的《关于规范国务院审批城市总体规划上报成果的规定》（暂行，建规 [2013] 第 12 号）有具体明确的要求。

（2）审批差异

《城乡规划法》第 5 条规定，城市总体规划、镇总体规划以及乡规划和村庄规划的编制，应当依据国民经济和社会发展规划，并与土地利用总体规划相衔接。从空间角度，与城乡规划相关性最为密切的是土地利用总体规划，两者均为基于土地空间利用的管理依据。同时《城乡规划法》规定，以规划区作为行政许可事权划分的依据，实际上互有交叉。城市总体规划与土地利用总体规划编制审批存在诸多差别，具体体现在以下几个方面：①编制理念不同。城市总体规划编制更多秉承区域争取"发展"的理念，侧重于对区域内规划末期发展进行预判，旨在引导城镇区域更好地发展。而土地利用总体规划更多秉持"底线"思维，强调中央权力对地方的调控，侧重对行政区域范围内规划期末耕地的数量和质量的保持；②审批要点不同。城市总体规划的编制审批过程中，上级审批机关更多地考虑城市发展定位、人口规模和建设布局等要素，而土地利用总体规划编制审批过程中，上级审批机关更多地关注建设用地规模，确保建设用地不突破限制；③规划区域不同。城市总体规划的规划区根据需要确定，重点在于城镇建成区，关注建成区和规划期内发展区的建设用地布局。土地利用总体规划的规划区覆盖行政管理陆地全域，甚至也囊括了规划期内沿海填海造地发展区，以达到管制全域土地利用用途的目的；④管理精度不同。城市规划基本分为两个层次，受成图影响，城市总体规划普遍规划精度不高，重点解决城镇发展定位和功能分区。详细规划依据城市总体规划编制，由于缺乏自下而上的快速协调反馈机制，不可避免存在着总体规划与详细规划、详细规划之间相互衔接不到位的问题。而土地利用总体规划在国家层面自上而下层层编制，使用统一的坐标系统，各级土地利用总体规划衔接紧密，最终能够落实到一张图纸上。

（三）近期建设规划管理制度

2002 年建设部出台的《近期建设规划工作暂行办法》（建规 [2002]218 号）提出，近期建设规划是落实城市总体规划的重要步骤，是城市近期建设项目安排的依据。规定近期建设规划的期限为五年，与国民经济发展计划时限一致。要求依据近期建设规划制定年度的规划实施方案，落实土地利用总体规划的建设用地指标。同时规定城乡规划行政主管部门向规划设计单位和建设单位提供规划设计条件，审查建设项目，核发建设项目选址意见书、建设用地规划许可证、建设工程规划许可证，必须符合近期建设规划，确定了近期建设规划的重要行政地位。《城乡规划法》（2015年修订）第34条规定，城市、县、镇人民政府应当根据城市总体规划、镇总体规划、土地利用总体规划和年度计划以及国民经济和社会发展规划，制定近期建设规划，报总体规划审批机关备案。近期建设规划应当以重要基础设施、公共服务设施和中低收入居民住房建设以及生态环境保护为重点内容，明确近期建设的时序、发展方向和空间布局。因此，近期建设规划既起到了融合部门规划，尤其是国民经济和社会发展规划及土地利用规划，关于未纳入近期建设规划的项目不予审批的规定，又起到整合其他专项规划的建设项目的作用。

（四）控制性详细规划管理制度

2005年10月颁布的《城市规划编制办法》（建设部令[2005]第146号）提出了控制性详细规划编制的六项内容，2008年实施的《城乡规划法》第37条和第38条明确规定控制性详细规划作为规划行政许可的依据和前置性条件。2011年10月颁布的《城市、镇控制性详细规划编制审批办法》（住房城乡建设部令[2010]第7号）更新了控制性详细规划编制的基本内容，对不同等级的城镇允许实施差异化的编制方法，提出对大城市和特大城市控制性详细规划实施分层编制的思路，增强控制性详细规划的弹性，倡导务实创新，从而为传统控制性详细规划编制内容和方式的转变提供了依据。

二、城市建设空间行政管控制度

我国城乡建设实施步步为营的管理制度，主要包括发改部门的立项审批制度、城建部门的规划审批制度以及土地部门的土地供给制度。

（一）立项审批制度

1. 一般审批规定

《城乡规划法》（2015年修订）第38条规定，以出让方式取得国有土地使用权的建设项目，在签订国有土地使用权出让合同后，建设单位应当持建设项目的批准、核准、备案文件和国有土地使用权出让合同，向城市、县人民政府城乡规划主管部门领取建设用地规划许可证，说明立项审批是我国城市建设空间管理的前置性条件。我国实施审批权限层级管理制度，不同的建设项目有不同的管理审批要求，如城市轨道交通由省级发展改革部门对城市政府申报的建设规划进行初审，由国家发展改革部门进行终审。按照《行政许可法》（主席令 [2003] 7 号）、《国务院关于投资体制改革的决定》（国发 [2004] 20 号）、《国务院对确需保留的行政审批项目设定行政许可的决定》（国务院令 [2004] 第 412 号）要求，投资立项行政审批采取核准制和备案制。按照《政府核准投资项目管理办法》（发改委令 [2014] 第 11 号）、《政府核准的投资项目目录》（第三次修订）要求，项目单位在报送项目申请报告时，应当根据国家法律法规的规定附送以下文件：①城乡规划行政主管部门出具的选址意见书（仅指以划拨方式提供国有土地使用权的项目）；②国土资源行政主管部门出具的用地预审意见 ❶；③环境保护行政主管部门出具的环境影响评价审批文件；④节能审查机关出具的节能审查意见；⑤根据有关法律法规的规定应当提交的其他文件。

2. 外商投资项目

长期以来，我国对外商投资项目全部实行核准制，政府主要从维护经济安全、保障公共利益、控制市场准入和资本项目管理等方面进行核准。2013 年根据《政府核准的投资项目目录（2013 年本）》有关要求，改革了外商投资项目管理方式，将项目全面核准改为有限核准和普遍备案相结合的管理方式。其中，除《外商投资产业指导目录》中有中方控股（含相对控股）要求的鼓励类项目和限制类项目，以及属于《政府核准的投资项目目录（2013 年本）》第一至十一项所列的外商投资项目实行核准制外，其余外商投资项目实行备案制。《外商投资项目核准和备案管理办法》（发改委令 [2014] 第 12 号）规定了不同层级发展改革部门的核准权限，绝大多数外商投资项目将实现属地化管理。

3. 境外投资项目

按照《境外投资项目核准和备案管理办法》（发改委令 [2014] 第 9 号）第 7 条规定，涉及敏感国家和地区、敏感行业的境外投资项目，由国家发改委核准。其中，中方投资额 20 亿美元及以上的，由国家发改委提出审核意见报国务院核准。

（二）规划审批制度

1. 规划行政许可制度

按照土地提供方式，城市规划行政管理实行"一书两证"为基础的用途管

---

❶ 不涉及新增用地，在已批准的建设用地范围内进行改扩建的项目，可以不进行用地预审。

制和以容积率为核心的总量控制制度（《城乡规划法》第36条、第38条和第40条，表2-3）。城市规划行政许可的依据条件分为三类：①通用型强制性条文，是实施用途管制的依据。如《城乡规划法》（2015年修订）第35条规定，城乡规划确定的铁路、公路、港口、机场、道路、绿地、输配电设施及输电线路走廊、通信设施、广播电视设施、管道设施、河道、水库、水源地、自然保护区、防汛通道、消防通道、核电站、垃圾填埋场及焚烧厂、污水处理厂和公共服务设施的用地以及其他需要依法保护的用地，禁止擅自改变用途。可以发现，刚性内容集中落实在资源环境、社会民生、文化保护、设施保障以及公共安全等方面，城市规划通过刚性规划内容的有效传递，维护规划的权威性；②专属型规划条件，综合落实用途管制和容积率管治。即在国有土地使用权出让前，城市、县人民政府城乡规划主管部门依据控制性详细规划提出的出让地块的位置、使用性质、开发强度等规划设定条件，是对于具体地块更为特定和详尽的个案控制；③通则式开发控制。地方政府制定并颁布的《城乡规划实施条例》（或导则）的规定属于通则式开发控制。

城乡规划行政许可分类一览表　　　　　表2-3

国有土地提供方式分类	批准、核准前置手续（管制类型）	建设前置手续（管制类型）
划拨方式	选址意见书（用途许可）	建设工程规划许可证（用途许可与容积率管治）
出让方式	建设用地规划许可证（用途许可）	

2. 城市空间增长边界管控制度

城市空间增长边界（Urban Growth Boundary，简称"UGB"）是城市增长管理最有效的手段和方法之一。2005年10月建设部颁布的《城市规划实施编制办法》（建设部令[2005]第146号）第29条规定，城市总体规划编制需研究中心城区空间增长边界，确定建设用地规模，划定建设用地范围，这是国家城乡规划相关法律法规中第一次出现城市空间增长边界概念。城市空间增长边界可以理解为城市实体空间扩展的范围，即规划建设用地的空间范围。但在实际操作过程中，城市空间增长边界并未得到强制性执行。2014年1月国土资源部在研究城市增长边界的相关政策基础上，试图通过划定永久性基本农田、城市发展边界和生态保护红线解决城市无节制扩张问题。2014年7月住房城乡建设部、国土资源部共同确定14个城市作为开展划定城市开发边界工作的试点区域，具体路径是在划定城市周边永久基本农田基础上，同时修订城市土地利用总体规划和城乡规划，最终确定城市发展边界。标志着城市空间增长边界由概念阶段走向了具体操作过程。2014 年发布的《新型城镇化规划》提出合理控制城镇开发边界，严格控制城市边界无序扩张，防止城市边界无序蔓延。城市规划由扩张性规划逐步转向限定城市边界、优化空间结构的规划，即合理确定城市规模、开发边界、开发强度和保护性空间，城市空间增长边界也因其被采用而上升到国家政策层面。目前此项制度还处于探索阶段，配套性的制度体系仍需完善。

3. "四区五线"管制制度

城市总体规划要求在规划区内进行四区划分和五线管制。"四区"分为已建区、禁止建设区、限制建设区和适宜建设区，各区实施不同开发管治要求，从而指导城市开发建设。"五线"管制制度属城市规划的强制性内容，用于从城市总规到控制性详规等不同层面的城市规划，分类实施有效的空间管制：①红线。为城市道路红线，即城市道路控制范围的边界线，只作为道路建设用地，严禁其他用地侵占，并根据道路等级、性质等规定建筑后退红线宽度；②黄线。按照《城市黄线管理办法》（建设部令 [2005] 第 144 号）的规定，黄线是对城市发展全局有影响的、城市规划中确定的、必须控制的城市基础设施用地❶的控制界限；③蓝线。按照《城市蓝线管理办法》（建设部令 [2005] 第 145 号）的规定，蓝线是城市规划确定的江、河、湖、库、渠和湿地等城市地表水体保护和控制的地域界线；④紫线。按照《城市紫线管理办法》（建设部令 [2003] 第 119 号）的规定，紫线是国家历史文化名城内的历史文化街区和省、自治区、直辖市人民政府公布的历史文化街区的保护范围界线，以及历史文化街区外经县级以上人民政府公布保护的历史建筑的保护范围界线；⑤绿线。按照《城市绿线管理办法》（建设部令 [2002] 第 112 号）的规定，绿线是城市各类绿地范围的控制线，包括山林、草地、林地、城市绿化用地、各类自然保护区、生态功能保护区、森林公园、草场公园、生物多样性保护区及水源保护区等。

（三）土地供给制度

我国国有城市建设用地供给制度包括土地划拨制度和土地市场化供应制度，二者相辅相成，互为补充。

1. 土地划拨制度

我国国有城市建设用地土地采取划拨与否有两个途径：①国土资源部相

---

❶ 基础设施包括城市公共交通设施、供水设施、排水设施、环境卫生设施、供燃气设施、供热设施、供电设施、通信设施、消防设施、防洪设施、抗震防灾设施等。

关法律和规定。2001 年国土资源部颁布的《划拨用地目录》（国土资源部令[2001] 第 9 号）规定划拨范围包括 19 类用地。《土地管理法》（2004）第 54条规定四类用地可以以划拨方式取得：一是国家机关用地和军事用地；二是城市基础设施用地和公益事业用地；三是国家重点扶持的能源、交通、水利等基础设施用地；四是法律、行政法规规定的其他用地。2002 年国土资源部下发《关于实施〈划拨用地目录〉及补充说明的通知》，将以下用地调整到划拨用地范围之外：一是党政机关和人民团体用地的办公用地，包括各种培训中心、综合服务中心等营利性的生活、服务、配套设施等用地；二是军事用地中各种营利性培训、服务中心、宾馆招待所、综合服务设施用地；三是城市基础设施用地和公益事业用地中对外营业、服务、收费的各种营利性设施用地；四是用于营利销售的公墓用地；五是国家重点扶持的能源、交通、水利等基础设施用地中以营利为目的重点项目用地。2012 年 5 月国土资源部和国家发改委联合下发《关于发布实施〈限制用地项目目录（2012 年本）〉和〈禁止用地项目目录（2012 年本）〉的通知》（国土资发 [2012]98 号），从底线角度对用地供给进行了调整；②国家政策文件。如《国务院关于解决城市低收入家庭住房困难的若干意见》（国发 [2007]24 号）提出廉租住房和经济适用住房建设用地实行行政划拨方式。从上述政策脉络可以发现，土地划拨制度是与时俱进的，目前基本采取列举的形式确定划拨用地类型。随着公共产品界限的模糊，可能出现同一项目两种土地供给方式同时存在的情况，如何从程序正义的角度确定符合公共利益的项目纳入划拨用地范围以及清晰的产权界定是土地供给制度变革的关键。

2. 招拍挂制度

《土地管理法》第 54 条规定，建设单位使用国有土地，应当以出让等有偿使用方式取得。有偿方式即为招拍挂制度。招标出让国有土地使用权是指市、县人民政府土地行政主管部门发布招标公告，邀请特定或者不特定的公民、法人和其他组织参加国有土地使用权投标，根据投标结果确定土地使用者的行为。拍卖出让国有土地使用权是指出让人发布拍卖公告，由竞买人在指定时间、地点进行公开竞价，根据出价结果确定土地使用者的行为。挂牌出让国有土地使用权是指出让人发布挂牌公告，按公告规定的期限将拟出让宗地的交易条件在指定的土地交易场所挂牌公布，接受竞买人的报价申请并更新挂牌价格，根据挂牌期限截止时的出价结果确定土地使用者的行为。按照国土资源部 2007 年 9 月发布的《招标拍卖挂牌出让国有建设用地使用权规定》（国土资源部令 [2007]39 号）第 4 条规定，商业、旅游、娱乐和商品住宅等各类经营性用地必须以招标、拍卖或者挂牌方式出让。虽然招拍挂制度是政府经营土地，通过市场获取土地的唯一方式，也是改善投资环境的根本性措施。招拍挂制度并不是十全十美的，因为只通过价格这一项指标判断一个项目的好坏往往是不全面的，虽然招拍挂制度有利于一次性回收出售的商业模式，但不能反映长期经营能力的差异，而且不同的项目给城市带来的长远效益是不一样的，因而带来的外部性（使周边乃至城市的土地升值）也是不一样的。因此需要精细化设定土地出让条件，这是城市规划管理的新课题。

第三节　城市立体空间管理制度

传统城市规划管理主要依靠平面二维空间管理，随着现代经济、技术的发展，城市空间向立体化、复合化方向发展，城市空间结构呈现高度复杂性和多样性，城市立体空间规划管理制度的核心是城市设计管理，它试图在三维的城市空间坐标中化解各种职能矛盾，实现城市空间的多维度综合利用。

一、城市设计公共政策演进

城市设计是指从三维乃至四维空间的角度构建有地域特色的城市空间形态，目的是从技术层面实现城市空间资源的合理利用与配置，从美学层面保障城市的空间景观质量，从文化层面保护传统地域特色建筑景观文化，从功能层面提升居民的城市生活质量。城市设计在中国快速的城市化进程中对城市特色的塑造作用越来越大，而现实操作中由于复杂的政治、经济和文化因素的影响，城市设计不仅仅是一个形体技术方案，本身又是一种公共行政策略，是一种管理城市物质空间环境的"政治"●。我国城市设计的发展从公共行政的角度划分为四个阶段：

（一）设计建筑阶段（1977 年前）

中华人民共和国成立后，受意识形态和经济体制的影响，我国全面引进了苏联的城市规划制度，逐步建立了适应计划经济体制的城市规划体系，当时的规划思想认为"城市规划是国民经济计划的落实和具体化，是建筑的艺术"。即首先城市建设是国家计划的一部分，建设资金来自国家统一的投资，城市建设从规划、设计到单项建筑物的建造都有全国统一的条例、规范、定额指标，

● 林姚宇，肖晶. 从利益平衡角度论城市设计的实施管理技巧 [C]//. 中国城市规划学会. 城市规划面对面：2005 城市规划年会论文集. 北京：中国水利水电出版社，2005：1024-1031.

政府兼具管理者和建设者的双重身份。其次城市规划体现了以建筑为主体的规划内容，是建筑的放大，它着眼于建筑物的平面构图和设计，强调设计方案的艺术美感。城市设计的核心是设计建筑，因此当时有形的传统城市设计是可实施的，也出现了大量有代表性的公共建筑、工业建筑及群体。

（二）法定规划阶段（1978~2005 年）

改革开放后，随着市场经济体制改革的逐步推行，中国主动引进西方城市规划制度，并结合实际情况建立了自己的城市规划体系。城市设计作为独立的技术手段参与城市形态的控制，并被纳入城市规划的法定框架体系。1991 年版的《城市规划编制办法》第 8 条规定，在编制城市规划的各个阶段都应当运用城市设计的方法，综合考虑自然环境、人文因素和居民生产、生活的需要，对城市空间环境作出统一规划，提高城市的环境质量、生活质量和城市景观的艺术水平。1998 年版的《城市规划基本术语标准》（GB/T 50280-98）定义城市设计是对城市体型和空间环境所做的整体构想和安排，贯穿于城市规划的全过程。1999 年 3 月中国城市规划学会受建设部城乡规划司委托，组织编制《城市设计实施制度构筑的框架》，试图在此基础上出台《城市设计工作的管理规定》。河北省建设委员会发布了《河北省城市设计编制技术导则》。20 世纪 90 年代初至 21 世纪初，一些城市编制了城市形象和城市特色规划，深圳是国内第一个明确地把城市设计纳入地方法律文件的城市，在 1998 年 5 月公布执行、2001 年 3 月修正的《深圳市城市规划条例》中规定，建设工程方案须符合具有法律效力的城市设计要求方可获得建设用地许可证和批准书。这足以体现当时不同行政层级对城市设计的高度重视和城市设计制度化、法规化的发展态势。这一阶段中国传统农业城市形态快速适应工业化城市形态的最简单但粗暴的解决方案就是新建、重建，而且凭借政治力量完成了城市快速惊人的拓展，因此在全国各地，尤其是东南沿海城市对具有"自上而下"设计传统和空间可视化的城市设计有着极大的需求，同时也为设计师追求纯粹艺术提供了巨大的发展空间和宽松环境，城市设计成为落实规划成果、控制城市形体环境开发的重要技术手段，与本土相结合的城市设计理论与方法得到快速发展与应用。

（三）非法定探索阶段（2006~2013 年）

2006 年 4 月第四次修订的《城市规划编制办法》开始实施，在强化技术文件转向公共政策的同时淡化了空间形体为主要特征的城市设计，仅在第 31 条规定中心城区规划需确定建设用地的空间布局，提出土地使用强度管制区划和相应的控制指标（建筑密度、建筑高度、容积率、人口容量等）。可以隐含地理解为，城市总体规划需要运用城市设计的方法，否则很难科学地确定上述控制指标。第41条规定控制性详细规划包括各地块的建筑体量、体型、色彩等少量城市设计内容。2008年1月正式实施的《城乡规划法》对城乡规划体系重新进行了梳理，确定了法定规划为城镇体系规划、城市规划、镇规划、乡规划和村规划，规定城市人民政府城乡规划主管部门根据城市总体规划的要求，组织编制城市的控制性详细规划，明确控制性详细规划是建设项目规划许可的依据。城市设计没有被纳入法定规划体系，编制具体规划时景观规划、历史文化街区规划等作为城市总体规划的章节还有些许城市设计的内容，城市设计思想必须通过控制性详细规划转化为具体的控制指标才能得到实施。因此目前我国城市设计的基本定位是城市规划之下注重形态环境控制的技术手段，受制于城市规划但对城市规划的中下游成果具有策动作用❶。

城市设计分为总体和局部两个层次，其存在市场需求有两种解释：①政府角度，补充城市总体规划的空间环境缺欠，当然不否认城市设计成为政府展示"未来成就"和体现政绩的工具。根据城市官网查询统计，全国半数以上的城市建有规划展览馆，因为布展城市模型实体的基础是总体城市设计，表明其存在巨大的政府需求；②企业角度，开发机构青睐局部城市设计，是基于通过阐述开发建设项目在兼顾城市整体利益和自身局部利益的前提下达到效益最佳的可视性技术方案，可以赢得市场竞争。因此两个层面的城市设计都可能因非法定规划体系而具有极端形式主义者和英雄主义倾向，丧失执行力并沦为政府和开发机构的工具❷。

各地方政府逐渐意识到了城市设计的空间控制引导作用从而进行了政策性探索，如2010年江苏省出台《江苏省城市设计编制导则试行》（苏建规[2010]203号），目的是促进提高城市规划编制质量，加强城市地区的整体筹划，分总体规划和控制性详细规划两个阶段提出任务与要求。2013年河北省住房和城乡建设厅出台《关于加强空间管控塑造县城风貌特色的指导意见》（冀建规[2013]21号），要求各县（市）要与城乡总体规划同步启动县城总体城市设计编制工作，依据城市设计确定的指标体系（控制性指标和引导性指标），提出空间管控要求，并纳入控制性详细规划。

❶ 徐雷. 管束性城市设计研究[D]. 浙江：浙江大学，2004.
❷ 邹艳丽. 公共政策视角下的城市设计变革[J]. 南方建筑，2013（4）:51-53.

（四）法定地位回归阶段（2014年～迄今）

2014年2月随着习近平总书记考察北京市城市规划、建设和管理工作，针对城市"千城一面"的讨论呼声渐涨，城市设计作用得到高度关注。2015年12月中央城市工作会议基于一些城市的规划与建筑设计间缺乏联系，造成一些建筑贪大、媚洋、求怪现象丛生以及城市特色建设重视不够等现象，提出了加强城市设计、提高城市设计水平的具体要求，城市设计法定地位的确立和城市设计立法正式提上日程。2016年1月住房城乡建设工作年度工作会议提出树立城市规划权威，全面启动城市设计立法工作，抓紧制订实施城市设计管理办法和技术导则，建立城市管理制度和实施机制。同年2月住房城乡建设部发布《关于成立城市设计专家委员会的通知》（建科[2016]39号），成立城市设计官方学术组织，发挥专家在城市设计中的作用。同年8月住房城乡建设部对《城市设计管理办法》广泛征求社会意见，试图通过城市设计，从整体平面和立体空间上统筹城市建筑布局、协调城市景观风貌，体现城市的地域特征、民族特色和时代特点。

二、城市设计特征与实施困境

城市设计是对城市形态、空间环境和景观风貌进行的综合性三维控制、引导和设计，有其固有的特征，这也是必须将其纳入法定体系方可有效实施的根本原因，而从现实的实施困境也可反观城市设计的变革趋势。

（一）城市设计的特征

1. 城市设计成果的未来不确定性

对于城市设计这样一项在广泛的社会、经济、政治、文化、技术背景下开展的设计活动，一定要形成一个一劳永逸的方案无疑是武断和徒劳的。在城市设计的过程中，面对复杂多变的城市形态和空间环境，任何设计方案似乎都跟不上现实的发展。当代中国城市高速度、大规模的发展，使理想与现实之间的矛盾更加凸显。城市设计活动未来不确定性的客观存在提醒我们，城市设计与其说是为了追求一种预定的蓝图，不如说是为了努力建构一个具有外部适应性和内部可调整性的行动框架。这种行动框架应当具有一种结构，从而可以应对客观条件的变化而做出某种程度的拓扑逻辑变换，而不是在瞬息万变的现实面前企图"以不变应万变"。

2. 城市设计的多元价值特征

城市设计的过程是对现实的城市空间环境进行分析和评价、发现问题、确定城市空间环境未来发展方向、提出设计原则和构思以及制定实施准则的过程。

这一过程的每一个步骤都离不开设计人员的价值判断以及地方政府和开发机构的观念制约。在当代社会，城市设计更是受到功能主义、人文主义、形式主义、系统主义等多元价值观的影响，在实践中体现出不同的观点和方法。

3. 城市设计的创作特征

城市设计以城市形态为主要研究对象。在对城市形态进行三维、立体的把握和塑造中，需要设计者具有很强的创作能力，这也是实践中城市设计不同于现有法定城市规划的重要方面。对于现有法定城市规划来说，理性分析和逻辑推理是其主要的思维特征，而对于城市设计来说，在科学理性的分析和无情感的技术之外，对人类精神文化需求的关注是其灵魂和精髓。从这一角度看，对城市设计专业人员的培养必须注重和加强对其艺术修养和创作能力的训练。

（二）城市设计的实施困境

有着重要作用和市场需求的城市设计在现代城市建设过程中面临诸多实施困境，这与城市设计核心价值理念、编制基础、确定目标、法律保障、技术约束以及体制认可等方面有关。

1. 缺少人本关怀，导致城市设计核心价值理念存在偏差，缺乏公正性

在经济社会和城市建设发展进程中多元利益群体逐渐形成和分化的背景下，以盈利为目的的城市开发成为城市空间资源配置和城市物质要素供给的主要影响因素。城市设计的本质是三维乃至四维空间资源在不同利益群体之间分配的过程，城市设计的实施与政策的价值联系点在于其以公共利益为核心解决城市发展的公共问题，协调各相关利益主体的行为。城市设计的初始需求决定其为政府与开发商服务为根本前提，其核心价值缺乏对低收入群体的人本关怀，较少考虑公共利益，因而对经济秩序的维护和社会公平的保障作用很难彰显，更谈不上为公众参与设计提供一种尊重与平等的机会，难以体现公正性。

2. 缺少综合分析，导致城市设计基础客观依据不够充分，缺乏科学性

每个城市都不是白纸，都有独特的本底条件——自然的山水、丰富的历史积淀、不同的经济发展水平、不同社会特质的人群等。城市设计需要考虑城市现状用地结构、功能布局、空间演替等刚性约束，也要考察城市文化、发展历史、居民感知等软性需求，保护不同时期的历史文化遗存，对城市形体化的审美体验由表层深入到深层结构中，因此城市设计不是一种独创性的设计，是在对城市地形地貌、经济社会、历史文化综合解读基础上的延续性设计。目前多数城市设计对城市本底条件缺乏细致研究和准确判断，设计方案往往放之四海

而皆准，缺乏针对性、地域性、文化性和科学性。

3. 过分注重形体，导致城市设计目的偏离多种目标需求，缺乏实践性

与城市规划相比，城市设计更注重对空间和形体艺术处理以及人们对它的感知 ❶。城市设计继承了艺术传统，往往被定位为以美学为核心的综合性、边缘性学科，而人们对美学的评价和认知是多样的，因此城市设计被认为过于感性而缺少理性。城市设计面对城市复杂巨系统，对未来研究而言，所针对的社会经济环境系统并不是单一、清楚、可识别的，往往是许多要素相互交织在一起，涉及各种各样的社会利益和目标需求，不同的决策者由于不同的立场和价值观，会坚持不同的、甚至互相冲突的目标和目的。同时城市设计需要统一协调，建筑设计需要标新立异，两种截然不同的价值取向碰撞后造成城市设计实施结果并不理想，要么千篇一律，要么混乱无序。

4. 失去法律保障，导致城市设计实施行政管理无法可依，缺乏合法性

城市规划是以政府或其职能部门为主体组织制定的，形成一致的目标作为城市发展的总体纲领，而城市设计未被纳入法定规划体系，导致此项工作可有可无，成果不具备法律效力，加之实施政策、配套手段的缺乏而面临权威性、有效性、政策性的质疑，难以指导快速的城市建设实践。从具体实践角度，城市设计一般通过"转译"方式形成法定"语言"，"融入"到现有的法定规划体系中，成为法定规划的补充或者参考。但是这种"融入"存在难度，主要是由于土地一级与二级开发意图、编制委托主体利益以及解决城市问题的侧重点三个方面的不同，常常导致城市设计在转译过程中产生偏差。事实上，一份较为系统的城市设计方案，必须具有自己的一套控制引导系统，在实际转译过程中的确难以完全融合到另外一套规划系统中。因此，"融入式"的城市设计很难真正实现其设计的控制引导目标，这一过程也会影响城市设计的合法性。

5. 缺乏技术约束，导致城市设计编制技术规则无据可查，缺乏规范性

城市总体规划和控制性详细规划的编制以《城市规划编制办法》（2006）为规划依据，关于编制组织、编制要求、规划审批、编制内容、成果形式等方面都有具体的规定，规划审查依据 1999 年 4 月颁布的《城市总体规划审查工作规则》（国办函 [1999]31 号）执行，相对逻辑系统严谨、评价标准统一，可以保证规划内容的完整性、规划结论的科学性和成果的规范性。由于城市设计是非法定规划，

---

❶ 徐苏宁 . 城市设计美学论纲 [D]. 哈尔滨：哈尔滨工业大学，2001.

国家没有相关的编制标准、评价标准和审查规则，因此编制水平参差不齐，编制过程随意，编制内容缺乏标准，成果形式繁多，没有文本和导则等城市建设的"社会契约"和"行为准则"表达政策属性和管控内容，政府在验收和评判成果时往往根据个人喜好决定优劣，很难保证设计成果的科学性、合理性。

6. 缺乏体制认可，导致城市设计行政实施过程无章可循，缺乏操作性

城市规划更多地强调其编制、实施、调整、反馈的过程性，表现为管理公共事务的过程。目前我国城市设计的合法性无法通过法定程序获得，而权威性与其合法性紧密相关，又与强制力相联系。在快速的城市建设过程中，政府希望通过建设项目的控制引导保证城市设计目标的实现，但现有规划行政制度框架内缺少城市设计实施程序和行政保障制度环节，而操作性不强，导致城市设计的失效与失灵。

三、公共政策导向下的城市设计

城市设计自有的自上而下的设计模式与城市规划实施的自下而上模式的有机结合需要城市设计的公共政策转型。

（一）城市设计的价值取向与思路

1. 城市设计的价值取向

城市设计关注城市空间形态和景观的公共价值，需要遵循以下价值取向：①美丽有序。这是城市设计价值中最深远、最具渊源的价值取向，维护的基础来自于对自然环境、历史文化和当地居民的尊重；②尊重自然环境，建立空间框架。城市的山水格局是客观存在的，城市的经济发展有固有的规律和轨迹，城市的社会结构有不同的差异和分异，城市设计应建立在科学、客观，判读的基础上，维护和完善城市功能，构建具有地域特色的城市发展框架；③尊重历史文化，塑造风貌特色。城市不能脱离文化和历史，对历史的坚守与尊重是挖掘城市内涵的基础。一方面，通过文本史料去解读城市，保护城市连续的历史脉络和传统特征，另一方面，通过对地方文化的深入挖掘，塑造理想的物质环境，凸显城市的地域景观特色；④尊重当地居民，满足公共需求。城市设计不仅仅是功能的组织和景观的营造，更要满足人的心理、生理的切实感受，理解当地居民的想法，满足他们的需求，以公共利益为核心解决城市空间环境问题❶。

---

❶ 邹艳丽. 公共政策视角下的城市设计变革 [J]. 南方建筑，2013（4）:51-53.

2. 城市设计的基本思路

城市设计是政府对于城市立体空间环境的公共干预，需要遵循上述价值取向，转变设计思路：①增加社会研究。城市设计是对城市规划的空间深化，是城市形体塑造依托的政策框架，通过对城市整体进行三维乃至四维立体空间的谋划，使其具有实在的空间表达、物化和可视性，有利于形成鲜明而富有吸引力的城市特色，构造具有创新性的城市环境，对城市规划的立体空间形态建构不足是有益的补充与完善。城市未来空间架构的实现意味着预设的价值判断的实现，未来城市经济社会、环境等形态化的体现，是一个典型的物化过程，但城市空间不仅仅是物化的空间，城市还具有空间向度的社会化和社会关系的空间化趋势，因此城市设计需要进行广泛的社会研究❶；②不必求全求细。由于城市发展的选择是无法在变化条件可控的情况下进行的，识别其中真正的变化因素是相当困难的，即便进行最慎重的实验和研究也不能保证规划人员作出完全正确的趋势判断。因此城市设计的实施很大程度上属于控制范畴，即要求城市发展必须遵循城市设计制定的政策方针，确保在每一个重要的方面都不逾越所允许的范围❷，需要从限制性角度规定不做什么，为未来发展留有余地，而不必面面俱到，反而弱化对关键问题的研究；③增加实施政策。城市总体设计应对的城市总体规划，规划年限一般会达到 20 年，其实施是一个动态的、复杂的、不断调整的过程，包括对各种利益的协调和平衡，通过连续决策的过程来塑造，是城市规划中重要的公共政策组成部分，城市设计必须运用科学的方法保障科学合理的实践过程❸，增加实施保障机制、配套奖励政策、建设时序的把握等研究，起到强化城市空间内在秩序的作用，实现城市设计内容的公共政策转化。

（二）城市设计方法与成果形式

1. 城市设计方法

城市设计具有乌托邦定势，是在一种统一的"自上而下"的社会政治力量的作用下，以城市设计为手段，把城市建设和发展的理想与目标转变为现实的可能。而城市规划实施是由若干个体的意向经过多年叠合、累积形成城市理想，并以此来塑造城市形态和空间环境的过程。因此在对现代主义城市设计进行批判和反思的过程中，一味采用"自上而下"的设计方法，企图通过强制性的社

---

❶ 刘生军. 城市设计诠释论 [M]. 哈尔滨：哈尔滨工业大学，2008.

❷ 胡玫，江刚. 城市设计的法律效力——面向管理的城市设计解决途径 [J]. 规划师，2005（10）：81-83.

❸ 刘生军. 城市设计诠释论 [D]. 哈尔滨：哈尔滨工业大学，2008.

会政治力量来解决城市发展过程中的所有问题的做法也常常遭到指责。通过"自下而上"的城市设计，减弱统一的、强制性力量的作用，将促进城市形态和城市空间环境的形成和发展，表现为一系列阶段性、自发性决策和行为的叠合与积累，使城市形态更为丰富，城市文化更为多元。

2. 城市设计成果形式

城市设计由于涉及城市整体利益的平衡，从来就具有管束和引导两种刚性和弹性要求的属性，体现为对城市形态控制的两种不同的价值取向❶。因此城市设计实施的成果通过三种空间意图的形式表达：①文本。反映的是城市设计共性的规则，需要规划师、建筑师创造性的理解和能动地应对于整个城市尺度的空间考量和评价；②导则，作为一种技术性控制框架，需要清晰严密，定性定量并重；③图则。城市设计并不能完全靠着一种技术性语言去完成它的全部作用，因此需要必要的图则作为保证。总体城市设计相对导则分量较重，成果的概念性和政策性较强，应辅助以必要的图则表达，强调设计的刚性。详细城市设计强调设计的柔性，成果的引导性和控制性较强，给开发项目的建筑设计以更多的创作空间，这也体现了二者之间不同的空间尺度特征和市场服务要求。

（三）城市设计的实施机制

城市设计是关注城市空间环境形态和谐的设计控制，与关注功能合理的规划控制共同构成开发控制，与城市规划之间保持协同关系。为促进城市空间管制的有效性，城市设计应实现以下制度变革：①促进成果合法。城市设计有着自身的逻辑性，为保障城市设计成果的实施，可通过国家层面改革城市规划编制体系以及地方城市立法确认城市设计两种合法性途径实现；②加强公众参与。规划决策通过民主的地方政府组织和市民的投票实现，也包括开发商的有效参与；③形成奖励机制。投资主体的多元化同时需要多样化的城市管理引导手段，城市设计的奖励办法是运用经济手段，引导和鼓励对公众有利的建设开发行为，如空中开发权的转让、容积率奖励等，但需要把握控制和引导的度；④强化反馈机制。城市规划的实施依靠城市行政管理决策，而城市空间的复杂性导致其在某种程度上缺乏直观决策的能力，无法有效预判未来城市发展空间结构。因此，城市设计实施效果的评价很难做到在实验室进行测试，因为这一产品是独一无二的。城市设计因空间可视性的表达起到了实验的效果，可以起到一定的

---

❶ 徐雷. 管束性城市设计研究 [D]. 浙江：浙江大学，2004.

纠错作用，但这种实验的成功并不能完全保证实践的成功，因此必须建立城市
设计反馈机制，实现对城市设计本身的"纠错"。

第四节 城市地下空间管理制度

城市地下空间开发利用具有特殊的空间开拓性，我国城市地上多种功能下
行趋势不可避免，城市地下空间开发利用出现由单一用途向多用途、由少量向
巨量、由城市建设的配角向重要的组成部分转变的趋势。城市生命线工程大部
分位于地下，地下空间的有效利用成为政府解决城市瓶颈问题、短板问题的重
要路径，地下空间的管理水平也决定了城市的安全程度。当前城市地下空间管
理是我国城市空间管理最薄弱的环节，本节以北京市为例研究城市地下空间管
理体制和机制。

一、地下空间管理格局与困境

（一）地下空间利用现状

大多数城市的地下空间利用情况都是一笔糊涂账，北京市也不例外。北京
市地下空间利用复杂多样，主要包括人防工程、普通地下室、地下轨道交通、
地下管线等。北京市隔水层一般在地下负 35m 左右，目前的施工技术使得地下
空间的开发一般可达地下负 40~50m，地下空间利用主要分为民防工程、普通地
下室、交通隧道和停车场、市政管道设施和综合管廊四类。2013 年以前结合民
用建筑建设的人防地下室基本上以住人为主（图 2-1）。2013 年以后，随着地下
空间的逐步清理，地下空间以停车为主，清理后的住人空间大量闲置，少量出
现人防地下空间公益利用。普通地下室主要是为弥补地上土地资源不足而建设，
一般为仓库、车库和临时性活动空间。现有 17717 处，2967.6 万 m²，其中已经

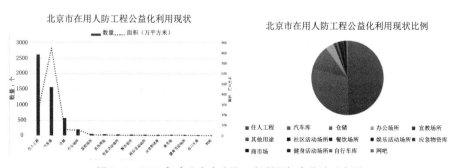

图 2-1 2012 年底北京市人防工程利用初步统计示意图

使用 13753 处，2546.7m²。近些年以地铁、综合管廊为代表的地下交通和市政基础设施建设量剧增，截至 2015 年年底，北京市城市轨道交通运营里程 554km，其中地面线 42km，地下线 390km，高架线 122km，在建 290km，有超过 15 万 km 的管线纵横交错，建设者和管理者都很难说清楚所有管线的确切位置和实际用途。

（二）地下空间管理格局

1. 管理依据

北京市地下空间管理依据包括法律依据和政策依据（表 2-4），其中法律依据一般分为国家法律、部门规章和地方法规三类。无论是国家法律还是地方法规，绝大部分为部门法，专门针对地下空间综合开发利用的仅有住房城乡建设部 2011 年 1 月修正的《城市地下空间开发利用管理规定》。

北京市地下空间管理依据一览表 表 2-4

类型	具体文件
法律	《物权法》、《城乡规划法》、《消防法》、《土地管理法》、《城市房地产管理法》、《人民防空法》
部门规章	《土地登记办法》(国土资源部令 [2008] 第 40 号）、《城市地下空间开发利用管理规定》（住房和城乡建设部令 [2011] 第 9 号）等
地方法规	《北京市城乡规划条例》（人大常委会公告 [2009]4 号）、《北京市安全生产条例》（人大常委会公告 [2011] 第 16 号）、《北京市消防条例》(人大常委会公告 [2011]17 号）、《北京市房屋建筑安全使用管理办法》（政府令 [2011] 第 229 号）、《北京市人民防空工程建设与使用管理规定》（政府令 [2010] 第 226 号）、《北京市人民防空工程和普通地下室安全使用管理办法》（政府令 [2011] 第 236 号）、《北京市社会治安综合治理条例》（人大常委会公告 [1992]29 号）等
政策依据	《普通地下室综合整治专项工作方案》（京建发 [2015]281 号）、《关于继续开展地下空间综合整治工作的实施方案》（京政办函 [2015]68 号）、《关于在违法群租房集中治理阶段做好违法群租普通地下室治理工作的通知》（京建发 [2014]351 号）、《北京市人民防空工程和普通地下室安全使用管理规范》（京建发 [2014]236 号）、《关于落实〈北京市地下空间综合整治工作联合执法实施方案〉的通知》（京民防发 [2013]136 号）、《北京市普通地下室安全使用综合整治执法手册》（2011）、《北京市城市地下管线管理办法》（京政办发 [2005]9 号）、《北京市加强城市地下管线建设管理工作职责分工方案》（京政办发 [2014]54 号）等

2. 管理部门

北京市地下空间管理职能的划分主要依据两个办法和两个文件：《北京市人民防空工程和普通地下室安全使用管理办法》、《北京市城市地下管线管理办法》、《北京市加强城市地下管线建设管理工作职责分工方案》、《关于继续开展地下空间综合整治工作的实施方案》。

图 2-2　北京市城市地下空间管理格局现状示意图

按照地下空间规划、建设和维护运营的阶段性管理部门大致分为三类（图2-2）：①规划建设类，主要职能是建立规则，基于地下空间形成过程的管理；②运营管理类，主要职能是按照地上的运营规则所进行的管理下沉；③行业权责类，此类部门不仅参与地下空间的建设，而且是拥有直接运营管理权的部门。管理职能呈现出部门分管、条块分离的特点。

（三）地下空间管理困境

1. 存在问题

目前北京市地下空间管理存在管理依据不一、管理目标不同、管理信息不清、管理职责不明和管理手段不足等问题，综合管理困境体现在两个方面：①从时间角度相互衔接错位。体现在规划功能不详尽，同时按照功能一次性确定用途并收费的规划供地模式，决定了规划不能改和增容性，使得规划方案与建设方案无法衔接，直接影响是与使用功能错位，导致地下空间利用不是闲置，就是违章，缺乏统筹和纠错机制；②从空间角度整体性肢解。地下空间运营管理按照使用功能、产权关系、使用主体、活动类型等进行管理，导致整体性空间被肢解，如人防工程与民用工程以及交通枢纽等实为整体，却实行部门分管、空间分离制度。

2. 原因分析

城市地下空间管理存在诸多问题和困境，主要源于五个内在管理体制机制原因：①缺乏地下空间基础数据信息整合和动态更新机制；②缺失地下空间开发管理统筹部门（时空协调、利益协调、依据协调）；③割裂地上地下空间活动管理（空间）；④割裂规划建设运营阶段性管理（时间）；⑤缺乏对地上地下规划建设和运营管理的共性和特性的认识。

二、地下空间管理原则与逻辑

（一）基本原则

地下空间管理职能的调整遵循如下原则：①全面管理。包括三个内涵，一是空间全覆盖，即地下空间管理的规划、建设和运营管理的空间、功能和行为的全覆盖。二是时间全周期，即探索全生命周期的地下空间建设和运营体制和机制，尤其是地铁、综合管廊等规划、建设和运营管理关联性较强的项目。三是质量全方位，即对于地下空间建设质量和运营质量进行全面监管，遵循建设的客观规律；②协调管理。地下空间任何建设均与地上空间和临近空间存在不可避免的关联性，同时具有空间不联通、不可视，安全隐患难发现、难处理，建设不可逆、重时序等特点，并承担着一些地上空间所不能或很少承担的生命线功能，使得地下空间的建设与管理随着内容的增加比地上管理更加复杂，因此要求各部门之间必须建立起一套完善的协调机制，采取综合协调管理的方式，才能实现地下空间的有序开发；③规划引领。遵循先规划后建设的原则，通过规划引导建设，保证地下空间开发的有序性，发挥地下空间的最大利用价值；④职责一致。行政管理职能调整的理论基础是效率理论，即提高管理效率、减少管理成本。在地上、地下功能无区别的空间应当遵循管理部门地上、地下职责一致的原则，负责地上管理工作的部门在地下同样应当行使其管理职能，并考虑地下空间的特殊性从而进行针对性管理，不可推诿责任。地下特有的功能空间，应由专门部门进行管理，如地下管线、人防地下室应由相关职能部门进行管理。

（二）调整逻辑

1. 基本逻辑

地下空间管理格局调整、职能设定和制度重构应遵循以下基本逻辑：①地下空间开发的特殊性。地下与地上空间开发存在较大的差异性，应遵循充分利用有利和规避不利的指导思想进行管理制度设计；②地下空间管理的根源导向。针对地下空间管理五大问题和产生问题的五大原因进行针对性、根本性地解决；③现有管理机构、管理法规的充分利用。管理格局的调整原则是提高管理效率、减少管理成本和充分利用现状，因此应根据现有的法律法规，针对规划和建设管理过程中出现的管理问题和管理程序分门别类，有针对性地进行适当调整，规划建设职能尽可能不做更多的改变，运营管理则实施地上、地下一致性和系统一致性原则。

2. 管理应对

针对地下空间开发有利因素和不利条件实施积极的管理应对（表2-5）。

基于地下空间开发有利因素和不利条件的管理应对　　　　表2-5

方面	有利因素	不利条件	管理应对
经济	（1）使城市空间环境更加紧凑和集中，节省娱乐、办公、住宅等建筑所需要的辅助使用部分的建设土地（如交通、停车）； （2）地下的岩石层对保温隔热比较有利； （3）与高空发展相比具有建设和运营节约性	（1）受工程、水文地质影响较大，环境影响决定工程质量； （2）如果土质比较差，与地表的联系部分（出入口和通风管道）可能会大大增加地下工程建设的成本； （3）总体建设成本较高，运行成本也较高，需进行效益核算	规划：制定综合性、可操作的地下空间规划，考虑建设成本等综合因素； 建设：加强地质勘察； 运营：增强地质灾害的监控
技术	（1）地下开发强度与地下施工水平直接相关； （2）地下岩石层比较坚硬，因此在岩石层中施工的成本比较合理	（1）如果土质比较差，与地表的联系部分在技术上要求也比较高，工程建设质量的关键是防水； （2）地下工程运营的关键是防火； （3）施工对周边影响极大	规划：施工影响建筑安全评价为规划许可前置条件； 建设：加强施工技术、挖掘技术研发
功能	（1）新的通道不会隔断使用空间； （2）增加城市社区的安全性； （3）恶劣天气的城市繁荣； （4）促进空间集约	（1）与地面交通网络的连接可能会比较难以处理，若系统性不强则极不便利； （2）不是所有的地上功能都可以转向地下	规划：加强与地上建筑以及地下空间的相互衔接，建立联通强制引导和奖励机制； 运营：地下使用功能的鼓励与限定
社会	（1）把街道建在地下（隧道）可以改善市中心的生活质量； （2）建设隧道可以保护自然景观和节约城市土地	（1）缺少外部控制是对地下交通解决方案（隧道、地下停车场等）持有偏见的一个原因； （2）对坡道（楼梯）和其他地面联系的定位和空间方向辨别有困难	管理：加强地下空间监控； 运营：加强地下空间标志性，地下与地上空间命名的可参照、一致性
环境	（1）地下空间建设不会改变基地内的地形地貌等自然条件； （2）可以减少地面环境中不良因素的影响（如噪音污染）； （3）有利于保护环境和文化遗产（如城市景观）	（1）地下工程的建设可能会降低地下水的水位（容量）； （2）在无窗场所中的满意度一般要比地面场所中低，可能会产生恐惧、偏激、惊慌； （3）认知水平降低，方向感丧失，辨识出现错误； （4）需要长时间照明，并增加照度	规划：地下空间开发的有限度； 建设：加强地下空间设施的舒适性； 运营：提高地下空间运营的安全可靠性，增加方向指示标识。增加照明和供电线路安全管理

续表

方面	有利因素	不利条件	管理应对
安全	(1)防空、避震安全效能较好; (2)构建生命线系统	(1)易发生火灾、踩踏、夏天雨水倒灌,其中火灾最难以控制和逃生; (2)可见性差、温度高、烟雾不宜排出,不易于逃生和救援,相互之间的联通极为重要; (3)建筑安全隐患隐蔽,隐患排查非可视,一旦出现多为重大灾难; (4)用电安全隐患案件多发,电力线路老化、裸露、环境潮湿可能引发触电伤害; (5)独立建筑和设施开发与横向临近及纵向一定范围内的设施均会产生影响,易发生沉降,协调、监控和信息化管理更迫切; (6)遇有暴雨容易导致倒灌,地面、通道、楼梯等易积水,不能及时清除容易导致地面湿滑; (7)地下排水设备易工作不正常,给水排水设备损坏等均可导致人防工程进水被淹; (8)安全出口有门槛、台阶等妨碍人员疏散	规划:行政许可细化使用功能,建立使用功能转变的许可程序与许可制度;增加安全出口; 建设:加强排风设施的建设和管理;加强排水设施建设;加强无障碍设施和通道建设; 运营:加强使用功能管控、使用行为管理;建立火灾安全防范机制;加强用电安全管理;加强环境监测,建立地下建筑物安全评估制度,建立信息化监察管理制度;加强排水设施运营管理
设施	受外界自然环境影响较少,节能	(1)地下空间无自然通风,靠机械通风设备换气,除夏季外其他三个季节空气干燥、氧气稀薄而易发呼吸不适,需要增加换气频率,并需实时监控; (2)存在潮湿、阴冷、环境污染问题,尤其是夏季温度低,需要供暖; (3)放射性物质挥发影响地下空间空气质量,卫生安全问题严峻; (4)地下空间出入口挡水设施缺失或不足以抵挡雨水,易导致雨水倒灌; (5)通信难以接收网络信号,或存在信号不稳;若无室内电话,无法报警及紧急求助	规划:强化规划的系统性和基础设施的完备性;市政基础设施的完备程度决定地下空间开发规模和开发方向,规划许可需征求市政基础设施主管部门的意见; 建设:强化电力设施验收标准;增加机械通风设施及与外界换气频率;加强地下空间出入口的安全设施建设;加强地下通信设施设备建设,建立有线通信报警系统; 运营:加强地下空气质量的监测;加强地下排水、换气的设备、设施的监管

续表

方面	有利因素	不利条件	管理应对
管理	范围封闭,管理单元容易形成	(1)建筑、构筑物、设施设备缺乏可视性,事故隐患不能及时发现和消除;管理更具技术性,增加安全运营管理难度和管理成本; (2)空间小,隐蔽性强,疏散难度大,社会安全管理难度加大	建设:加强地下空间照明设施、完善防灾设备设施; 运营:形成管理单元,完善标识系统,制定地下空间安全标识标准;建立应急管理机制;建立日常运营维护和技术巡查、巡检制度;加强安全教育培训
交通	交通干扰少	公共地下空间纵向依赖电梯、滚梯等动力交通方式,平面依靠步行交通	规划:适宜的地下空间交通系统和地上联通系统,尽可能降低无效交通空间
心理	封闭	地下空间有限,地下环境(如空气不新鲜、温度不合适、无阳光等)不适,经常停留在地下空间,易产生情绪急躁、低迷、易怒、自卑和身体疲劳等不良心理、生理影响,心理过度紧张,易导致分心酿造更大的失误	规划:增加与地表联系的空间; 建设:通过采用透光玻璃和增加照明设施等手段,增加光照度;增加通风、换气和调温设施设备; 运营:设置中间休息时间

三、地下空间管理模式与架构

(一)管理模式

1. 模式类型

从部门之间关系角度,地下空间管理按照行政管理理论逻辑分为三种模式(表2-6):①平行管理模式。即地下空间管理架构沿袭现有的管理部门进行设置,采取地上地下一致性原则实施地下空间管理的方式;②部门牵头模式。即增设协调机构进行地下空间的统一管理,设立全市地下空间管理委员会(或领导小组),委员长(组长)由分管副市长担任,成员是各主管部门责任人。当地下空间出现规划、建设的重大问题时,由委员会发挥功能协调处理,可以不定期召开委员会议;③单设综合管理机构。这种模式较少出现,它类似于开发区的切块管理模式,完全割裂了地上和地下空间。

地下空间管理模式优缺点分析 表2-6

管理模式	平行管理	部门牵头	单设综合管理机构
模式特征	各部门相互之间按照权责进行管理,以专业部门分头管理形式出现	一般设领导小组,有常设统筹机构,出现问题能够协调并有效地解决	增加块状行政管理机构,一般为临时机构

续表

管理模式	平行管理	部门牵头	单设综合管理机构
模式优点	不增加行政程序，适合地下空间开发较少的大城市和中小城市	较为常用，不增加行政程序，适合地下空间整合发展，适合大城市和地下空间开发量较大的中小城市	类似于开发区的切块管理模式，适合大规模、短时期、局部性开发城市，效率较高
模式问题	缺乏横向空间整合，易发安全问题	需赋予牵头部门更多的权限，建立部门间约束机制	地上、地下割裂，存在和地上管理部门之间的机构重置以及与地上的空间协调问题

目前全国城市地下空间管理主要有三类部门牵头模式·(2-7)，一般在地下空间管理委员会（或领导小组）下设办公室，办公室的主要职能是对地下空间开发问题进行协调，所依托的委局一般为牵头单位。❶

地下空间部门牵头管理模式的比较分析　　　　　　　　表 2-7

比较内容	牵头模式		
	规划、国土部门牵头	住房城乡建设部门牵头	人防部门牵头
适宜阶段	优点：适合地下空间建设快速发展阶段，工程建设量大，有利于综合统筹各专项规划、系统推进地下空间建设；缺点：后期管理缺乏手段和方法，不具备权力再分配能力	优点：适合地下空间建设均衡发展阶段，新建速度驱缓，已有建设量较大，质量监管成为重点，可以发挥建筑质量监管专业部门优势；缺点：地下空间信息仅有局部，不全面，不具备权力再分配能力	优点：适合地下空间建设停滞阶段，可结合人防工程建设共同管理，有利于人防工程的系统性构建，具备一定的地下空间资源再分配能力；缺点：地下空间信息仅有局部，不全面
资金投入	缺点：无具体建设资金支撑	优点：有公用维修基金可用于地下空间建筑质量监测支出	优点：有人民防空地下室易地建设费❶和专项人防工程建设资金，从而具有一定的决策权和自主权
管理手段	优点：地下空间规划信息完整，管理占据优势；缺点：缺乏地下空间信息动态更新的强制性手段	优点：对民用地下室备案登记进行管理；管理物业公司，可间接管理普通地下室；缺点：仅有局部地下空间信息，信息不完整	优点：对民防地下室登记进行管理，民防其他设施涉及机密；缺点：仅有局部地下空间信息，信息不完整

❶ 按规定"所有民用建筑项目均要按规定同步建设防空地下室"，确因地质、地形、施工等客观条件限制，不能修建防空地下室的，建设单位必须报经人民防空主管部门批准；经批准不修建的，建设单位应当按照国家和省规定的标准向人民防空主管部门缴纳人民防空工程易地建设费，由人民防空主管部门统一组织易地修建。

续表

比较内容	牵头模式		
	规划、国土部门牵头	住房城乡建设部门牵头	人防部门牵头
执法队伍	优点：有规划监察机构，相对执法力量较强	优点：有建设检查执法机构❶，执法技术一般较强	缺点：有人防监察执法机构，力量一般不足

2. 模式选择

调研发现，虽然北京的协调机构设在人防局，主要基于人防局目前的资金优势，可以结合民防工程建设地下车库，解决居民停车的社会问题，但该机构实际上并未起到综合统筹作用，更多依靠的是组长（副市长）的权威。国外地下空间统筹大部分设在规划行政管理部门，如德国、荷兰、新加坡等国家，国内地下管线统筹较好的是东莞、成都温江区，均将地下空间管理的核心权设在规划局。

理论上，确立协调机构的原则是哪个部门掌握的核心资源最多，可以解决一定阶段发展的关键问题，该部门即可作为协调机构。目前北京市正处于地下空间建设的高速度、快增长时期，最关键的问题是空间协调，而从发展阶段、管理基础、管理逻辑和管理能力角度来看，规土委的空间统筹能力应是最强的，只是受制于各种部门协调、制度限制、社会产权约束等原因未起到地下空间规划建设引领作用，概括起来就是"有条件、没手段"，管理环节中只要完善后续管理手段，就可以起到统筹管理的作用。因此建议设立地下空间开发利用管理领导小组，办公室设在规土委，由分管规划、国土、建设等部门以及分管市政、交通、民防、城管等部门的市领导为组长（双组长），副组长由秘书长和规土委主任担任，成员为研究设定的 20 余个部门及对接中央和军区的管理机构，并增加文物局、园林局及地铁建设和运营公司、电力公司等部门和企业。

（二）管理制度

城市地下空间管理制度的构建需要从以下四个方面入手：①完善管理法律制度。地下空间管理尽可能应用现有法律指导，澄清具体概念和法律需扩展的内容，修订和完善相关的法律法规，并进行地下空间管理立法，协调各部门法规中对于地下空间管理的规定，包括制定强制性管理规定，确定产权制度以及

---

❶ 如北京市住建委有建设工程和房屋管理监察执法大队（45 个编制）、建设工程安全质量监督总站、建筑业管理服务中心三个执法机构。

修改完善相关法律；②建立信息共享机制。在确定地下空间综合管理机制的基础上，由地下空间管理的主管部门进行这些数据的整理和搜集，制定统一的标准，建立信息共享平台，确保信息数据的真实有效，并运用电子政务的行政方式改善信息系统的管理，从而改变各相关管理机构各自为政、信息互不沟通的局面；③建立监管宣传机制。地下空间的特殊性决定了地下空间安全管理的重要性，地下空间安全管理需要加强安全监督制度建设，广泛进行地下空间开发安全事宜的宣传，详细地编写地下空间的安全使用手册，定期或不定期地举行地下场所的安全逃生或消防演练，构建地下空间基层应急管理系统；④完善技术标准体系。地下空间规划、建设和运营管理的技术标准涉及人防、消防、防火等安全使用标准和规范，以及有关开挖、支护、排水、防水等施工质量标准和规范等，所以应对已有的一些技术标准进行定期的更新和修订，确保地下空间安全、合理、有序地开发利用。

（三）管理内容

基于地下空间利用的首要目的是建立地下空间开发秩序，本研究界定的地下空间是规划区范围之内的地表之下所有的人工建筑物、构筑物及管网设施。基于产权主体、使用主体的差异性决定设施管理的差异性，将地下空间分为六类，实施分类管理：①地下室（民用、私用）。包括普通民用地下室和人防地下室，为少量或特定居民使用。由住建委进行统一管理，民防局只需做好人防工程审查和后续的质量验收，但单建人防工程由民防局全权负责。人防工程建设分为国家投资建设的骨干工程、社会投资建设的人员掩蔽工程和物资储备工程两种，国家投资建设的骨干工程由民防局管理，社会投资建设的人员掩蔽工程和物资储备工程由住建委登记管理，民防局备案；②地铁（车用、客用）。为轨道车辆和乘客有限区域使用（站点），按现有模式由重大办和交通委共同管理，后续交接阶段设计的遗留问题由重大办继续协调，运营商全过程参与；③地下交通工程（车用）。包括隧道、交通快速道、停车场、综合交通枢纽等，为机动车使用。按照交通系统规划建设，由交管局实施统一监管；④市政基础设施（物用），包括水、电、气、热垃圾处理等设施、综合管廊及单独埋设的市政管线，为特许经营管理使用。市政基础设施专项规划由市政市容委、通信管理局、经信委、水务局配合规土委共同完成，建设施工由住建委监管，后期运营由行业监管，由城管局牵头监管。综合管廊前期建设主要由重大办负责，试运营验收后由城管局监管，运营商全过程参与；⑤地下公共服务空间和商业空间（公用、商用），为所有居民使用。城管局、工商局、公安局等均采用地上、地下职责一致的原则进行管理;⑥特殊空间（军用），包括军事、保密性民防设施等。由军事机构和民防管理机构单独实施管理。

本章小结

我国实行世界上独一无二的城乡差异的土地产权制度，基于此建立了城乡土地调控政策，包括耕地保护政策、土地利用计划以及建设用地增减挂钩政策。在乡村经济社会抵御能力极其弱化的背景下，城乡空间的争夺转移为地方政府的发展诉求与国家整体战略实现的博弈，地方政府通过城市规划和建设计划表达诉求，国家通过各种土地调控制度规避风险。城市规划的核心是空间，不同层级的规划，无论是法定还是非法定规划都在现实世界中对城市发展从时间维度施以空间维度的引导、管制及管理，构成了城市规划空间管理制度的框架体系。目前以"两证一书"为管理核心的城市二维空间管制制度基本完善，三维立体城市空间管理的城市设计法定化出现回归趋势和制度探索趋向。随着地下空间开发的规模快速增加、类型趋于复杂，地下空间的综合管理制度亟待完善。

第三章 | 城市综合交通系统管理制度

交通管理制度自古有之，《周礼》即载有管舍、驿传、符节、回避止行和夜禁制度。我国现代城市交通管理遵循行业管理和属地管理制度。民国时期实施"一切行路章则，亦均严予厘定"。现代交通方式愈加复杂，构建中国特色的综合交通管理体制至关重要。

第一节　城市交通系统现状与制度演进

一、城市交通系统发展现状

城市交通系统是一个组织庞大、复杂、精细的巨系统，分类复杂，从空间角度，分为城市对外交通和城市内部交通；从运输方式角度，分为铁路（轨道）交通、道路交通、水上交通、空中交通、管道运输；从运输组织形式角度，分为个体交通和公共交通；从运输对象角度，分为客运交通和货运交通。多种运输方式在各自的领域具有其他运输方式所不具备的比较优势，又具有一定的可替代性，因此随着成熟的运输市场的建立，各种运输方式之间如何有机地衔接成为城市交通规划、建设和管理的重要工作。

（一）城市对外交通系统

城市对外交通系统是以城市为基点，与城市外部空间（其他城市、乡村）进行联系的各种交通运输系统的总称，交通方式主要包括铁路、公路、航空、水运。

1. 铁路运输系统

铁路运输是我国重要的运输方式之一，具有安全、快捷、舒适的特点。虽然近年来航空与高速公路有了较大发展，但仍不能取代铁路的地位。铁路运输系统包括线路和场站，与城市有直接关系的包括客运站、货运站、工业站、专业站等，与城市无直接关系的包括编组站、车辆段、列车段、客车整备场。《铁路法》（2015修正）将铁路线路分为国家铁路、地方铁路、专用铁路和铁路专用线四类。近些年我国高速铁路发展迅速，城市化密集区域的高速铁路网已基本形成。拥有全世界最大规模及最高运营速度的高速铁路网。到2015年年底全国铁路营业里程达到12.1万km，路网密度126km/万km²，高铁营业里程超过1.9万km。

2. 公路运输

汽车运输呈现机动灵活、适应性强的特点，可以直接运输到用户门口，装卸方便，且短途速度较快，但公路运输运量较小，运输成本较高。目前，全国已形成以北京和其他各省会城市或直辖市为中心的国道公路网，各省域内、各城市间均形成了区域性省道公路网，国家高速公路网已形成基本骨架，2015年末全国公路总里程达到457.73万km，是中华人民共和国成立初期的近49倍。

3. 航空运输

航空运输具有高速性、安全性、舒适性等特点。航空运输设施主要是机场和飞机，与地面运输在线路上要花费大量的投资不同，航空运输省去了线路的投资。与铁路的基本建设周期5~7年、收回投资33年相比，机场建设具有周期短、见效快的特征，建设周期一般只有2年，收回投资仅4年。2015年我国境内民用航空（颁证）机场共有210个（不含香港、澳门和台湾地区）。

4. 水上运输

水上运输包括内河运输和海洋运输，具有投资少、成本低、货运量大、占地少等优点。目前我国水运航道年久失修，水运网络尚待完善，基础设施不够健全，严重影响运力的提升。海洋运输是当今世界各国对外贸易主要的运输方式，80%以上的国际货物运输是通过海运完成的，海运因此被喻为"世界经济的血管"。2015年底全国内河航道通航里程12.7万km，全国港口拥有生产用码头泊位31259个，其中，沿海港口生产用码头泊位5899个，内河港口生产用码头泊位25360个。

（二）城市内部交通系统

城市内部交通系统分为城市动态交通和静态交通，二者共同构成城市交通的整体。

1. 城市动态交通系统

城市动态交通系统包括城市道路交通系统和公共交通系统，服务于城市内部客货运交通，并与对外交通设施相互衔接：①城市道路网络系统。是城市的发展骨架和系统运行的基础，城市用地的扩展往往是沿着城市发展轴延伸的，城市道路网络系统为地下工程管线的埋设和交通设施布局提供了空间，包括由自行车交通和步行交通支撑的城市慢行交通系统。按照我国现行的道路交通规划设计规范，城市道路被分为快速路、主干路、次干路和支路四个等级。2015年年末我国城市道路长度达到36.5万km，道路面积71.8亿㎡，人均城市道路面积15.60㎡；②城市公共交通系统。是城市中供公众使用的经济型、方便型的各种客运交通方式的总称，包括公共交通运输方式、公共交通设施、公共交通规划和公共交通运营四个子系统。城市公共交通系统分为MRT公共交通系统、常规公共交通系统、辅助公共交通系统、特殊公共交通系统四种类型。城市轨道交通是中国大陆专有用语，2015年底全国共有24个城市开通了轨道交通，线路长度 3069km，38 个城市在建轨道交通，线路长度 3994km。

2. 城市静态交通系统

静态交通系统是城市交通系统的重要组成部分，既是城市交通管理工作的重要内容，也是城市文明程度的重要指标。近几年来，由于机动车的迅猛发展，道路交通负荷压力增大，"停车难"问题已成为政府和社会各界关注的热点、难点问题，交通压力正逐步从动态向静态转化。

二、对外交通管理体制演进

我国交通管理体制改革主要沿着三条主线展开：①调整政府和市场的分工，实现政府交通管理职能的转变；②理顺中央政府和地方政府的管理权限，由中央集权向分权演化；③将企业从行政附属机构改变为真正的市场主体。以 2008 年作为分界点主要源于我国交通管理制度改革的第一次运输方式大整合，即民航总局与交通运输部的归并，其前为独立发展阶段，其后则逐渐向综合发展演进。

（一）独立发展阶段（2008 年前）

1. 分项特征

这一阶段，我国各种交通方式平行独立发展，因此发展阶段和管理方式各不相同。

（1）铁路稳步发展

19 世纪 70 年代外国商人擅自修筑从吴淞口到上海的淞沪铁路成为我国铁路建设的开端。19 世纪 80 年代清政府修筑从唐山到胥各庄的铁路，辛亥革命前夕我国近代铁路网的格局已基本形成。1949 年前后中央政府一改铁路"分路线、分地区"的分散管理方式，采用苏联的"四级管理"（铁道部、铁路局、铁路分局、基层站段）路局体制，建立了全国统一的铁路调度指挥系统。20 世纪 80 年代，改革开放伊始，我国铁路改革提上日程，时任铁道部部长的丁关根提出了"以路建路、以路养路"的"大包干"承包制改革思路。从 1981 年 11 月起，铁道部先后批准上海、广州、齐齐哈尔、吉林铁路局进行扩大企业自主权试点，下放部分管理权限。1983 年 12 月组建了广深铁路公司，实行"自主经营、自负盈亏、自我改造、自我发展"的管理体制。1986 年 3 月经国务院批准，铁道部实行投入产出、以路建路的经济承包责任制。1992 年 8 月国务院批转了国家计委、铁道部《关于发展中央和地方合资建设铁路的意见》（国发 [1992]44 号），进一步调动了社会各界，尤其是地方政府投资建设铁路的积极性。

1994 年铁道部下发《关于贯彻党的十四届三中全会〈决定〉深化铁路

改革若干问题的意见》（铁党 [1994]12 号），确定了铁路改革的总体目标，构筑了铁路走向市场的基本框架，提出运输企业创造条件积极走向市场。从 1996 年 8 月起，铁道部对部分铁路局实行新的铁路运输管理体制改革，实行铁路局直接管理站段的新体制。2000 年 4 月经国务院批准，铁道部与中国铁路工程总公司、中国铁路建筑总公司、中国铁路机车车辆总公司、中国铁路通信信号总公司和中国土木工程集团公司实施政企分开机制。由于铁路安全事故使得铁路市场化试验戛然而止，并躲过了 2001 年的行业垄断改革❶。2003 年网运分离的改革全面停止，蹒跚的铁路改革让位跨越式发展，强调由政府集中力量办大事，先解决铁路运输能力瓶颈问题，通过大规模建设高速铁路，实现铁路的跨越式发展。同年 12 月起，铁道部开始推进主辅分离改革，并成立了集装箱、特货、行包三个专业运输公司。2004 年 10 月成立中国铁路建设投资公司，主要履行铁路大中型建设项目出资人代表职能。2004 年中国开始实施高铁计划，2005 年 3 月铁道部改革铁路纵向管理体制，由原来四级管理体制，改为铁道部—铁路局—站段三级管理模式（表 3-1），运输站段由 2003 年的 1491 个减少到 2007 年底的 627 个。铁道部作为政府职能部门，既负责铁路行业管理，又兼以总运输公司身份对全国铁路进行组织和运营，还负责对全国路网进行维护与建设，被外界称为"计划经济遗留的最后一块堡垒"。

2005 年铁路管理体制改革特征一览表　　　　　表 3-1

改革前	改革后
实行铁道部—铁路局—铁路分局—站段四级管理模式	铁路系统将实行铁路局直接管理站段的体制，实行铁道部—铁路局—站段三级管理模式
41 个铁路分局	撤销所有分局
15 个铁路局（公司）：哈尔滨、沈阳、北京、呼和浩特、郑州、济南、上海、南昌、广铁、柳州、成都、昆明、兰州、乌鲁木齐、青藏铁路公司	18 个铁路局（公司）：哈尔滨、沈阳、北京、呼和浩特、郑州、济南、上海、南昌、广铁、柳州、成都、昆明、兰州、乌鲁木齐、青藏铁路公司、太原、西安、武汉
管理层次多，尤其是铁路局和铁路分局都是法人，以同一方式经营同一资产，职能交叉，管理重叠，相互掣肘，效率不高，对铁路发展形成了不利影响。特别是随着铁路技术装备水平的提高、运输生产力布局的调整，铁路局和铁路分局两级法人管理体制的弊端越来越突出	实行铁路局直接管理站段的管理体制，减少了运力配置的中间层次，有利于提高组织管理效能，优化运输组织，提高运输效率；有利于发挥铁路新技术装备的作用；有利于减少运营管理成本；有利于推进铁路运输企业建立现代企业制度，构建铁路新的管理体制；有利于铁路局更好地履行安全责任主体的职责，提高安全管理效率

❶ 当时电信、民航、电力等行业相继完成分拆重组。

（2）公路快速发展

改革开放以来，我国公路交通管理体制改革不断深化。20 世纪 80 年代开始，交通主管部门不断推行简政放权和政企职责分开，按照政企分开的原则，将人、财、物及生产经营管理权下放给企业，交通主管部门不再直接干预企业的市场经营。到 1986 年底，全国已有 15 个省、自治区撤销了省级运输公司，将企业管理权限下放到中心城市，1987 年又将部属的成都汽车保修机械厂等交通工业企业下放给所在中心城市归口管理。1987 年 10 月国务院颁布的《公路管理条例》（国发［1987］92 号）确立了公路管理"条块结合"的基本体制模式，遵循统一领导、分级管理原则。1988 年我国第一条高速公路在上海建成，高速公路得到快速发展。1995 年 6 月交通部发布了《关于全面加强公路养护管理工作的若干意见》（交公路发［1995］853 号），提出改革完善公路养护管理运行机制，确立了"管养分离、事企分开"的改革目标。1998 年交通部与直属企业全面脱钩，彻底实现了政企分开。

2000 年伊始，交通部将客运审批权限不断下放，其后省际客运班线的审批权逐步由交通部下放到省一级的运输管理机构。同年 8 月，交通部决定将部分职责转移（委托）给行业组织承担，标志着交通行业主管部门的行业管理职能得到进一步明确和完善。2005 年国务院办公厅印发《农村公路管理养护体制改革方案》（国办发［2005］49 号），要求农村实行"管养分离"，推进公路养护市场化。2006 年交通部发布了《更好地为公众服务——"十一五"公路养护管理事业发展纲要》，提出按照分级管理和事权统一的原则，科学界定各级公路交通主管部门对路网管理的职责，并首次提出将公众利益作为公路养护事业的核心价值取向。这些文件明确了各级政府在公路管理养护上的责任，凸显了政府在交通发展上的公共服务职能❶。

（3）民航异军突起

改革开放前，我国民航事业发展缓慢，实行以军队领导为主、政企合一、半军事化管理体制。1979 年民航和空军分离，1980 年邓小平同志提出"民航要走企业化道路"，拉开了民航行政管理体制以军转民和以企业化为核心的改革序幕。1980 年 3 月中国民用航空局脱离空军建制，成为国务院的直属局，由国务院直接领导，级别为副部级，同时以中国民航的名义直接从事航空业务，在各省（区、市）局逐步建立了独立经济核算制度❷。

---

❶ 张梦龙.基于公共物品属性视角的铁路改革结构特性研究［D］.北京：北京交通大学，2014.

❷ 宋世明，黄小勇，刘小康.我国历次民航行政管理体制改革成效研究［J］.国家行政学院学报，2012（5）：44-48.

1980~1986 年,民航总体实行政企高度合一的管理体制。1987 年 1 月国务院批准了中国民用航空局《关于民航系统管理体制改革方案和实施步骤的报告》(国发 [1985]3 号),民航系统启动以航空公司和机场分家为特征的体制改革,组建了 6 家航空骨干公司和 6 个地区性管理局。1993 年国务院决定将中国民用航空局改称为中国民用航空总局,调整为正部级。随着民航业竞争日渐激烈,民航管理体制、运行机制方面的深层次矛盾逐渐凸显。1993 年民航总局发布《民航深化体制改革工作要点》,提出民航进行企业集团和企业股份制改造。1994 年中国东方航空公司和中国南方航空公司进行股份制改造和境外上市工作,民航总局将上海虹桥机场正式下放上海市管理。2002 年 1 月国务院通过了《民航体制改革方案》(国发 [2002]6 号),按照政企分开、属地管理的原则,将原归属于国家民航总局管理的近百个民用机场,除西藏和北京的机场外,全部实行属地化管理,下放到各省、自治区和直辖市,民航总局承担民用航空的安全管理、市场管理、空中交通管理、宏观调控和对外关系等方面的职能。各大集团公司国有资产所有者职能交由国务院国有资产管理部门管理。2003 年 9 月国务院批复《省(区、市)民航机场管理体制和行政管理体制改革实施方式方案》(国函 [2003]97 号),机场属地化改革全面展开。

(4)内河航运急剧下降,海运均衡发展

我国古代水运管理模式经历了官营河运模式向商办海运变迁的历史过程,国家在中央设置了比较系统的水资源和水运管理体制,最早的水法是西周时期的《代崇令》,秦代保护水资源的法律法规主要体现在《田律》中。汉代有《水令》,唐代有《水部式》,随后《宋刑统》《大元通制》、《大明律》、《大清律例》在不断总结历代水法的基础上,强化官府统一规制的集运式水运制度。同时,河渠或运河一类的水运工程本质上具有分权性质,中央政府的水部或其他水事部门只扮演有限的角色。河渠使、发运使、转运使的设置标志着河运主管机制的完善。水运机制具有科层的基本特征,即运河航道公共所有,由国家投资建设与维护,水运设市的决策权由政府直接控制,具体的操作权由水运官员和地方政府的行政官员行驶,上级对下级具有权力优先性,同层级间权力具有不确定特点❶。改革开放前我国水运由国家实行统一管理。改革开放后水运管理主管司局多次调整,1984 年伊始沿海和长江干线 37 个港口实施中央和地方政府双重领导,以地方政府为主的管理体制(秦皇岛港由中央管理)。20 世纪 90 年代中期,交

---

❶ 郭旸. 中国古代水运管理模式的制度经济学分析 [J]. 水利经济,2008(3):47-50+77.

通部撤销运输管理局，分设水运司和公路司，分别主管全国的水运与公路行业。1998 年国务院决定将交通部船舶检验局与安全监督局合并，组建交通部海事局。1999 年国务院办公厅下发《关于转发交通部水上安全监督管理体制改革实施方案的通知》（国办发 [1999]54 号），提出界定中央管理和地方管理范围，确定职责分工，建立"一水一监、一港一监"的全国水上安全监督管理体制。2000 年交通部调整了各司局主要职责和分工，确定引航的行业管理由水运司负责，海事局负责口岸审批管理工作。2001 年 10 月国务院办公厅批转交通部、国家经贸委、财政部、中央企业工委等 5 部委《关于深化中央直属和双重领导港口管理体制改革的意见》（国办发 [2001]91 号）要求，将秦皇岛港以及中央和地方双重管理的港口全部下放交由地方政府管理，实施港口所在城市的属地化管理。2002 年 1 月交通部下发《关于贯彻实施港口管理体制深化改革工作意见和建议的函》（交函水 [2002]1 号），明确港口所在地的省级交通主管部门或市县港口主管部门是港口所在地人民政府主管港口行政事务的机构。到 2003 年上半年，所有下放港口都已完成港口管理体制改革方案，成立港口行政管理机构，实施政企分开。2004 年 3 月国务院同意交通部按照政企分开的原则，撤销长江口航道建设有限公司，组建长江口航道管理局，作为交通部长江航务管理局的事业单位，建设期工程结束后，所需经费由中央财政安排解决，纳入交通部门预算。这一改革措施明确了政府对于航道这一公共基础设施的投资责任❶。

2. 总体特征

改革开放后，我国实施不同交通方式管理分治体制，即不同交通方式分属于不同管理部门：①原铁道部管辖铁路建设和运输；②原交通部管理公路、水路建设与道路、水路运输；③民航总局管理民用航空运输；④石油天然气管道局管理管道运输；⑤国家综合经济管理部门负责全国交通运输业发展的综合协调和重大交通建设项目的审批；⑥公安部、建设部等其他一些部门参与交通运输特定专业或特定区域的管理，此外还涉及代邮政、国土、林业、环保、海洋、渔业等多个部门。同时，各级地方政府也设有相应的管理部门，包括省级人民政府的交通厅、地市级及县级人民政府的交通局。由于交通管理体制独立、各自为政，人为割裂了各种交通运输方式的内在连续性和外部完整性，造成了城市对外交通不通、城市内外交通不畅等问题❷。2007 年国家出台《综合交通网中长期发展规划》，这是我国第一个全国性的，综合衔接铁

❶ 樊桦. 我国交通运输管理体制改革的回顾和展望 [J]. 综合运输，2008（10）:8-13.
❷ 李妮，王建伟. 我国综合运输体系管理体制问题分析 [J]. 交通企业管理，2009（1）:3-4.

路、公路、水路、民航及管道等运输方式的总体空间布局规划，试图针对我国各种交通运输方式衔接不畅、交通运输整体效率不高的实际，提出了构建一体化交通运输系统的思想和"综合交通枢纽"的概念，可以作为交通管理体制整合的国家信号。

（二）综合化发展阶段（2008年迄今）

经过近40年的发展，交通基础设施作为行政性基础设施的比较优势得到极大提高，但各种交通运输方式间发展不协调，最明显的特征是综合枢纽建设滞后，不同方式之间缺乏协调合作，无法达到旅客零距离换乘和货物无缝衔接的目标。

1. 航空

为推进综合运输体系的形成，2008年根据《国务院机构改革方案》，将交通部、中国民用航空总局、邮政总局等机构的职责整合划入交通部，组建国家民用航空局（副部级），由交通运输部管理。此次改革，民航局与三大航空公司同级，监管权威下降，丧失了部门规章制定权。建设综合运输体系的核心职能，即规划职能仍由发改委履行，交通运输部难以有效推动综合运输体系的建设。

2. 铁路

以2008年8月1日开通运营第一条、时速350km的京津城际高速铁路为象征，中国进入高铁时代，铁路再次避身于大部制改革，游离于大交通体制外。2012年以全国17个铁路运输检察分院、59个基层铁路运输检察院全部移交给所在省（区、市）人民检察院为契机,铁路改革重新启动。按照2013年3月《国务院机构改革和职能转变方案的决定》要求，铁道部拟定铁路发展规划和政策的行政职责划入交通运输部，交通运输部统筹规划铁路、公路、水路、民航发展，加快推进综合交通运输体系建设。组建国家铁路局，由交通运输部管理。组建中国铁路总公司，承担铁道部的企业职责。地方成立六大区域（华北、东北、西北、华东、西南、南部）铁路集团股份有限公司，负责经营所在区域铁路资产。不再保留铁道部意味着大部制改革全面完成，交通综合化发展推进速度加快。

3. 公路

2009年全国公布首批取消二级公路收费试点的江苏、山东、安徽、福建和江西5个省份，并在实施成品油价格和税费改革以后，逐步形成以盈利为目的的高速公路和一级公路经营体制以及二级以下公路不再收费的服务体制，总体上建立了收费公路养护由通行费支出、普通国省干线公路以成品油税费改革返还资金为主、农村公路以成品油税费改革返还资金和地方财政投入为主的公路养护资金保障体系。具体体制特征如下：①高速公路养护管理事权主要在省级，可分为以国资委为主管理、以省交通（运输）厅为主管理和混合型管理三种模式；②国省干线公路养护管理体制可分为省统一管理、下放到地市管理、下放到县管理和混合型管理（即下放到地市管理、下放到县管理两种模式并存）四种模式；③农村公路养护管理基本形成了以县为主的管理体制，县级人民政府为责任主体，其交通主管部门具体组织实施。2015年交通运输部先后发布《全面深化交通运输改革试点方案》（交政研发[2015]26号）、《公路建设管理体制改革试点方案》和《关于深化公路建设管理体制改革的若干意见》（交公路发[2015]54号）等政策文件，试图要在试点地区基本形成责权明晰、管理专业、监管有力、科学高效的公路建设管理体制。为指导和规范改革试点工作，完善配套制度，出台了《公路建设项目代建管理办法》（交通运输部令[2015]第3号）❶、《公路工程设计施工总承包管理办法》（交通运输部令[2015]第10号）❷，修订了《公路建设市场管理办法》（交通运输部令[2015]第11号）❸。

4. 水运

2008年后，水运交通实施兴内河、优港口、强海运策略，积极推进水运结构调整，不断探索航道管理体制改革：①长江干线航道管理体制，为理顺三峡船闸管理体制，在2005年出台的《三峡船闸运行管理规程》基础上配套制定一系列标准，对辖区内海事、航道、公安、通信、船闸、调度、锚地等业务统一领导、综合管理、联合执法；②港口管理体制改革，涉及引航体制机制和港口价格管理体系；③航道管理和养护体制。改变"重建设，轻管养"的观念，强化专业化养护，发挥市场机制作用，关注界河和沿海航道管理体制改革；④水运行政管理改革。加快政府职能转变，提高行政效率，取消、下放和转移一批行政审批项目，不断完善事中事后监管措施。

三、城市交通管理体制变化

（一）管理标准发生变化

1. 道路与交通设施用地

《城市用地分类与规划建设用地标准》有1990和2011两个版本，《城市

---

❶ 重点明确公路建设代建范围和各方责任，对代建单位的选择、代建合同、代建管理等进行了规范。

❷ 规范总承包单位的选择、总承包合同、风险划分、总承包管理等。

❸ 重点公路建设项目施工许可下放。

用地分类与规划建设用地标准》GBJ 137—90 将道路与交通设施用地分为对外交通用地（T）和道路广场用地（S）两类，规定人均道路广场用地 7.0~15.0m²，道路广场用地占建设用地的比例控制在 8%~15%。《城市用地分类与规划建设用地标准》GB 50137—2011 则整合为道路与交通设施用地（S）一种类型，不包括 1990 版标准里的游憩集会广场用地，并细分为城市道路用地、轨道交通用地、综合交通枢纽用地、交通场站用地，其中交通场站用地为静态交通设施用地。规定人均道路与交通设施用地面积不应小于 12.0m²，道路与交通设施用地占城市建设用地的比例控制在 10.0%~30.0%，具体的动态与静态交通并未作区分。

2. 公共交通配置

《城市道路交通规划设计规范》GB 50220—95 规定，城市人口规模大于 200 万人的城市采用大、中运量快速轨道交通、公共汽车和电车等公共交通方式，100 万 ~200 万人的城市应采用中运量快速轨道交通。公共汽车和电车的规划拥有量分别是大城市应每 800~1000 人一辆标准车，中、小城市应每 1200~1500 人一辆标准车。《快速公共汽车交通系统设计规范》CJJ 136—2010 规定，快速公交系统应由专用车道或专用路、车站、车辆、调度与控制系统、运营组织及运营设备、停车场等组成，线路运营长度 10km~25km，平均站距 600m~800m。公共交通站、场、厂的设计执行行业推荐标准《城市道路公共交通站、场、厂工程设计规范》CJJ/T 15—2011。

3. 道路交通设施

《城市道路交通设施设计规范》（GB 50688—2011）第一次提出了路权的概念，即交通参与者根据交通法规的规定，一定空间和时间内在道路上进行交通活动的权利。强调配套设施与主体工程一体化设计、互动设计、安全设计及人性化设计的原则，为综合交通系统的统筹发展提供了技术支撑。

4. 城市静态交通

静态交通是城市交通体系的重要环节，1988 年公安部、建设部联合发布《停车场建设和管理暂行规定》和《停车场规划设计规则》，这两部规定一直沿用至今，对我国停车设施规划具有指导作用。城市停车一般分为三类：①配建停车。是为居住区或企事业单位内部用车停放所配建的，又称建筑物附设停车设施，是提高停车场供应水平的主要停车设施。各地一般根据实际情况制定地方标准，并随着社会需求的增加逐步调整，如 2008 年《北京市城市建设节约用地标准（试行）》规定，经济适用房居民汽车场库按每 10 户设置 1～2 个车位，两限房按每 10 户设置 2～3 个车位，一般商品房按每 10 户设置 3～13 个车位，社会停车场库按每 10 户设置 1 个车位，廉租房不设居民汽车车库；②路外停车。又称社会公共停车，是在道路外独立地段为社会上的机动车和自行车在出行活动时提供短时间的露天公共停车或室内停车场，具有经营性、开放性和集合性特点。《城市道路交通规划设计规范》（GB 50220—95）规定市内机动车公共停车场分为外来机动车公共停车场、市内机动车公共停车场、自行车停车场三类，用地总面积可按城市人口每人 0.8~1.0m^2 计算；③路内停车。也称占道停车，指占用城市道路两边制定的地段停放机动车，以作为公众临时停放车辆的场地。路内停车具有挤占性、方便性和临时性特点，以挤占动态交通资源为代价。❶《停车场建设和管理暂行规定》强调，需要利用街道、公共广场作为临时停车场地的，应由公安交通管理部门会同城市规划部门统一规划，由公安交通管理部门统一管理。公安交通管理部门应当协同城市规划部门制定停车场的规划，并对停车场的建设和管理实行监督。

（二）交通综合趋势出现

改革开放 30 多年来，我国城镇化进入快速发展阶段，2011 年底城镇化率超过 50%。与此同时，机动车保有量也迅速增长，交通机动化发展势头迅猛，城镇化、机动化、工业化、信息化相伴相生，交通发展出现综合化趋势。

1. 交通需求迅速增长，需求结构发生分异

随着国民经济持续高速增长和城镇化水平的快速提高，城市人口规模和建设用地规模迅速增加，人口的快速增长、生活水平的不断提高和社会经济活动的不断增强使得城市交通总量不断增长，而城市空间范围的快速扩张、城市结构的职住空间分离以及城市土地的高强度开发使得市民出行次数和出行距离都不断增加。以北京市为例，2000~2010 年北京六环内常住人口在 10 年内增加了 634 万人次，增长率为 76%，市内出行总量由 2301 万人次增长到 4130 万人次，增长率为 79%。1986 年自行车分担率为 62.8%，2011 年降为 15%，同期私人小汽车分担率由 5% 上升到 33%，给城市道路带来的压力剧增 ❷。

2. 城市对外交通系统的发展改变传统城市空间格局

1999 年 Peter Hall 最初在东亚地区定义了巨型城市区域，认为"多核心

---

❶ 郭建. 城市静态交通问题及对策研究：以湖北省宜昌市为例 [J]. 三峡大学学报（社会科学版），2008（5）:80-83.

❷ 清华大学交通研究所等. 中国特色新型城镇化发展战略研究 [M]. 北京：中国建筑工业出版社，2014.

的全球巨型城市区域，显示出 21 世纪城市化的真实性"。巨型城市区域被高速公路、高速铁路和电信电缆所传输的密集的人流和信息流——即"流动空间"连接起来。

3. 交通设施建设速度加快，高速干道系统、城市街道系统以及步行系统的分离

现代城市趋向于按不同功能要求（交通性与生活性）组织城市的各类交通，并使它们互不干扰，形成各自独立的系统，因此出现不同速度要求的交通系统相互分离、互不干扰的趋势。城市规划的目标之一是提高城市交通运行的效率，减少交通对城市生活的干扰，创造宜人的城市环境。作为城市规划核心组成部分的交通运输专项规划或道路系统规划对"到"和"达"的内涵理解更趋向人文化和人本化，不仅仅强调"无缝、连续、全程"的门到门服务，也强调交通出行的舒适性。

4. 交通工具的高速、大型、远程化，内外交通相互渗透

目前空运飞机已达超音速，商务载重达数十吨、客座 500 人、可远程不着陆飞行 10000km 以上。高速铁路车速已达 200km/h 以上，磁悬浮列车车速高达 500km/h。汽车运输也向高速（80~120km/h）、重型（8t 以上）、专业化发展，平均运距不断增长。水运趋向设备大型化、装卸机械化、码头专业化，远洋货轮一般都在万吨级以上。为了加强交通运输的连贯性，减少内外交通的中转，提高门对门运输的程度，城市交通运输系统应逐步消除城市内外交通的界限。如有些城市已将国有铁路、市郊铁路和市区轻轨电车、地铁等线路连通，高速公路在不少城市已与市区的高速路网（高架路）相衔接，运河也已引进城市港区，成为港区的组成部分。

5. 交通系统发展的低碳化、生态化，交通管理智能化

2008 年后交通运输业成为国家应对气候变化工作部署中确定的以低碳排放为特征的三大产业体系之一。为加快建设以低碳为特征的交通运输体系，交通运输部 2011 年下发《建设低碳交通运输体系指导意见》和《建设低碳交通运输体系试点工作方案》（交政法发〔2011〕53 号），确定公路、水路交通运输及城市客运的能耗及二氧化碳排放强度目标，提出加强综合客运枢纽和物流集聚地区的货运站场建设，促进客货运"零换乘"和"无缝衔接"，建立以公共交通为主体，出租车、私人汽车、自行车和步行等多种交通出行方式相互补充、协调运转的城市客运体系等综合交通规划建设管理的基本思路。建立在交通发展与环境相互协调的基础上，以生态系统（自然）的良性循环为基本原则，综

合考虑决策、设计、施工、运营、管理的全过程的生态公路成为公路建设和改造的发展趋势❶。随着大城市高速公路初步形成网络，并与城市内部道路网络连成一体，与之相适应的智能交通管理程度不断提高，交通控制技术由交通信号控制自动化阶段向交通监控阶段过渡，在计算机交通信号控制系统的基础上引入电视监测、交通通信、交通诱导等新技术，并纳入交通控制中心，形成系统整合❷。

第二节　城市交通体制特征与综合管理应对

一、城市交通管理体制特征

目前我国城市综合交通体系的构建和发展强调依靠建立集中统一的综合运输管理机构和部门，通过大部制的制度安排，处理和解决运输体系构建和发展中的协调问题❸。

（一）城市对外交通设施管理体制

1. 层级管理

我国各种交通方式实施层级管理体制：①交通运输部，是国家行业管理部门，对国家铁路局、中国民用航空局、国家邮政局实施统一管理；②铁路局❹。按照区域成立了7个地区铁路监督管理局：沈阳铁路监督管理局、上海铁路监督管理局、广州铁路监督管理局、成都铁路监督管理局、武汉铁路监督管理局、西安铁路监督管理局、兰州铁路监督管理局，北京地区的铁路监督职能则暂由国家铁路局直接管理。中国铁路总公司下设18个铁路集团公司，包括哈尔滨铁路局、沈阳铁路局、北京铁路局、太原铁路局、呼和浩特铁路局、郑州铁路局、武汉铁路局、西安铁路局、济南铁路局、上海铁路局、南昌铁路局、广州铁路（集团）公司、南宁铁路局、成都铁路局、昆明铁路局、兰州铁路局、乌鲁木齐铁路局、青藏铁路公司；③公路局。交通运输部部内司局，省级层面在交通厅下设公路局与之相对应；

---

❶ 陈红. 生态交通的理论与实现方法研究 [D]. 西安：长安大学，2006.
❷ 江雪峰，陈富昱. 大城市交通管理设施发展趋势及管理办法探讨 [J]. 城市，2009（8）：56-58.
❸ 樊一江. 综合发展：我国综合运输体系发展的政策取向 [J]. 综合运输，2010（12）：8-10.
❹ 铁道部曾经是中华人民共和国铁路事务的最高主管机关，是国务院的组成部门之一。2013年3月14日，根据第十二届全国人民代表大会第一次会议审议通过的《国务院关于提请审议国务院机构改革和职能转变方案》的议案，为了实行铁路政企分开，铁道部被撤销。其行政职责划入交通运输部及其下辖的新组建的国家铁路局，其企业职责被划入新组建的中国铁路总公司。

④民航局。下设 7 个地区管理局（华北地区、东北地区、华东地区、中南地区、西南地区、西北地区和新疆地区管理局）和直属机构、驻外机构；⑤水运局。交通运输部部内司局，长江航运管理局、珠江航务管理局为交通运输部直属局，省级层面在交通厅下设港航局；⑥海事局。交通运输部直属局，全国 30 个省、自治区、直辖市（不含黑龙江省）以及新疆生产建设兵团均设置有地方海事局。

2. 交叉管理

我国传统的交通管理体制是在计划经济以及城乡二元结构下逐步形成的，基本做法是将交通要素进行人为分割，把交通行政管理权分配给交通、建设、公安等不同部门，各部门在职权范围内，决策与执行高度统一，管理上实行封闭式管理（图 3-1），由此形成了多个部门对交通实施交叉管理的方式。即便是并入交通运输部的铁路局和民航局，也未实现系统内部的整合和融合。

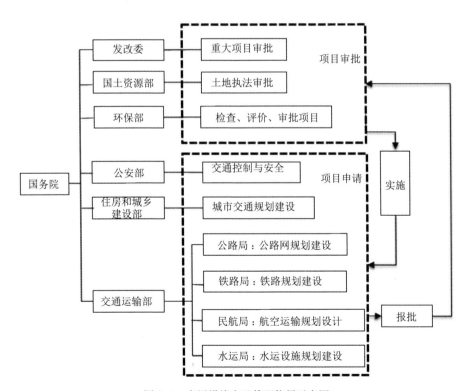

图 3-1 交通设施交叉管理格局示意图

3. 行业管理

城市对外交通运营管理实施行业管理制度，并建立了行业相关法律制度体系（表 3-2）。

交通行业管理现有法律法规体系　　　　　　　表 3-2

行业	法律法规
铁路	《铁路法》（主席令 [1991] 第 32 号）及《铁路建设管理办法》（铁道部令 [2003] 第 11 号）、《铁路运输安全保护条例》（国务院令 [2004] 第 430 号）、《铁路安全管理条例》（国务院令 [2013] 第 639 号）、《铁路交通事故应急救援和调查处理条例》（国务院令 [2013] 第 639 号）等
公路	《公路法》（主席令 [2004] 第 19 号）、《公路管理条例》（国务院令 [2009] 第 543 号）、《道路运输条例》（国务院令 [2016] 第 666 号）、《收费公路管理条例》（国务院令 [2004] 第 417 号）、《农村公路建设管理办法》（国务院令 [2006] 第 3 号）、《公路安全保护条例》（国务院令 [2011] 第 593 号）、《农村公路养护管理办法》（交通运输部令 [2015] 第 22 号）、《超限运输车辆行驶公路管理规定》（交通运输部令 [2016] 第 62 号）等
航空	《民用航空法》（主席令 [1995] 第 56 号）、《飞行基本规则》（国务院令 [2001] 第 312 号）、《民用机场管理条例》（国务院令 [2009] 第 553 号）、《通用航空飞行管制条例》（国务院、中央军委令 [2003] 第 371 号）、《国务院关于通用航空管理的暂行规定》（国发 [1986] 第 2 号）等；主要政策文件包括《国务院关于促进民航业发展的若干意见》（国发 [2012] 第 24 号）；具体规划建设标准包括《民用机场总体规划管理规定》（CCAR166 — Ⅲ）和《民用机场总体规划规范》（MH5002-1999 第一修订案）
水运	《航道法》（主席令 [2014] 第 17 号）、《港口法》（主席令 [2003] 第 5 号）、《海上交通安全法》（主席令 [1983] 第 7 号）、《海域使用管理法》（主席令 [2002] 第 61 号）、《港口经营管理规定》（交通运输部令 [2014] 第 22 号）、《港口建设费征收使用管理办法》（财综 [2011] 第 29 号）、《国内水路运输管理条例》（国务院令 [2012] 第 625 号）、《水路运输管理条例》（国务院令 [2013] 第 625 号）、《内河交通安全管理条例》（国务院令 [2002] 第 355 号）、《防止拆船污染环境管理条例》（国发 [1988] 第 31 号）、《船舶登记条例》（国务院令 [1994] 第 155 号）、《航标条例》（国务院令 [2011] 第 588 号）、《航道建设管理规定》（交通部令 [2007] 第 3 号）、《航道管理条例》（国务院令 [2008] 第 545 号）、《海事行政许可条件规定》（交通运输部令 [2015] 第 7 号）、《海上海事行政处罚规定》（交通运输部令 [2015] 第 8 号）、《内河海事行政处罚规定》（交通运输部令 [2015] 第 9 号）等

（二）城市内部交通管理体制

城市道路交通系统建设实施交叉分工、平行分工和属地管理制度，前两者即按照不同阶段管理工作的特点，将相应的职能分配给各个相关部门，在规划、设计、施工、维护等各个阶段通过部门的衔接，实现功能的完善，主要涉及住房城乡建设部、公安部和交通运输部等行业管理部门。

1. 行业管理

按照《城市道路管理条例》（国务院令 [1996] 第 198 号）第 6 条规定，国务院建设行政主管部门主管全国城市道路管理工作。省、自治区人民政府城市建设行政主管部门主管本行政区域内的城市道路管理工作。县级以上城市人民政府市政工程行政主管部门主管本行政区域内的城市道路管理工作。道路交通规划建设和管理主要以《城乡规划法》（主席令［2007］第 74 号）、《城市道路管理条例》（国务院令［1998］第 198 号）、《道路交通安全法》（主席令［2003］第 8 号）、《道路交通安全法实施条例》（国务院令［2004］第 405 号）、《道路运输条例》（国务院令［2012］第 628 号）等法律法规为依据。

2. 属地管理

城市道路交通系统管理范围差异较大，如北京市按照路权单位分成四块：①市公安交通管理局管理城八区及远郊三区的市政道路；②各高速公路由产权单位管理；③路政局管理上述道路以外的远郊国、省、县级公路；④其余县级以下道路由各远郊区政府管理。具体包括交通管理设施的新建、改建、临建和维护工作。市公安交通管理局负责对全市道路管理设施的使用情况进行总体上的监管❶以及车辆的管理。

（三）交通规划建设管理

交通基础设施的规划和建设具有系统性和复杂性，因为规划建设不仅仅涉及行业主管部门，也需要其他多部门的协作。综合交通规划分为两个层级：一是国家层面的多种交通方式的综合部署；二是城市层面的综合交通体系规划。

1. 国家综合交通系统规划与建设管理制度

（1）国家综合交通系统规划管理制度

国家综合交通系统规划管理制度目前有国家发改委发布的《综合交通网中长期发展规划》（2007）、国务院发布的《"十二五"综合交通运输体系规划》（国发［2012］18 号）、交通运输部发布的《交通运输"十二五"发展规划》（2011）、发改委和交通运输部联合发布的《城镇化地区综合交通网规划》（发改基础［2015］2706 号）。

（2）机场专项规划与建设管理制度

我国航空业发展实施国家管制，全国性航空方面的规划包括《全国民用机场布局规划》（2008 年获国务院批复）和《中国民用航空发展第十二个五年规划（2011 年至 2015 年）》。具体管理包括以下几个方面：①编制主体。《民用机场总体规划管理规定》CCAR166-Ⅲ第 12 条规定，新建机场的总体规划由项目法人或建设单位负责编制，运行中的机场的总体规划由机场管理机构负责组

❶ 江雪峰，陈富昱. 大城市交通管理设施［J］. 城市，2009（8）：56-58.

织编制；②审批管理。《民用机场管理条例》第 8 条规定，运输机场总体规划由运输机场建设项目法人编制，并经国务院民用航空主管部门或者地区民用航空管理机构（以下统称民用航空管理部门）批准后方可实施。飞行区指标为 4E 以上（含 4E）的运输机场的总体规划，由国务院民用航空主管部门批准。飞行区指标为 4D 以下（含 4D）的运输机场的总体规划，由所在地地区民用航空管理机构批准；③建设规定。《民用机场管理条例》第 12 条规定，运输机场内的供水、供电、供气、通信、道路等基础设施由机场建设项目法人负责建设；运输机场外的供水、供电、供气、通信、道路等基础设施由运输机场所在地地方人民政府统一规划，统筹建设；④相互衔接。《国务院办公厅关于印发促进民航业发展重点工作分工方案的通知》（国办函［2013］4 号）要求，发改委 ❶、民航局、交通运输部、铁道部、住房城乡建设部、国土资源部、邮政局负责按照建设综合交通运输体系的原则，确保机场与其他交通运输方式的有效衔接。规定大型机场应规划建设一体化综合交通枢纽。

（3）铁路专项规划与建设管理制度

国家铁路行业专项规划主要有《中长期铁路网规划》（2004），这是国务院批准的第一个行业规划，2008 年 10 月国家发展和改革委员会批准了《中长期铁路网规划（2008 年调整）》，取代了 2004 版规划。具体管理包括以下几个方面：①规划协调。《铁路法》第 33 条规定，铁路发展规划应当依据国民经济和社会发展以及国防建设的需要制定，并与其他方式的交通运输发展规划相协调。第 34 条规定，地方铁路、专用铁路、铁路专用线的建设计划必须符合全国铁路发展规划，并征得国务院铁路主管部门或者国务院铁路主管部门授权的机构的同意。第 35 条规定，在城市规划区范围内，铁路的线路、车站、枢纽以及其他有关设施的规划，应当纳入所在城市的总体规划。铁路建设用地规划，应当纳入土地利用总体规划。为远期扩建、新建铁路需要的土地，由县级以上人民政府在土地利用总体规划中安排。《铁路车站及枢纽设计规范》GB 50091—2006 规定，铁路车站及枢纽建设应与城市总体规划相互配合协调；②综合开发。国务院办公厅《关于支持铁路建设实施土地综合开发的意见》（国办发［2014］37 号）提出，在保障铁路运输功能和运营安全的前提下，坚持"多式衔接、立体开发、功能融合、节约集约"的原则，对铁路站场及毗邻地区特定范围内的土地实施综合开发利用。

---

❶ 为牵头部门或单位，其他有关部门按职责分工负责。

（4）港口专项规划与建设管理制度

我国涉及港口布局的全国性规划包括《全国沿海港口布局规划》（2007）、《全国内河航道与港口布局规划》（2007）、《全国沿海邮轮港口布局规划方案》（2015）。按照《港口规划管理规定》（交通部令［2007］第11号），具体管理包括以下几个方面：①规划类型。港口规划包括港口布局规划和港口总体规划。港口布局规划包括全国港口布局规划和省、自治区、直辖市港口布局规划，对港口资源丰富港口分布密集的区域根据需要编制跨省、自治区、直辖市或者省、自治区行政区内跨市的港口布局规划；②编制主体。全国港口布局规划由交通部组织编制，跨省、自治区、直辖市的港口布局规划由交通部组织有关省、自治区、直辖市人民政府港口行政管理部门共同编制。省、自治区、直辖市港口布局规划由省、自治区、直辖市人民政府港口行政管理部门组织编制；③审批规定。全国港口布局规划由交通部报国务院批准后公布实施。跨省、自治区、直辖市的港口布局规划由交通部征求相关省、自治区、直辖市人民政府和国务院有关部门意见后批准并公布实施。主要港口所在城市是直辖市的，其港口总体规划由直辖市人民政府港口行政管理部门报交通部和直辖市人民政府审批；④建设管理。交通部具体负责经国家发展和改革委员会审批、核准和经交通部审批的港口建设项目的建设管理工作。港口岸线实行行政许可制度，港口深水岸线由交通部会同国家发展改革委员会批准，非深水岸线由港口行政管理部门批准。国家发展改革委员会批准建设的港口建设项目使用港口岸线的，不再另行办理使用港口岸线的审批手续。

2. 城市综合交通体系规划与建设管理制度

城市综合交通体系规划与建设主要包括以下几个方面：①规划内容。2010年住房城乡建设部出台的《城市综合交通体系规划编制办法》（建城［2010]13号）第11条规定，城市综合交通体系规划主要包括调查分析、发展战略、交通系统功能组织、交通场站、道路系统、停车系统、近期建设和保障措施8项内容；②规划原则。《城市综合交通规划导则》针对各种交通方式衔接的客运枢纽提出按照人性化、一体化、节约用地的原则，规定城市干路系统网络、城市轨道交通网络、交通枢纽布局以及指导各交通子系统规划的控制性指标，对外交通设施和交通场站规划列入强制性内容；③相关关系。城市综合交通系统规划是城市总体规划的重要组成部分，一般称为城市交通与道路系统规划。按照《城乡规划法》的规定，城市综合交通设施和线路规划属于城乡规划的强制性条款。《公路法》、《铁路法》、《航运法》、《民用航空法》等行业法规也要求交通设施与城市总体规划相衔接，因此城市综合交通系统规划的内容纳入城市总体规划后，能够得到有效实施，而城市总体规划中的交通与道路系统规划，也能够在综合交通系统专项规划中得到落实和完善。

二、城市交通管理问题分析

我国城市交通拥堵、环境污染等问题越来越突出，已经直接影响到了城市的正常运行，危及居民健康。

（一）城市综合交通存在的问题

1. 交通供需失衡，大中城市均出现拥堵

我国城市交通结构性失衡严重，不仅一些发达地区或大城市出现常态长时拥堵状况，甚至一些中小城市也出现高峰时期拥堵现象。以北京市为例，北京市2015年年底机动车保有量达到537.1万辆，私人汽车407.5万辆，占机动车保有量的75.9%。目前北京市交通拥堵现象仍然严重，表现在出行需求总量大幅度增长、道路及相关设施的沉重负荷以及城市空间资源的高度紧张。早晚流量高峰期间，城区内道路90%以上处于饱和或超饱和状态，出现不分时段的交通拥堵❶。

2. 交通运输高能耗高污染问题极为严峻

随着机动车保有量的提高，机动车的污染排放成为城市大气污染主要来源之一。按照专家预测：2022年北京达到美国2000年的人均GDP水平时，北京市交通邮电业能源消耗估计为1493.56万吨标准煤❷，碳排量将急剧增加，对生态环境也将造成极大的影响，低碳城市、生态城市的目标将很难实现。来自北京市环保局公布的监测数据显示，在建成区道路交通噪声方面，城区部分2001年是67.9dB，到2011年这一数据已经是69.6dB，最高的2010年达到了70dB。《环境保护部关于2010年度全国城市环境综合整治定量考核结果的通报》结果显示，城市空气污染和噪声污染是公众最为关心、关注的环境问题，城市公众对空气质量满意率为55.2%，对噪声环境质量满意率为62%。

3. 公共交通系统性和绿色交通重视不足

我国大部分城市公共交通存在以下系统性问题：①线网布局不合理，线路长、重复率高、便捷性差，运营效率低于个体交通；②公交服务水平较低，道

---

❶ 市委研究室首都经济发展研究所课题组. 借鉴国际经验治理北京城市交通拥堵对策研究 [R]. 北京市社科规划网，2007.

❷ 杨晓娜，申金升，卫振林. 北京城市交通发展的环境影响分析 [J]. 交通环保，2005（1）：17-19.

路网络呈现低通行能力和低运作水平特点，混合交通阻碍了公共交通的运行和发展；③公交发展规模、公交设施建设和公交运营管理之间相互冲突、秩序紊乱，公交规划常因为部门利益的冲突不能落实；④公交站场分布不合理，换乘枢纽系统性不强，缺乏与出行行为相匹配的设施研究与布局；⑤轨道交通设施建设缓慢，地面公交设施严重滞后，乘车舒适性差，运营速度低，换乘不便。道路交通规划和建设对步行和自行车交通等绿色交通出行缺少足够的重视，非机动车和行人的行驶空间与步行空间受到机动车侵占、干扰和威胁，自行车停车空间不足，缺乏自行车专用道路系统规划，人行空间缺少绿荫和必要的安全防护措施。

4. 动态和静态交通设施建设的结构性失衡

根据美国交通工程有关研究部门测定，每辆汽车年均"行"时间不到它"停"的时间的 7%❶，静态交通设施重要性凸显。目前全国各城市均出现停车场库严重缺乏的问题，以北京市为例，2016 年 6 月底北京汽车保有量达到 544 万辆，现有停车车位仅能容纳不到 250 万辆车，说明半数以上的车辆无处可停，如果按照国际上公认的城市车辆与停车位 1∶1.3 计算，缺口更大。这些车辆违规占用绿地、人行道或停在机动车道路旁，对居民生活环境和城市交通部造成极大的影响。

5. 公共交通滞后于城市快速推进

近十年里，我国公共交通运营车辆数和里程数总体处于增长状态，但是基础设施的供给仍然跟不上客货周转量的增长，造成大规模拥堵。造成拥堵的原因不仅局限于机动化加速和需求供给之间的矛盾，而且涉及城市规划、基础设施建设、交通需求管理等多个方面的复杂的系统性问题。此外，能源消耗问题、环境污染问题、倡导以人为本和绿色出行理念问题，也挑战着城市交通管理者的智慧。

（二）城市综合交通问题产生的原因

1. 城市人口和用地规模扩张是交通问题产生的主要原因

随着我国城镇化进程的加快，城市人口过度膨胀。以我国设市城市为例，城区人口规模和城市建设用地规模由 1981 年的 14400.5 万人、6720km^2 增加到 2014 年的 38576.5 万人和 49772.63km^2，分别增长了 2.68 和 7.41 倍，人均建设用地由 46.67m^2 增加到 129.0m^2，增长了 2.76 倍。城镇化的市场选择必然导

---

❶ 秦虹，袁利平. 汽车进入家庭对城市交通的影响及对策 [J]. 城市交通，2004（1）：10.

致人口膨胀，而在按照利润原则运行的城市经济中，非盈利或低盈利的部门供给不足是一种必然现象。城市人口的增长极易超过基础设施的容纳能力，从而导致人、车、路的矛盾产生❶。道路建设的速度始终跟不上机动车的增长速度，而且在城市的发展过程中，大城市的吸引力越来越大，对城市合理规划及交通设施建设不同程度的忽略，也会导致城市交通的畸形发展，加剧交通容量与交通需求的不协调。城市建成区面积的大幅扩展，客观上使得城市居民出行距离急剧增加，交通需求不足问题不断加剧。

2. 城市形态和交通结构的改变是交通问题产生的客观原因

城市空间形态出现两个趋势：①郊区蔓延趋势。高速公路经济时代，小汽车和高速公路系统保证了随意的出行时间和较高的出行速度，城市人口和商业能够扩散到郊区甚至更远的地点，出现居住地点和就业岗位的空间外移，城市住宅以低层、低密度的方式向外大规模蔓延，而科学的规划引导的缺乏导致了散乱的、低密度蔓延的城市空间形态的出现。同时交通和运输组成中将出现更多的闲暇出行、购物出行和服务出行，未来的城市空间布局模式会比今天更加分散；②中心集聚趋势。以北京市为例，北京传统的单中心土地利用格局的惯性衍生态势下形成了单中心聚焦的城市形态和放射环形的交通结构。城市功能在城市中心区过度集中，中央行政和地方行政空间共存，行政、文化、商贸等功能叠加，城市规划建设的非合理性导致城市交通发展中出现的种种空间结构性矛盾，造成中心区道路交通出现严重拥堵。城市边缘区大量的居住空间和新城功能单一，中心城区与新城之间通过高速公路联系，缺乏大运量快速公交系统，造成对小汽车的过分依赖，导致对外交通联络通道形成潮汐式拥堵。

交通结构的变化与我国快速的城市化进程直接相关，但汽车的逐步普及也起着推波助澜的作用。汽车的快速增长将导致城市功能的改变和用地结构的调整，居住用地和道路交通用地比重逐步提高。我国设市城市道路交通用地占城市建设用地的百分比由1991年的5.64%增加到2014年的13.39%，人均道路面积由2.46m² 增加到17.28m²，基本符合现行中国城市规划确定的标准（比例8%~15%，人均道路面积7~15km²），但与国际大城市道路交通用地占城市建设比例15%~30%和人均道路面积20~40km²相比还存在差距（表3-3）。

❶ 陈伟博. 开拓以公共交通为主体的城市交通发展之路——我国特大城市交通发展战略研究[R]. 第十三届中国科协年会——天津市城市交通发展战略论坛，2011.

世界主要城市建设用地比例统计表　　　　　表 3-3

城市	建设用地面积 （km²）	住宅 （%）	商业 （%）	工业 （%）	公共设施 （%）	公园运动场 （%）	道路 （%）	铁路港湾等 （%）	其他 （%）
纽约（1971）	593.2	36.5	3.8	2.7	11.1	22.9	14.9	5.2	
伦敦（1971）	1580	36.5	2.7	2.7	5.6	18.1	14.9	5.2	14.3
巴黎（1982）	101.1	39.1	6.6		10.2	13.2	24.7	5.4	1.9
香港（2007）	259	29.0	1.2	9.3	9.3	8.9	15.8	6.2	20.5

数据来源：伦敦（1971）、巴黎（1982）、纽约（1971）数据出自《林志群文集——修改首都总体规划应重视用地结构调整》，北京：中国建筑工业出版社，2005：180-181；香港数据出自《香港统计年刊 2008》

3. 公共交通分担率低与小汽车依赖是交通问题产生的基础原因

和国际化都市相比，我国公交出行比例明显偏低，新加坡、东京的公交分担率分别为 63%、86%，我国城市却普遍在 10%~30%，远低于 60% 的理想水平。自行车、步行等绿色出行方式也因城市规模扩大、小汽车占用非机动车道等原因而受到影响，逐步萎缩，居民对小汽车的依赖越来越强。2010 年 6 月北京市政协关于机动车总量调控与需求管理的调查报告指出，当前北京市小汽车发展呈现"三高四低"特点❶，代表了我国多数城市的小汽车发展情况。从表面来看，城市出现交通拥堵无非是车多路少，车辆保有量和道路容量之间的尖锐矛盾，最直接的解决措施就是尽量控制和减慢车辆保有量的增幅，提高道路覆盖面积和道路通行量。事实上，我国城市近年来对交通道路建设的投入极大，以北京市为例，从环线建设到地铁布局，从尾号限行到快速交通，措施之多、决心之大，无一不显示其"治堵"决心，与新加坡、纽约、伦敦等各国首都的城市交通相比却收效甚微。交通相比拥堵虽亦是车与路的矛盾，但是却因为历史和过往政策、现状等有其特殊性。

4. 城市规划不合理与交通投入结构不合理是城市交通问题产生的根本原因

城市规划的核心是城市功能和道路系统的布局，规划是城市发展的龙头，因此规划的不合理是导致城市交通拥堵问题产生的根本原因。具体体现在道路规划和建设存在以车为本的倾向，自行车专用道路系统缺乏专项规划。同时，受经济发展水平的影响，任何城市交通发展都离不开资金问题。由于我国城市道路交通是市政建设，属于城市基础设施，一般是由城市财政解决，但财政资金的有限性使得我国多年来城市基础设施方面的投资远远落后于车辆的增速，尤其是城市支路、公共交通设施和绿色交通设施资金投入极为不足。

---

❶ "三高"指高速度增长、高强度使用、高密度聚集；"四低"指北京购买车辆的门槛低、小汽车使用成本低、绿色出行意识低、替代出行方式服务水平低。

5. 城市综合交通系统认识不足与法律制度标准欠缺是交通问题产生的体制性原因

城市交通出现的问题很大程度上是人们对城市交通问题认识不足和政府有关决策部门对城市的交通规划和管理滞后造成的。长期以来，我国的城市建设一直对城市交通规划重视不够，或轻视城市规划，或城市规划缺乏科学性和预见性，内容仅限于城市工程性基础设施，很少考虑到城市的社会经济发展。解决交通问题不仅仅是技术层面的规划，更是各部门、各阶层利益争斗的结果。经济建设部门的出发点是快速拉动经济建设，汽车产业由于可推动制造业、服务业的发展且产品价值高，成为的拉动经济重要来源。为了发展经济和拉动内需，政府出台了各种优惠政策提倡市民购买小汽车，把房子和车子当作从温饱阶段迈向富裕阶段的重要标志。特别是在金融危机之后，在国家大方针政策的指引下，在公交补贴和公交优先出行两个"优先政策"实行的同时，一系列汽车产业振兴规划及相关扶持政策相继出台。为了配合汽车产业发展，相关的配套设施也必须跟上，道路相应的改进增加，而道路环境的改善，又反过来推动了汽车需求的增加。

城市综合交通系统出现的问题也和交通管理法律制度标准欠缺有直接关系：①法律困境。目前我国综合交通管理从行政角度已实施大部制，但行业之间的衔接仍需假以时日，体现在法律法规的相互矛盾，即便是同行业，也存在制度内容缺失和冲突问题。以公路管理为例，《公路法》（1997）为我国的公路管理基本法，与管理公路的另外两部法律法规《公路管理条例》、《收费公路管理条例》存在很多的内容相互抵触，从而造成三个法律法规的部门权责不清，管理混乱。同时《公路法》对于高速公路一直没有完整的规定，因此高速公路管理仅仅依托普通公路的法律条款，明显不适合高速公路的发展；②技术难题。城市规模不断扩大，市政管理日趋复杂，对城市管理的技术提出了更高的要求。从交通设施的供与求现状来看，价格机制须从对使用道路的人收费、对停放的车辆收费、对公共交通方面的收费、对环境污染的收费四个方面起到平衡作用。第一种和第四种由于技术实施困难，目前还找不出一种切实可行的收费办法；③标准问题。我国现有交通方面的标准已经很难适应经济社会快速发展的需要，也使得综合交通的规划设计缺乏科学性和合理性。以道路交通规范为例，现行的涉及道路公共交通规划设计的两部规范《城市道路设计规范》CJJ 37—90 和《城市道路交通规划设计规范》GB 50220—95 施行至今都已超过 20 年，没有及时进行修编，做到与时俱进，而且许多条文要求不严格，多用"宜"和"可"等字样，缺乏强制性，导致执行力度不强，使得公共交通规划存在公共交通线路路网稀疏，对居民出行的流量、流向等交通流特性研究不足，站点布置与城市用地性质、建筑容量不匹配等问题，公共交通优先的交通政策难以体现。

三、城市综合交通管理应对

城市交通的系统性使得综合交通管理日益重要，成为管理效率提升的关键。

（一）城市交通管理面临综合性挑战

我国城市交通管理呈现职能分散、多元结构特征，作为衔接内外交通方式的交通枢纽建设直接对城市综合管理体制提出挑战：①城市外部交通。不同交通方式的交通设施规划一般由上级行业主管部门制定，具体建设和运营管理实施企业化运作，涉及产权和部门利益问题，与城市缺乏有效的衔接、协调和反馈机制。交通执法存在主体多元、多头执法的问题，道路运政、航道管理等六类执法职能分别由省、市、区不同的执法主体行驶，执法力量调配难度大。多数城市存在公路网和城市道路网两套体系，交通管理体系也是按照城乡二元管理体制设立的，造成公路与城市道路分头管理、分头规划、分头建设，政策制定不统一；②城市内部交通。城市内部道路规划、建设、管理职能分散在市、区、县三级政府的发改、规划、国土、市政、交警、交通等多个部门，交通部门与其他部门之间缺乏沟通、合作和协调，导致一般性的、技术性的工作需要由上级领导协调，形成单边工作、过程不沟通、最终成果市级协调的方式，影响了决策的科学性和有效性。同时城市交通运输的政策、规划、设计、建设、运营、管理、服务和应急等纵向职能分散，管理程序割裂，难以实现纵向管理链条的贯通和完整。

（二）城市综合交通体系规划的应对

综合交通体系规划是交通综合管理的基础。我国现代意义的交通规划起步于 20 世纪 70 年代末期，在城市道路规划的基础上引入交通工程学方法，以交通起讫点 OD 调查为标志开始从源头研究出行规律，用规划的数理分析方法代替传统的经验分析方法。2000 年后城市交通规划内容快速扩展，不仅涉及与城市发展密切相关的交通发展战略、交通设施布局规划，而且逐渐涵盖停车规划、公共交通线网规划、交通管理规划、步行和自行车系统规划、交通工程设计等与交通系统运行管理紧密结合的专业性规划及设计内容，初步形成了由交通发展战略研究、城市综合交通规划、城市交通专项规划、建设项目交通影响评价四大类型构成的系统研究和编制体系雏形❶。

---

❶ 马林. 对加强城市综合交通体系规划编制工作的认识 [J]. 城市交通，2010（5）：1-5.

2010 年伊始，从城乡规划建设的角度整合各项交通设施可以作为国家层面通过空间规划整合行业规划，建立城市综合交通管理体制以应对城市交通问题的逻辑起点。2010 年 2 月住房城乡建设部率先出台《城市综合交通体系规划编制办法》（建城 [2010]13 号），规定直辖市、市人民政府建设（城乡规划）主管部门负责本行政辖区内城市综合交通体系规划编制的管理。明确城市综合交通体系规划是城市总体规划的重要组成部分，是政府实施城市综合交通体系建设，调控交通资源，倡导绿色交通、引导区域交通、城市对外交通、市区交通协调发展，统筹城市交通各子系统关系，支撑城市经济与社会发展的战略性专项规划的依据，是编制城市交通设施单项规划、客货运系统组织规划、近期交通规划、局部地区交通改善规划等专业规划的依据。同年 5 月出台《城市综合交通体系规划编制导则》（建城 [2010]80 号），指出城市综合交通体系规划的目的是科学配置交通资源，发展绿色交通，合理安排城市交通各子系统关系，统筹城市内外、客货、近远期交通发展，形成支撑城市可持续发展的综合交通体系。

第三节　城市综合交通发展经验借鉴

目前，部分国家和地区已经成为城市化、机动化和法制化的先发区域，经过实践探索形成的系统的管理制度和管理方法值得我国借鉴。

一、国家综合交通管理制度借鉴

选择对德国和俄罗斯的国家层面的综合交通管理体制进行研究，在于前者具有系统性，而后者转轨的经验和路径探索可能就是未来中国要走的道路。

（一）德国

1. 联邦管理机构

作为实行联邦议会制的共和国，德国交通运输领域的事务由联邦和地方（州、市县）两个层级的政府管理机构共同负责。联邦层级，联邦政府设有交通部（全名联邦交通、建设和城市发展部），由原有的联邦交通部与联邦区域规划、建设与住房部合并而成，负责管理全国整个运输行业。即将所有与交通运输和规划建设有关的投资和管理职责（联邦公路、高速公路、铁路、内河航运、航空、城市规划和建筑行业）全部归于一个部门。州层级，各联邦政府设有专门的交通运输管理机构，负责州级公路的规划建设、交通运输协会的管理、地方铁路工程技术管理等。州具有很大的自主权，交通运输领域的重要事宜由联邦交通部长与州交通部长联席会议协商决定，各州拥有自己的州级公路、县市级公路、乡镇公路以及农用经济道路的立法权，联邦交通部主要负责联邦层面法律政策的制定和监督执行工作，具体管理工作通过"委托合同"的方式由各个州政府执行。州实际承担联邦长途公路的行政管理任务。同时一些半官方的交通运输协会和民间机构发挥了很大的作用，如德国运输企业协会、德国联邦运输与物流协会、德国联邦物流协会、德国 TÜV 莱茵集团等，他们承担了行业内部、行业和政府之间沟通协调和技术支持工作，既承担政府委托的事务，又面向企业和社会提供服务，多渠道筹措资金❶。

2. 联邦组织形式

联邦交通部的职责体系包括交通运输、建设和住房、城乡区域规划发展三个方面，负责超过 260 亿欧元的公共预算，有 27000 名工作人员（2010 年）。作为联邦政府利益的代表，履行交通运输、建设和住房行业内部分产权所有人和共同所有人的职责，内设 9 个司局和 69 个执行机构（图 3-2），其中道路建设司、道路运输司、航道和水运司、航空航天司负责相关行业的建设和运营管理。联邦建设和区域规划局承担联邦政府机构的建设任务，提供城市、区域规划等方面的决策支持服务。

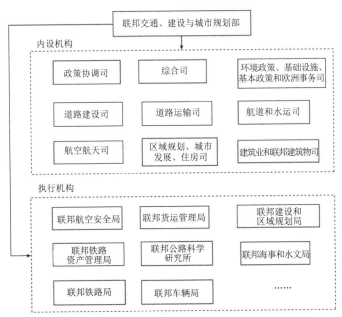

图 3-2 德国联邦交通、建设和规划部组织结构图
图片来源：李聪，王显光，孙小年 . 德国交通管理体制变迁及特点 . 工程研究——跨学科视野中的工程，2013（12）：395-406

❶ 李聪，王显光，孙小年 . 德国交通管理体制变迁及特点［J］. 工程研究——跨学科视野中的工程，2013（4）：395-406.

3. 联邦交通运输部职责

交通部在交通运输方面主要有四方面的职责：制定综合交通规划、制定货运和物流政策、参与制定欧盟一体化交通运输战略、扶持和补助地方交通。

（1）综合交通规划

《德国基本法》规定 ❶，德国联邦政府负责联邦交通基础设施的建设和维护。根据联邦交通部制定的联邦交通基础设施规划，联邦议会确定新建和扩建的需求计划，并决定哪些具体的项目纳入到联邦铁路和干线公路的扩建法案中，之后相应的建设项目才具有法律效力。根据联邦议会制定的需求计划，联邦交通部再制定出详细的五年计划，定期审查需求计划是否适应经济社会发展的最新情况。审查结果对于之前制定的交通基础设施规划并无影响，但可能会促使联邦议会确定新的需求计划或促使联邦交通部制定新的交通基础设施规划。

（2）货运和物流政策

货运和物流业是德国第三大经济产业，2008 年 9 月德国议会正式公布实施《德国货物运输和物流发展规划》，在分析德国货物运输和物流业在经济全球化和日益细化的劳动分工、气候变化和环境保护、人口结构变化、持续增长的安全要求等背景下，提出优化利用交通基础设施、减少不必要的运输、充分发挥铁路和内河水运作用、交通运输通道和节点的扩建升级以及环保、安全、节能的运输五项具体措施。2010 年联邦交通部根据社会经济的最新情况制定了"联邦货物运输与物流行动计划"，强调强化德国作为欧洲物流中心的地位、全面提升各种运输方式的效率、优化各种运输方式衔接的基础设施、促进交通运输增长与环境保护的和谐统一、提升货运业工作条件和培训水平五个方面的内容 ❷。

（3）欧盟一体化交通运输战略

联邦交通部的欧盟战略聚焦于三个方面：①强化竞争力。推动欧盟铁路客运市场的自由化，推动各国规则体系的统一；②确保安全和保护消费者权益。航空运输安全方面，推动各国航空运输管理部门建立统一的应急处置方案。公路运输安全方面，与其他国家建立协作，如推广自动紧急停车技术。乘客权益方面，推动制定欧盟同意的保护乘客权益法案；③基础设施投资。控制新建项目，注重弥补缺口和解决瓶颈环节，加大维护投入。

---

❶ 第 87 条"联邦铁路设施"、第 89（2）条"联邦水路"、第 90 条"联邦干线公路"
❷ 李聪，王显光，孙小年. 德国交通管理体制变迁及特点 [J]. 工程研究 - 跨学科视野中的工程，2013（4）：395-406.

（4）对地方交通发展的扶持和补助

基于联邦宪法确定的联邦政府有义务弥补地区经济发展差距的原则，德国联邦政府制定了《联邦政府资助地方政府改善交通法案》，规定资助范围包括地方铁路（地方主干道、区域交通网络的连接线、公交车道、公交诱导系统、与铁路和河流的交叉线）和地方公共交通（有轨电车、地铁线路、非联邦铁路、货运枢纽、运营控制系统）。资金最初源于 1966 年燃油费提高所带来的政府财政盈余，除此之外，还制定了新的客运法案和推动铁路改革，为地方公共交通的发展提供了更加公平、透明的环境。

4. 地方交通管理

（1）交通规划

德国地方城市交通规划的目的在于全面系统地掌握某个区域的社会、经济、人口与土地利用、交通现状及主要交通问题，科学预测交通需求的增长速度及发展变化趋势，提出适应交通需求发展的与可供选择的交通体系、交通结构、交通治理方案的政策和措施。与国家层面的行政管理职责相适应，具体城市交通规划涵盖与交通相关的所有内容和要素，即与交通设施规划一并进行，不留任何不合理的隐患并遵循制定、审核、实施和评估环节的要求。

（2）静态停车

由于德国车辆保有量极高，因此德国高度重视停车场的规划和管理，并规定建房需建设相应的停车场，否则收取高额费用用于建设居民停车车库。停车困难的老城区为附近居民预定停车位，另外还设有收费极高的停车位，以缓解停车位紧张的局面。在远离繁华市区的铁路或地铁附近设有免费的 P+R 停车场，鼓励人们停放车辆换乘进入市区。

（3）公共交通

德国的公共交通主要包括地铁、快速火车、公共汽车，其中 90% 的居民乘坐地铁、快速火车，10% 的居民乘坐公共汽车。如慕尼黑地下有两层地铁，分为 S（上层）系列和 U（下层）系列，均有 8 条线路。为鼓励更多的人使用公共交通工具，慕尼黑市努力减少公共交通工具的故障，尤其是铁路网络，保障列车按时到达。实行公交车优先通行，依靠公交车及路口的监测设备为公交车提前开放绿灯。为老年人、残疾人建设无障碍停车站。新居民户口登记时为其提供公共交通的信息及免费车票。在边远地区建设更多的公交线路，实现与地铁、轻轨的衔接。实行自行车与公共交通相结合，地铁和轻轨设有专门存放自行车的车厢，自行车可以被带上车厢。

（二）俄罗斯

1. 联邦管理机构

联邦运输部是俄罗斯的综合运输管理部门，负责运输立法、运输政策、发展战略和规划、运输安全、技术标准的制定和实施监管，并对各种运输方式进行统一领导和组织协调管理，具体组织结构如图3-3所示。

2. 联邦管理职责

运输部的主要职责是负责运输业务活动范围内的相关政策、规划、规章等的制定和完善，安排国家对于各种运输方式财政预算拨款计划，与国内有关部门和国外组织、机构签订所需合同，监管调控全国运输系统发展情况及运输安全等。联邦运输部下属五个联邦管理局：①联邦运输监督管理局。履行国家对航空运输、海运和内河运输、铁路运输、公路运输、工业运输和道路设施的监

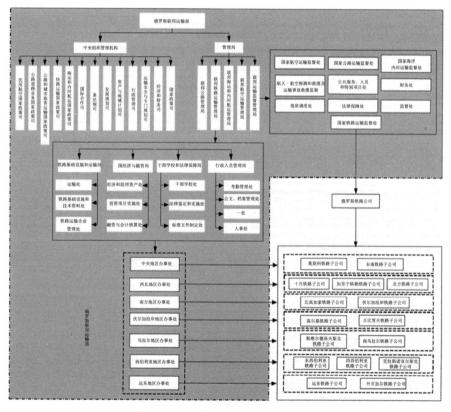

图3-3 俄罗斯联邦运输部组织机构

图片来源：赵新惠，刘洋. 俄罗斯交通管理体制变迁与启示 [J]. 工程研究——跨学科视野中的工程，2013（4）:428-442.

控及检查职能，也是俄罗斯联邦安全监督管理总局下属对交通运输系统安全进行监管的专门机构；②联邦航空运输管理局。履行国家对民航空中交通运输系统的国家服务职能和国有资产管理职能，负责保障俄罗斯联邦空中交通管理系统的工作运行、发展和现代化方面的工作（图3-4）；③联邦公路管理局。履行国家对公路交通和道路管理系统的国家服务职能和国有资产管理职能，主要负责联邦道路交通方面的管理工作；④联邦海运和内河运输管理局。履行俄罗斯联邦在海洋运输（海上贸易港口和渔业贸易港口）和内河运输的国家服务职能和国有资产管理职能；⑤联邦铁路运输管理局。履行铁路运输领域的国家功能、国家政策、国家服务和国有资产管理职能，主要职责是参与编制、修改并保证实施国家铁路运输政策、规划、战略等，制定和修订铁路运输行业相关的规范、标准，对铁路运输的经营活动进行监督等❶。7个地区性管理机构（中央地区、西北地区、南方地区、伏尔加沿岸地区、乌拉尔地区、西伯利亚地区、远东地区办事处）负责保证所辖地区铁路及所服务用户、工业企业及其他运输方式的联系与合作，对地区铁路运输工作进行监督。

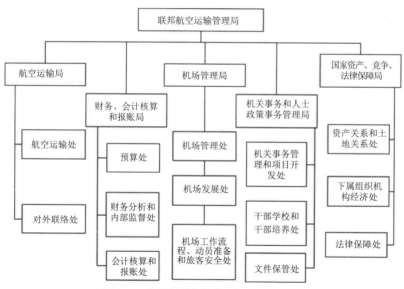

图3-4　俄罗斯联邦航空运输局组织机构
图片来源：赵新惠，刘洋.俄罗斯交通管理体制变迁与启示[J].工程研究——跨学科视野中的工程，2013（4）:428-442

---

❶ 赵新惠，刘洋.俄罗斯交通管理体制变迁与启示[J].工程研究——跨学科视野中的工程，2013（4）:428-442.

3. 联邦政策体系

（1）法律法规层面

俄罗斯联邦对交通运输系统的监管主要依靠完善的法律和法规体系。在俄罗斯铁路改革的准备阶段，即先行对重要的铁路法律、法规进行修改和补充，研究制定了涉及改革的法律规定，并得到国家杜马和联邦委员会批准，由联邦国家总统签署命令颁布执行，使得管理体制改革在国家法律规定的框架范围内有序开展，并更好地适应运输市场发展变化的需要。具体包括2002 年修改和补充的《俄罗斯联邦自然垄断法》、2003 年 2 月批准实施的《俄罗斯铁路运输资产管理和处置法》、2003 年 5 月同时生效的《俄罗斯联邦铁路运输法》和《俄罗斯铁路运输管理规程》等重要联邦法和相关法规，重点对铁路运输经营业务实行公司化企业管理以后的机构组织形式、法律地位和功能作用、原有铁路运输资产的配置与重组等重要问题进行统一规范和明确界定 ❶。

（2）宏观政策层面

俄罗斯联邦交通部先后制定了《俄罗斯交通系统现代化（2002—2010年)》、《俄罗斯 2030 交通发展战略》、《俄罗斯 2030 铁路运输发展战略》等宏观战略规划。为改革管理体制，先后制定了《关于联邦执行权力机构的系统和结构》（2003）、《关于联邦执行权力机构的结构问题》（2004）、《联邦执行权力机关的结构问题》（2007），逐步完善了交通运输系统的综合管理机构设置。针对铁路专门出台了《铁路运输结构改革方案》、《关于成立开放式股份公司"俄罗斯铁路"》等政令文件，完成铁路体系由"政企合一"到"政企分开"的转化。

（3）投资政策层面

俄罗斯建立了除国家重点投资主要工程建设项目外，依靠联邦州和地区地方政府财政支持、吸引外部投资等多种形式的投资政策，扩大集资和融资渠道。同时明确资金投入的优先方向，即各种交通运输方式的基础设施建设和技术改造、主要运输工具的添加和更新。政府投资侧重于发展具有地区意义的公路及铁路新线、市郊铁路运输服务设施和航空运输基础设施。外部投资优先用于运输枢纽基础设施的商业工程建设项目、地区性生产基地的运输系统以及付费的快速公路干线和普通铁路等。

---

❶ 张晓永 . 俄罗斯铁路法律制度及启示 [J]. 中国铁路，2008（7）:60-67.

二、城市综合交通发展经验总结

（一）香港

香港交通管理具有管理机构职责明确、管理基础扎实、管理手段多样的特征。

1. 管理机构

香港交通管理机构主要有运输署（总决策）、路政署（工程实施）和警察署（交通管理）。其中涉及规划管理的部门是运输署策划及技术科和警察交通总部交通管理科。香港交通管理使用的所有先进仪器设备的费用都来自政府财政，财政预算中，交通警察使用设备、运输署的区域交通控制系统的闭路电视系统、路政署的道路交通设施包含有以往仪器设备 10% 的维护费用，以保证系统设备的完好率❶。

（1）运输署策划及技术科

香港的交通组织管理由运输署负责，运输署下设策划及技术科承担如下职责：①负责长期收集有关的交通流量、人流、物流、道路状况、交通堵塞等资料，加以分析整理作为运输署决策依据；②制定全香港的交通运输短、中、长期规划；③研究交通安全及交通组织，管理交通意外资料库，编制交通意外分析报告，制定并推行改善对策，评估改善对策的成效；④制定《运输筹划及设计手册》，研究及设计交通管制法例，修订现行交通法制，制定交通管制的详细指南和守则。

（2）路政署

香港的交通设施由运输署设计，由路政署负责工程施工，交通设施的经费，每年都会拨到路政署。香港所有的道路交通设施均非常完善，发生交通意外的地点如果存在交通标志、表现不全或不准确，发生意外的车主可以控告政府。各警区负责路面工程的人员负责将交通设施损坏情况通知路政署，路政署及时派人维护。路政署还负责对开挖路面的临时改道标志，所有施工单位需按照路政署编制的《道路工程照明、标志及防护工作准则》执行。

（3）警察交通总部交通管理科

香港的交通运行管理由警察交通总部负责。下属的交通管理科负责向运输署提供交通改善建议，提前介入各类型项目的交通规划工作，如机场、港口、

---

❶ 郑国璇. 国际化大都市的交通管理 [J]. 中国人民警官大学学报，1997（3）：7-9.

码头、新建路网、隧道等，把警察部门的意见融入大型项目的设计中去。各警区的交通管制部门由专门的道路工程组，负责本区的道路工作及本区的交通改善和交通组织方案。各警区的道路工程组一方面把意见直接反馈给施工单位，另一方面向总部交通管理科负责，除了运输署和警察合作进行工作外，如遇较大的工作或改善措施，都会聘请专业的交通顾问公司进行策划，提出各种设计方案，供运输署及有关政府部门决策，运输署和警察交通总部也会派人到顾问公司协助工作。

2. 管理基础

香港交通管理具有坚实的物质基础、空间基础、制度基础和思想基础：①简单高效的道路系统是香港交通管理的物质基础。2003 年香港拥有道路系统总长 1934km，道路网密度 1.75km/km²，人均拥有道路 2.8km。在过去的 20 年里，CBD 地区的平均车速一直保持在 25km/h 以上，其他地区则在 30km/h 以上；②"车站 + 物业开发"模式是香港交通管理的空间基础。具体特征包括以下三个，一是在规划轨道沿线，政府给予地铁公司"土地发展权"，对地块进行总体规划。二是地铁公司以没有轨道交通为基础作地块估价计算，向政府低价购买土地。三是地铁公司兴建铁路，同时用以与开发商合作发展物业，物业价值因铁路提升，地铁公司将物业增值所获得利润，回收轨道建设成本，同时用以积累新建新轨道线路的资金。利用城市步行系统合理连接轨道交通车站辐射范围内的建筑，使原本松散的建筑单体连结成以轨道交通车站为核心的网络型车站复合体，这也是"车站 + 物业"模式成功的关键因素；③公共交通引导城市发展是香港交通管理的制度基础。香港政府于 1983 年做了全港发展策略研究，力求土地开发利用和公共交通服务相协调。具体措施涵盖三个方面，一是以用车的高成本来控制新车。二是用高标准对旧车续牌年检，保证车上路不抛锚，不堵塞。三是优先发展公交车系统，发展公交车专线；④倡导舒适、人性化的步行方式是香港交通管理的思想基础。从 2000 年起香港特区政府实施了行人环境改善计划，主要包括三种形式，一是全日行人专用街道，行人享有绝对优先权，只供紧急服务的车辆行驶，但个别地点会容许送货车辆在指定时间内驶入。二是部分时间行人专用街道，车辆只准在指定时间段内行驶，并且不设路旁停车位，不过会设有上下客货区，供上下客货之用。三是悠闲式街道，行人路会扩宽并尽可能减少停车位 ❶。

---

❶ 陆锡明. 亚洲城市交通模式 [M]. 上海：同济大学出版社，2009：92-93.

3. 管理手段

香港交通管理主要采用三种手段：①树立公共规则意识。虽然香港是一个充满竞争的城市，但公共道路上，充满了友爱、真诚、提携与礼让。香港的行人和车辆都会非常认真地遵守交通规则。在道路堵塞时，警察会很快出现，汽车在靠近楼房或大门的地方快速上下客或卸货，5 分钟内会有警察监督，时间稍长就可能收到罚单；②提供多元化、现代化、网络化的高效运输服务。香港着眼于发展人均占有道路面积少、载客量大的公共交通，公共交通优先的道路使用政策被确定为香港交通运输的基本政策之一，目的是为乘客提供可靠、舒适、快捷的服务。同时为了有效使用路面，政府有计划地控制私家车、火车特别是小火车数量的增长。从 1974 年起，政府多次大幅度增加私家车的首次登记税和牌照费，1982 年政府采取更严厉的措施，提高进口税 1 倍，牌照费 3 倍，并大幅度提高燃油税，采取隧道收费政策限制私家车的使用；③运用科技管理提高效能。2002 年香港运输署动用 6000 万元设立了一个综合电子交通运输资讯平台，市民可以从互联网上得知最新的交通消息。在 2006 年内投资 1.7 亿元完成整体交通管理及资讯中心的就建设，以提高交通管理的整体水平❶。

（二）新加坡

新加坡城市交通管理具有战略思想明确、管理制度合理、交通设施完备、运营系统有效和法律制度完善的特征。

1. 清晰明确的交通战略

1967~1971 年，新加坡城市规划部门对岛内的自然资源开发进行了一次概念规划，提出"必须在小汽车和公共交通的使用上保持一个理想的平衡状态"。为此，新加坡采取了两种极端的方法发展交通："拉动"（改善公共交通服务）和"推动"策略（限制小汽车使用，推行拥车证制度、道路拥挤收费制度）。1996 年新加坡政府颁布了《交通发展白皮书——建设世界一流的陆路交通系统》，提出土地利用与交通发展的一体化规划、优先发展公共交通、交通需求管理、路网建设与提高通行能力四项基本路径，进一步明确了"推、拉"策略在城市交通发展中的战略指导地位，以实现公共交通出行比例达到 75% 的目标，努力做到人口增长和经济发展不受制于有限的空间和资源❷。

2. 科学合理的管理机制

新加坡交通管理具有两方面的特征：①运营管理机制高度市场化。全市的

❶ 温燕萍 . 从公共交通、公共卫生看香港公共服务 [J]. 重庆行政•公共论坛，2010（4）:46-49.
❷ 冯立光，曹伟，李潇娜等 . 新加坡公共交通发展经验及启示 [J]. 城市交通，2008（6）:81-87.

轨道交通和公共汽车由两家公司（SBS 和 SMRT）运营，均是自负盈亏，自己负担公司的日常费用、运营成本、车辆维护和折旧等，政府负责建设公共交通基础设施，这些投资基本上是不能收回的；②监管机构相对独立。1956 年新加坡政府成立了公共交通许可证管理局（OSLA），来规范和调节公交运营，负责审批新线路，并制定公交服务标准。1971 年政府又成立了公交服务认证机构（BSLA）代替了 OSLA，票价的批准由政府交通部门直接管理。1987 年新加坡建立了公共交通理事会（PTC）取代 BSLA，保证了公交公司财政生存能力的可持续性。

3. 公共交通设施完备

鼓励公共交通发展是新加坡交通指引政策之一。新加坡公共交通设施的建设极为完备，具有以下特点：①发达的公共交通网络。新加坡已开通 270 条公共汽车线路，4400 个车站，轨道交通线路共 138km，110 个车站；②高品质的运输装备。新加坡 95% 的公共汽车都装有空调，并安装了较宽的车门。公共汽车的法定使用年限是 15 年，同时规定，每 6 个月进行一次全面严格的检查；③设置公交专用道。公交专用道设置的标准是每小时至少有 50 辆公共汽车使用该道路，并且道路上至少每个方向有 3 个车道。新加坡已经建设了 112km 的公交专用道；④加强换乘设施建设。新加坡大力推崇"门对门"交通和"无缝衔接"交通服务，力图将工作、购物等各种活动用公共交通系统紧密连接起来，使不同交通工具的换乘距离控制在合理步行范围之内。政府通过实施公交一票制和改善换乘条件，有效地促进了不同交通方式的兼容性以及公共交通系统的一体化发展；⑤减少停靠延误。在车站设置黄色标志，可使 2~3 辆车同时停靠。在路侧土地资源允许的情况下，设置公交港湾，提高安全性和交通效率。同时，在公交车站前方主流车道上设置黄色禁停区域，为离站的公共汽车汇入主流交通流消除了障碍；⑥实时公交信息服务。新加坡公共交通信息的整合是通过政府发布《公交联合导则》实现的。导则主要包括公交线路图、公交发车时间和频率、主要换乘枢纽等内容。政府通过多种媒体列出了所有的公共汽车和轨道交通线路信息，并在主要的公共汽车站设置信息板；⑦良好的车站候车设施。公共汽车站都配备了良好的服务设施。全国 4400 个公共汽车站中 90% 以上都有座位和遮挡篷；⑧支持轨道交通建设。新加坡政府规划 2020 年将轨道交通由目前的 138km 扩展到 540km。政府对轨道交通的线路、车站、控制中心、换乘场站以及第 1 批运营设备的购置进行资助。

4. 先进有效的公共交通运营系统

新加坡公交运营系统先进有效，体现在以下几个方面：①较高的运营服务能力。新加坡公共交通的出行分担率高峰时段达到 62%，全天平均为 58%，其中地面公交系统占公交出行总量的 60% 左右；②鼓励多式联运。为保持适当竞争，政府没有把第 3 条轨道交通线的特许权交给 SMRT 集团，而是交给了两家巴士公司——SBS 和 TIBS。在此之前，SMRT 集团介入了公共汽车的业务范围，收购 TIBS 巴士公司后组成 SMRT 轨道公司和 SMRT 巴士有限公司，开始多模式运营；③票价管理与票价整合。PTC 拥有批准公交票价调整的权力，公交票价的制定坚持三个原则，包括公司的营运收入应能承担其经营成本、必须有可持续的资产置换政策、票价必须是公众可负担的，并且应随着运营成本的增加定期修订和调整；④电子道路收费系统。新加坡政府早在 1998 年就采用了电子道路收费系统，交付费用的多少由相关机构根据道路使用状况来进行调整❶；⑤调度管理。将通用分组无线业务绑定在全球移动通信系统中，并配备车辆定位系统等手段，来实现实时的车队管理。❷

5. 限制私人小汽车发展的政策法规

限制小汽车发展是新加坡交通指引的另一个政策。新加坡政策规定，购买小汽车的人必须参加公众拍卖来竞拍小汽车的拥有权，即汽车拥有证明（COE），巴士公司购买汽车不需要 COE。规定购买汽油车的价格要包含燃油税，柴油车需支付柴油税，1974 年开始对高峰时间进入市中心的汽车实行收费入域许可证制度，通过多项政策实现限制私人小汽车发展的目的。

（三）深圳

2009 年深圳市进行了交通管理体制改革，在原深圳市交通运输局的基础上组建深圳市交通运输委员会，负责全市公共交通、道路、轨道、水运、港口、空港、物流和地方事权的铁路、航空的行业管理，以及城市交通的统一规划、建设和管养。

1. 职能调整

交通管理委员会的职能调整包括：①划入原市交通局、市公路局、原市轨道交通建设指挥部办公室、原市综合交通综合治理领导小组办公室的职能；②划入原市城市综合管理局管理维护市政道路和桥梁，以及市政道路执法的职能；③划入原市规划和国土资源委员会组织编制交通规划，以及承担市政府投资新建市政道路立项主体的职能；④划入原市交警管理局设置、管理和维护交通标识、划线、标牌、护栏等交通设施，以及新建和改建道路上的诱导屏、交

❶ 江玉林，韩笋生 . 公共交通引导城市发展——TOD 理念及其在中国的实践 [M]. 北京：人民交通出版社，2009：26.

❷ 冯立光，曹伟，李潇娜等 . 新加坡公共交通发展经验及启示 [J]. 城市交通，2008（6）：81-87.

通信号灯和其他监控设施的职能。

2. 机构设置

2009 年前，深圳市各区的交通管理工作由各区的交通局负责，由各区政府领导，导致市交通局难以在城市尺度上统筹各区的交通发展。改革后，深圳市设立了西部（覆盖福田区、南山区）、东部（覆盖罗湖区和盐田区）、宝安、龙岗、光明、坪山 6 个交通运输局，按规定承担辖区内交通运输管理服务、交通公用设施的管理和养护监管以及港航管理等工作。这六个交通运输局均为深圳市交通运输委员会的派出单位，接受深圳市交通运输委员会的直接领导。

3. 机制设计

目前深圳交通主管部门与各区政府之间按照"逐级、动态、过程型"的模式，在交通规划、道路建设、道路管养、交通管理及执法等方面构建了高效的沟通协调机制：①市交通运输委员会与市交警管理局的沟通协调机制。市交通运输委员会与市交警管理局构建了自下而上、双向互动的沟通协调机制，沟通协调的事项逐步由日常交通事务的处理转变为全市交通发展战略的拟订、资金的筹措等；②市交通运输委员会与市规划和国土委员会的沟通协调机制。深圳市成立了协调议事机构"深圳市交通规划联合工作小组"，负责各交通专项规划中交通空间与城市规划的对接，法定图则、修建性详细规划与交通规划的对接工作等，在交通功能和空间安排之间建立了"双统筹、双审查"的工作机制；③市交通运输委员会与市城市管理局的沟通协调机制。二者成立了业务协调小组，协调事项包括道路养护、现有道路绿化、灯光照明及户外广告移交工作，新建道路绿化、照明设施移交及管理工作。

三、城市综合交通发展制度借鉴

城市综合交通发展的影响因素是多种多样的，基于制度和政策层面的借鉴启示，主要包括系统化管理策略限制小汽车、发展绿色交通政策及安全教育路径四个方面。

（一）实现系统化管理策略

1. 综合管理体制

交通运输系统具有整体性，因此各国均实施综合管理策略，如俄罗斯转变了苏联时期交通运输管理的分部门管理体制，实施不同交通运输方式的统一管理，推动各种交通方式在发展中逐步融合，促进多式联运的发展和运输枢纽的规划建设，确保了需求衔接和政策贯彻的顺畅。在政策制定上更加注重促进和支持地区经济和社会发展，逐步减小地区间的差异。美国交通部门（联邦设交通部、州设交通厅、市县设交通局）是道路交通管理的主管部门，警察部门是参与道路交通管理的协作部门，负责现场执法。交通部门负责建设、管理信息系统并有接口提供给警察部门使用。英国的交通管理由环境、运输和地方事务部（简称运输部）负责，是实施大部制改革后，将原有环境保护部、交通运输管理以及地方事务 3 个部合并组成的。日本国土交通省通过简化手续，制定技术标准，强化事后检查措施，明晰权责，实施有力的安全监督和控制。

世界银行 2012 年发布《铁路行业管理体制的三大支柱》专题论文，总结了澳大利亚、巴西、加拿大、德国、法国、日本、俄罗斯、美国八个国家铁路管理体制的共同特征：①都有一个交通运输部，负责管理和制定统筹多种运输方式的综合交通运输政策；②政府的政策制定和规管职能与铁路服务的商业运营分离；③无论民营国有，均普遍采取公司化治理结构来提供铁路服务；④同时有多个服务提供商；⑤客货运业务在部门或制度上分离。

2. 依法依标管理

国外交通管理奉行依法管理，以停车为例，日本在 1958~1965 年间汽车保有量高速增长，从 10 万辆左右增长到 700 万辆左右，城市交通拥挤矛盾开始显现。为解决无规则的路面停车，改善交通不畅状况，维持和促进城市的功能，政府于 1957 年 5 月制定了《停车场法》，要求城市应划定作为城市规划停车场的建设地区，要促进非路面停车场的建设，并对停车场建设地区及其周围具有一定规模和用途的建筑物规定了建设建筑物附设停车场的义务。1962 年制定的《机动车停车场所之确保法》和《机动车停车场所之确保法施行令》，使得购车者自备车位在日本深入人心。此外，还制定了停车场的结构、设备和管理的标准。20 世纪 70 年代后，发达国家停车建设已相对成熟，相应政策、法规研究较为完善，其注意力逐步转移到通过控制、管理停车活动，来改变人们的出行行为，认为停车场的作用由减少交通拥挤转移到调整出行行为上来，政府对停车需求进行管理，对城市停车场进行重新评价，使收费系统更加合理，增加停车换乘公交的出行量❶。

3. 惩处制度严厉

国外对车辆运行安全管理极为严格。美国商用汽车作为重点车辆，由联邦汽车运输安全管理局管理。华盛顿特区警察局专门成立商用汽车管理部门，负责检查商用车辆超载、酒后驾驶、超速行驶、疲劳驾驶等交通违法行为。每个

---

❶ 何峻岭. 大城市机动车停车产业化发展关键问题研究 [D]. 南京：东南大学，2006.

季度商用车辆运输管理部门联合交通部门到各运输公司进行检查，如发现商用车辆存在没有填写行车记录或错记、漏记，驾驶人将被处以高额罚款，严重的将被吊销驾驶证❶。美国对于交通违法行为实行严格的处罚制度，最早实现了驾驶人信息全国联网，一旦触犯交通法规，将被长期记录上网并且无法修改。酒后驾驶不仅立即送监狱，还需缴纳罚金 2000 美元，暂扣驾驶证 12 个月，记录在案 10 年。同时，交通违法行为以及处罚情况与个人信用挂钩，一律计入档案，不仅在求职、贷款等方面受到影响，保险公司有权根据档案调整费率，记录不良的人，保费将会提高到每年 3000~5000 美元。

4. 人性化管理策略

国外交通管理奉行以人为本的管理理念，体现在硬件和软件两个方面，以有利于交通管理措施的实施和形成良好的交通环境：①硬件设施。如德国道路基础设施完备，标志标线设置规范，信号灯的数量、高度和角度均根据路口的实际情况，以实用及良好的视认性为原则。车辆设计考虑安全，大车后必须装有安全挡板，防止小汽车追尾钻到大货车下。美国道路规划建设合理，路面设施齐全，出入口全部为立交桥和匝道，每个城市均设有环城高速供进城车辆选择就近的入口，有效分解城市车流。为应对中心城市主要公路早晚高峰交通潮汐现象，交通部门采取灵活变动车道的方法来疏通车流；②软件建设。如德国交通公路不收费，停车场收费使用电子标识及磁卡，减少车辆排队的时间。对某一地点或某一行为的违章处罚较高时，首先审视管理方面是否存在不合理、不科学、不便利的地方。德国还注重管理人才的引进和培养，鼓励专家、学者以及大公司、知名企业参与交通管理，利用科技优势为政府服务❷。

5. 技术创新策略

各个国家、地区和城市均认识到科技进步和创新对于运输系统的重大推动作用：①交通技术。如俄罗斯的交通政策特别鼓励各种交通方式依靠科技的力量取得进步，资金投入上也侧重具有经济、社会效益的技术进步及装备更新，支持进行具有全社会和行业意义的基础科学研究以及能够推动科学技术创新的重要项目。21 世纪以来俄罗斯交通运输部门采用先进技术，设计研制了一大批高技术含量的新型运载工具、技术设备和系统装备。❸ 整个德国高速公路网布满

❶ 王金彪. 美国道路交通管理特点 [J]. 道路交通管理，2010（8）:54-57.

❷ 郭忠银. 对德国道路交通管理工作的考察及其思考 [J]. 公安研究. 2007（6）:65-68.

❸ 赵新惠，刘洋. 俄罗斯交通管理体制变迁与启示 [J]. 工程研究——跨学科视野中的工程，2013（4）:428-442.

交通控制系统，通过检测线圈、浮动车、摄像机以及其他检测设备，收集完整的数据，采取速度匀速化、排队预警、临时路肩的使用、汇入控制、施工地点管理、货车限制、匝道控制、动态路径选择和交通信息服务等主动交通管理技术。②交通研究。1963 年发布的布坎南报告指出，在大城市中，不能单纯地依靠小汽车来解决交通问题。城市客运交通状况受客流需求和城市道路供给控制，而供需是否能平衡取决于所选择的客运交通系统结构。一个合理的客运交通系统能保证城市交通顺畅，人们平等地使用道路，不然则反之，而合理客运交通系统形成的关键在于主导交通工具的选择❶。各个国家、地区和城市均比较重视交通研究，如香港在政府部门设置了专门的交通研究机构，为政府管理提供建议。

6. 市场化改革

国外交通发展极为注重市场化改革，以市场需求为中心，对交通管理、组织和价格进行重大改革，在提高运营效率的同时，通过市场整合多种交通运输方式。以铁路为例，欧、美、日等国家和地区都对铁路管理体制进行了改革。1980 年美国国会通过斯塔格斯法，在运价和经营范围等九个方面对铁路管制进行铁路公司的股份化改造，实行铁路运输企业的平行线竞争模式。1987 年日本国铁分割为七个公司，实施运输企业组织的区域公司模式。1988 年瑞典铁路实行线路设施与运营分开的"上下分离"管理体制。1992 年英国政府发布铁路改革白皮书，在"上下分离"的基础上，出售货物及其行包业务，对客运业务实行特许经营。即欧洲整体实行铁路运输企业的网运分离模式。1993 年新西兰实施铁路整体出售战略，以 2.2 亿美元出售铁路给美国的一家铁路公司❷。改革的形式是"民营化"，其实质在于产权的清晰化、交易的市场化，目的在于促进铁路运输企业运营的积极性和主动性。

（二）实施限制小汽车政策

1. 直接限制政策

欧洲采用限制小汽车的政策，通过政策、价格和交通设施有限供给等手段限制城市中心小汽车的交通量❸，包括高燃油税率、高停车费、建设停车换乘系统等约束小汽车的使用。自行车、步行等"绿色"交通方式，在荷兰、丹麦等国大行其道，成为居民出行的重要交通方式。

---

❶ 赵波平，盛志前. 适合我国当前城市化进程的主导交通工具分析 [J]. 城镇化与城市交通，2003.
❷ 刘建国. 国外铁路管理体制改革的原因分析 [J]. 当代经济，2009（1）：80-81.
❸ 张翼，陈少卿.《汽车产业发展政策》对我国城市交通规划的影响 [J]. 今日科苑，2008（16）：37-38.

2. 间接限制政策

伦敦市及其西部的威斯敏斯特区对新建的大楼最多只要求每 $1150m^2$ 的建筑物备有 1 个汽车位，不久进一步削减为每 $1600m^2$ 备有 1 个停车位，目的是减少中心区的停车场数量，间接减少中心区的车辆。实践证明，减少公共停车位是控制小汽车出行的有效办法。日本则是规定没有交通部门认可的停车场所不得购车，购车需凭与停车场签好的停车合同方可，而停车费用一般为每月 2 万~4 万日元（约人民币 1300~2600 元），约占普通职员月收入的 10% 左右，以此限制购车，同时乱停车则需要缴纳至少 1.5 万日元高额罚款（约人民币 1000 元）。

（三）倡导绿色交通政策

1. 大力发展公共交通

发达国家大城市控制交通的有效方式均包括大力发展公共交通这一举措（表 3-4），其中轨道交通对优化城市空间结构、引导土地合理集约利用、缓解城市交通拥挤、节约能源和保护环境，带动城市综合发展具有积极的促进作用。东京市中心的轨道交通密度达到 $2.2km/km^2$，承担东京 80% 以上的客运量，巴黎轨道交通运输占全部客运量的 66%，莫斯科和香港的这一比例是 55%，并且轨道交通与其他交通方式的衔接十分方便。为促进公交策略的执行，德国的一些城市设置了公交专用车道以保障公交优先通行。

国外主要城市的交通方式及政策 表 3-4

城市名称	交通方式	政策
伦敦	公共交通为主	（1）实行通用车票，在大部分公交网络中无限次出行；（2）提高私人小汽车收费，限制出行，减少中心城区停车位；（3）公交优先
东京	公共交通为主，轨道交通占主导地位	（1）实行收费制度，限制机动车进入市区；（2）加快外环路建设，截留过境交通；（3）对低污染车辆量，在税收、停车等方面实行优惠；（4）实行高注册、高燃油税制度，限制车辆拥有量；（5）区域多核心功能分散
阿姆斯特丹	公共交通为主，提高自行车利用率	（1）促进交通方式由小汽车向公共交通和自行车转换；（2）增加小汽车搭载人数，并要求企业减少开车上下班的人数；（3）严格控制机动车停车场的数量；（4）将住宅安排在可利用自行车上班的范围内；（5）取缔小汽车非法停车；（6）鼓励自行车交通
新加坡	公共交通为主，严格限制私人汽车	（1）车辆定额配给制度，提高私人小汽车购买成本；（2）地区同行许可证制度，限制私人小汽车的使用；（3）大力发展公共交通；（4）土地使用控制；（5）交通拥挤收费

续表

城市名称	交通方式	政策
巴黎	公共交通为主	（1）建立高效的地铁系统，将在周围远郊地区与城市连为一体；（2）鼓励步行和自行车等绿色交通工具
波特兰	从私人交通为主向公共交通转变	（1）限制城市中心停车空间，为公共汽车和电车提供优先；（2）支持公共交通建设，促进各种公共交通方式之间的协调；（3）将交通规划与土地规划紧密结合
洛杉矶	以私人交通为主	开始进行轨道交通等公共交通建设
苏黎世	公共交通为主	（1）规定汽车停放时间不超过90分钟，中心区限速最高时速30公里；（2）给有轨电车、公共汽车和自行车提供充分的路权
库里蒂巴	公共交通为主	（1）改变"摊大饼"的城市空间形态为线性空间形态；（2）大力发展轨道交通
哥本哈根	公共交通为主	（1）指状城市空间形态；（2）通过轨道交通连接新城；（3）鼓励自行车交通
首尔	公共交通为主	（1）发展轨道交通，开辟公交车专用道；（2）实施步行计划；（3）签订自律公约
柏林	步行＋公交	建立自行车专用道路系统，提供安全、舒适、高效的自行车运行环境

资料来源：伦敦、东京、阿姆斯特丹、巴黎、波特兰、洛杉矶来自张瑶.北京市城市交通发展现况与对策[J].现代城市轨道交通，2008（1）；苏黎世来自陆建，王玮.从城市交通规划发展看城市交通可持续发展规划[J].华中科技大学学报（城市科学版），2003，20（3）；首尔来自熊文，陈小鸿.城市交通模式比较与启示[J].城市规划，2009（3）.

为保障轨道交通的建设资金，各国均采取多元化投资策略。多数国家由中央政府、地方政府和轨道交通受益部门共同投资建设城市轨道交通系统。如日本地铁建设采用补助金制度，对于市郊铁路，由国家和地方政府负担36%的补贴，而对单轨等新交通方式，国家的补贴达三分之二。德国交通财政资助法规定，每年向购油者加收10%的税收作为城市交通建设资金，联邦政府负担60%，州政府负担40%。巴黎的法规规定，城市交通设施基本建设，中央政府投资40.5%，其余的由地方政府和有关部门出资。一些国家还采取有偿使用资金和受益者投资的方法，如日本将各级财政以不同形式筹集的资金，以有偿使用方式通过金融机构提供给企事业单位，其单轨新交通建设，除国家、地方政府补贴外，沿线受益者也要资助建设。❶

2. 积极发展绿色交通

欧洲城市交通规划经历了由以满足私人汽车为导向的供给性规划向控制私

---

❶ 刘建国.国外铁路管理体制改革的原因分析[J].当代经济，2009（1）：80-81.

人汽车流动性、大力发展公共交通需求性转变的过程，继而转向可持续的交通模式——自行车和步行。20 世纪 90 年代后期，欧洲不少城市相继推行自行车交通，如巴黎推行健康交通，2000 年后在车行道和人行道旁边开设自行车专用道，自行车成为城市内重要的交通方式，也使得城市交通拥挤处于可控范围之内。

（四）重视交通安全教育路径

提高广大交通参与者的安全意识是建立现代交通秩序、保障交通安全畅通的前提和基础，开展安全交通宣传教育是交通管理工作的治本措施。

1. 事故研究

德国 20 世纪 70 年代成立了交通安全委员会，由政府、保险公司、汽车生产、警察局等部门的代表和学者组成，主要开展交通安全宣传和教育，每年对 1500 例交通事故进行调研。此外，还调查了 5000 例重点事故和 1.5 万例发生事故的驾驶员，寻找事故的规律，对驾校的培训提出合理的建议。

2. 安全教育

德国重视儿童的交通安全教育，从 1972 年开始，儿童学校就开设交通安全课，90% 的学生参加专门的学习班，由警察讲课，并在专门的场地进行专项训练。不仅如此，还重视对交通参与者，如骑自行车者以及汽车厂、邮政系统、运输公司的职工的安全教育。

3. 安全宣传

德国政府积极支持设立交通安全方面的标语、广告等，在电视台开设专门的交通安全栏目。德国的国道及高速公路经常会看到儿童的画像，为保障儿童的交通安全而设置的交通安全宣传画，旨在引起驾驶员对儿童的注意。美国十分重视未成年人的交通安全教育，将安全教育纳入义务教育体系，每学期进行一周以交通安全为重点的安全教育。所有警察部门与辖区学校合作，组织学生模拟事故现场等交通环境，邀请家长参与宣传教育活动。美国警方还十分注重与社会建立良好的公共关系，每一项法规、政策正式执行前，都会通过主流媒体向社会广泛宣传，并实行相对独立的新闻发言人制度，聘请具有律师、记者从业经验，既具有法律知识，又和媒体有良好关系的人员担任新闻发言人。

第四节　城市综合交通管理对策

城市综合交通管理除了要达到保障交通安全、疏导交通和提高现有设施的通车效率的传统目的外，还要实现通过各种交通需求管理措施和科学改变交通供给管理，调整交通结构、减少交通量和交通污染、缓解交通拥挤和保障交通安全的现代目标。

一、健全法律法规，完善技术标准体系

城市综合交通管理是城市对外和内部交通治理结构的统称，涉及交通立法、管理机构、管理措施和技术措施等，而交通立法是关键，技术标准体系是规划、建设和管理的依据。

（一）健全法律制度

按照我国现有的交通管理法律法规体系，应修改现有法律的矛盾之处，并主要完善和出台以下法律。

1. 完善《铁路法》

我国缺少以铁路经济规制为主要内容的法律法规，同时《铁路法》中缺少对铁路安全风险防范的条款。因此应修改《铁路法》，明确国家和地方政府对铁路建设负有资金支持和政策支持的责任。根据铁路建设项目的不同性质，确定中央、地方政府、企业（包括铁路企业）不同的投资责任，形成投资主体多元化、资金来源多渠道、融资形式多样化的新格局。进一步规范合资铁路建设体制，对于因政治、军事、国土开发需要而修建的亏损铁路，由国家给予特殊政策支持❶。完善铁路企业在市场经济中的法律地位，明确经营企业的法人实体地位及政府与铁路的关系，即必须依法对铁路运输企业实行公开、透明、公正的管理，建立廉洁、高效的运行机制，改变并规范政府对铁路的宏观管理方式，通过制定和完善部门规章，引导、推进和保障铁路经营顺利运作，同时进一步完善铁路安全方面的法规建设，明确对风险控制和风险预防的责任，规定详尽的问责和赔偿措施，为铁路安全运营保驾护航。此外，设立相应的政府监督机构，规范行政权力，保护消费者的选择权。

2. 出台《停车场法》

停车场建设是未来解决我国城市静态交通问题的瓶颈和关键环节，为了加强停车场规划、建设、经营、管理及奖励引导，促进交通流畅，改善交通秩序，需要制定《停车场法》以及公共停车场管理办法，规定公共停车场建设主体、建设要求、资金来源、奖惩制度，制定路外停车场设置和经营规则。鼓励社会兴建公共停车场，并就停车场用地取得、资金筹措、税捐减免、规划设计技术、

---

❶ 翟玉胜 . 铁路运输管理体制改革的思考 [J]. 当代经济，2011（1）：76-78.

公共设施配合等予以奖励或协助内容予以明确规定，有序引导停车场的建设和运营，制定停车产业化政策。

3. 出台《公共交通保护法》

制定《公共交通保护法》，逐步建立以《城市公共交通条例》为依托，以配套规章为基础，以地方性法规、规章为补充的法规体系，确保公共交通规划建设项目的实施，禁止以任何借口和理由侵占、蚕食公交用地，损害公交规划建设项目的实施，对违反者应根据法律法规给予处罚。同时要不断完善相关技术标准和规范，健全发展规划、设施建设、车辆配备、服务监管、补贴补偿等方面的标准与规范体系，将"公交优先"纳入规范化与法制化轨道❶。

（二）完善标准体系

完善标准体系主要从以下几个方面入手：①修订《城市道路交通规划设计规范》。1995年颁布的《城市道路交通规划设计规范》（GB 50220—95）是唯一一部关于城市交通规划的技术文件，应适时修编，以适应不断发展变化的社会需求；②完善《停车场配建标准》。我国城市道路面积的增长空间有限，停车场库的建设尽量利用地下空间，并借鉴杭州市按户型建筑面积规定配置车位标准❷的经验调整本地区居住区停车场库配套建设标准，分区域制定配置标准，如中心城标准降低，外围地区标准适当提高等。

二、整合城市交通，确立大交通管理体制

（一）理顺综合交通管理体制，进行大部制机构改革

交通管理职能的调整应从两个维度开展：①横向维度。整合城市交通局、运输局等涉及城市公路、水路、城市公交、港口、民航、铁路、邮政以及物流等产业，形成大交通管理体制；②纵向维度。明确城市交通管理职能涵盖交通管理过程中的规划、设计、建设、运营、管理、服务、应急、政策等职能，实现投资主体的多元化、融资渠道的社会化和质量管理的专业化，使得交通发展、城市发展和社会发展组成一个相互包容的、和谐的体系。这一过程中，应确立综合交通规划的龙头地位。为确保综合交通规划的科学性，应建立自上而下和自下而上的协调机制，如空港、铁路交通枢纽及线路、公路交通枢纽及对外公路的选址与城市规划的相互衔接，确保各专项规划的一致性，实现多规合一。

---

❶ 徐亚华，冯立光. 公共交通优先发展现状及战略规划 [J]. 交通运输工程学报，2010（6）：64-69.

❷ 户型建筑面积 150m² 的不少于 1 车位 / 户；户型建筑面积 100 ~ 149m² 的不少于 0.7 车位 / 户；户型面积 80 ~ 100m² 的，不少于 0.5 车位 / 户；户型建筑面积 79 m² 以下的，不少于 0.5 车位 / 户。

（二）合理划分空间管理权限，建立部门沟通协调机制

对外交通方面，应建立合理的事权划分机制。以公路为例，按照国家财税体制改革确定的事权划分原则，科学划分国道、省道、农村公路的事权和支出责任，逐步厘清各级人民政府在公路网中相应的事权关系，分级明确养护管理职责并承担相应的支出责任。国家级公路（国家高速公路网、普通国道网）管理的相关事权在交通运输部，具体建管养可委托省公路管理机构实行。省道的管理事权在省公路管理机构，可将部分国省干线公路的养管事务委托至市公路管理机构。农村公路的养管责任在县级公路管理机构，接受上级公路管理机构在业务上的指导与帮助。

城市内部交通方面，大多数城市建立了城市主干道、次干道、支路的分级分区管理体制，即城市主干道由市级政府出资建设，市级交通主管部门进行管理；而次干道则由区政府出资，区级交通主管部门进行管理；支路则可能由街道、开发企业和社区出资建设和管理。因此，这种分级分区管理体制需要建立高效的沟通协调机制。

综合交通的行政管理除了涉及不同交通运输方式管理部门之间以及不同管理层级之间的关系，还会涉及与其他行政部门之间的关系，如与规划、土地、交警、城管等部门之间的职责关联，因此应建立相互协商沟通机制，从而提高行政管理效率。

三、发展公共交通，完善交通管理体系

城市公共交通涉及城市规划、审批、建设等部门，建立综合的城市公共交通系统（图 3-5），需要各部门各方面的通力合作才能实现良好运营 ❶。

（一）完善公共交通基础设施

1. 合理规划交通网络和场站设置

建立区域公交网络，开辟公共交通专用车道，建立起以公共交通为主体、轨道交通为骨干、多种交通方式相协调的便利、快捷的综合公共交通体系，具体包括如下措施：①形成轨道交通线网、快速公交线网、常规公交线网、场站设施规划应紧密结合、互相衔接，形成分工不同、密切配合的综合公交服务网络。在中心城区内部建立起以轨道交通、公共汽（电）车为主体、大容量快速公交（BRT）为特色的主干道、次干道相互衔接的城市公共交通网络，打通断头路，

---

❶ 谢地，肖恺 . 我国城市公共交通行业的政府规制改革亟待深化 [J]. 贵州财经学院学报，2011（4）：19-25.

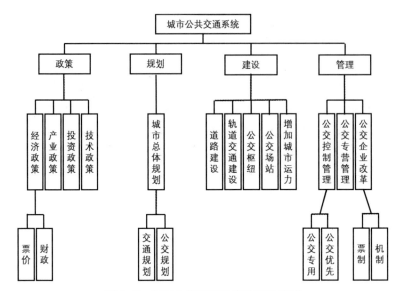

图 3-5 城市公共交通系统构成示意图

图片来源：谢地，肖恺.我国城市公共交通行业的政府规制改革亟待深化[J].贵州
财经学院学报，2011（4）：19-25

改善路网的连接性。在城市郊区建立完备的公共交通系统。统筹规划城乡客运
网络，加强衔接，加快设施建设，改善换乘。鼓励公交线路向农村延伸，扩
大公交线网覆盖面，同时要加快推进班线客运公交化改造，提高服务质量❶；
②提升公共交通设施、装备水平，提高公共交通舒适性，将公共交通场站和配
套设施纳入城市旧城改造和新城建设计划.将公共交通场站作为新建居住小区、
大型公共场所等工程项目配套建设的一项内容，实施同步设计、同步建设、同
步竣工、同步交付使用。建设港湾式停靠站，配套完善站台、候车亭等设施。

2. 加强城市交通换乘枢纽建设

符合条件的地区要建立换乘枢纽中心,引入各种交通方式,实现公共汽（电）
车、大容量快速公共汽车、轨道交通之间的方便、快捷换乘，以及城市交通与
铁路、公路、民航等对外交通之间的有效衔接。在交通枢纽建设大型公共中心,
方便生活,增强中心城市交通枢纽的综合服务水平和辐射力。城市综合客运交
通枢纽的规划建设既要从在城市中的位置关系、所需配套建设的相关设施、总
体布置关系等方面慎重决策、科学决策，也要从体制上进行改革，形成综合一

---

❶ 徐亚华，冯立光.公共交通优先发展现状及战略规划[J].交通运输工程学报，2010（6）：
    64-69.

体化的规划建设与管理机制❶。

3. 推动智能公共交通系统发展

建设公共交通线路运行显示系统、多媒体综合查询系统、乘客服务信息系统。充分运用信息技术，建立电脑营运管理系统和连接各停车场站的智能终端信息网络，加强对运营车辆的指挥调度，提高运营效率。完善高速公路 ETC 不停车收费系统、智能公交调度系统、公众出行信息服务系统、交通信息数据整合，以及电子警察、交通流采集和区域信号协调控制系统，实现对公共交通的车、场、站、道、中心设备的智能化调度、管理和运营，实现对公交车辆、客流信息的采集、传输和处理，实现车辆定位和信息上传、自动报站以及对公交运营车辆的实时监控和可视化调度。同时，通过建设电子站牌、车载终端、电子显示屏、WEB 查询等方式，为乘客提供多样化的公交信息服务❷。

（二）优化交通运营结构

因道路公共交通投资成本少，见效快，便于乘坐等特点，目前乃至将来一段时期仍是我国城市公共交通的主体。中小城市应以常规中、小型公共汽车为主，大城市公共交通应以常规的大型和快速的大型公共汽车为主，对人口规模超过 300 万人的特大城市、中心城市以及带状的大城市可选择造价昂贵（5 亿元 /km）的轨道交通作为对道路交通的辅助。山城和水城可酌情选用索道和轮渡作为公交类型❸。

1. 大力发展公共汽（电）车

在稳定增加线路、延长运营里程、扩大站点覆盖面的基础上，优化线网结构和运营配置，满足人民群众日益增长的出行需要和多样化交通需求。公共汽（电）车线路和停靠站点要尽量向居住小区、商业区、学校聚集区等城市功能区延伸，方便人民群众生产生活。采取有效措施积极扶持城乡之间的公共交通发展，引导城市公共交通向农村延伸服务，方便农村客运与城市公共交通的接驳换乘，解决农民出行难的问题。

2. 有序发展城市轨道交通

坚持量力而行、有序发展方针，与城市规模和经济发展水平相适应。由公共汽车、电车、轨道交通、出租汽车、轮渡等诸多交通方式组成的城市公共交通系统中，最适合低碳交通发展要求的当属轨道交通。目前国际轨道交通有地

❶ 文国玮 . 城市综合客运交通枢纽规划探讨 [J]. 规划师，2011（12）：29-33.

❷ 许薇，张庆 . 高科技引领下的智能交通研究与实践 [J]. 水运工程，2011（9）：215-219.

❸ 刘建国 . 国外铁路管理体制改革的原因分析 [J]. 当代经济，2009（1）：80-81.

铁、轻轨、市郊铁路、有轨电车以及悬浮列车等多种类型，和其他公共交通相比，具有节省用地、节约能源、安全可靠、准时快捷、全天候运营、运输能力大等特点。轨道交通的输运能力是公路交通运输能力的近10倍，每一单位运输量的能耗少，因而节约能源；由于采用电力牵引，对环境的污染小。

3. 适度发展大运量快速公共汽车系统

大运量快速公共汽车系统是利用现代化大容量专用公共交通车辆，在专用的道路空间快速运行的公共交通方式，具有与轨道交通相近的运量大、快捷、安全等特性，建设周期短，造价和运营成本相对低廉。❶

（三）实施公共交通政策

1. 保障公共交通道路优先使用权

保障公共交通道路优先使用权主要通过两种手段：①科学设置公交优先道（路）的优先通行信号系统。通过科学论证，合理设置公共交通优先车道、专用车道（路）、路口专用线（道）、专用街道、单向优先专用线（道）等，调整公共交通优先车道与其他社会车辆的路权使用分配关系；②加强优先车道（路）和优先通行信号系统管理。制定相应的法规，对占用公共汽车专用道，干扰公共交通车辆优先通行的社会车辆依法查处，保证公共交通车辆对优先车道的使用权，保证公共交通车辆的运行速度和准点率。

2. 公共交通优先发展政策的制定执行

（1）公共资源的分配制度

从限制部分私权、扩大公权方面入手，以保障公共资源使用的公平性，保证优先发展道路公共交通的资金和道路空间。对超前占用、超前消费者应采取相关的经济措施予以控制，以维护公共资源消费的相对公正性。在新加坡、中国香港等公交发展比较好的地区通过提高燃油税、车辆购置附加费（新加坡150%、我国香港100%、我国内地仅10%）的征收额度来控制私人汽车的增长，保障公交车辆有足够的道路空间畅通运行。❷

（2）公共性凸显政策的制定和落实

公共交通的公共性要求有公共政策扶持和公共财政的补贴来保证其正常运转。提高政府补贴力度，政府要在公交管理制度改革、票制和价格改革等诸多方面给予指导和扶持。采用鼓励单位通勤车、错时上下班等措施保障公交车辆的准点运行。通过月票、IC卡、电子钱包等大覆盖率的乘公交补

---

❶ 建设部,发展改革委,科技部等. 关于优先发展城市公共交通的意见 [J]. 城市车辆,2005(6):21-23.

❷ 李森,周时骏. 我国城市道路公共交通的现状分析及优先发展对策 [J]. 中国勘察设计,2010(4):39-42.

贴政策吸引人们乘坐公交车，抑制人们的购车欲望，间接地促进公交的优先发展。

3. 稳妥地推进公共交通事业改革

（1）改革投融资体制

按照市政公用事业改革的总体要求，鼓励社会资本包括境外资本以通过特许经营、战略投资、信托投资、股权融资等多种形式参与公共交通的投资、建设和经营。鼓励和支持公共交通企业采取盘活现有资产、改制上市等方式筹集资金。

（2）推行特许经营制度

有序开放公共交通市场实行特许经营制度，形成国有主导、多方参与、规模经营、有序竞争的格局。在实施特许经营的过程中，要防止片面追求经济效益，盲目拍卖出让公共交通线路和设施经营权，严禁将同一线路经营权重复授予不同的经营者。

（3）加强市场监管

城市公共交通行政主管部门要加强对公共交通企业经营和服务质量的监管，规范经营行为，依法查处非法运营、妨碍公共交通正常运行、危害公共交通安全等行为。建立公交市场准入与退出制度，鼓励以服务质量招标投标配置线路资源，实现优胜劣汰。逐步推行等级服务评定制度，开展文明线路创建活动，加强行业自律，促进企业不断提高自身素质。

（4）提高服务水平

公共交通企业要科学地调度车辆和编制运行图，提高准点运行率，加大行车密度，技术疏解客流，缩短乘客等候时间。要加快车辆更新步伐，积极选用安全、舒适、节能、环保的车辆，淘汰环境污染严重、技术条件差的车辆。加强对公共交通场站、车辆、设施设备等的维护保养，为群众创造良好的乘车、候车环境。

4. 加大公共交通建设政策的改革

（1）提供财政支持

城市人民政府要对轨道交通、综合换乘枢纽、场站建设以及车辆和设施装备的配置、更新给予必要的资金和政策扶持。城市公用事业附加费、基础设施配套费等政府性资金要用于城市交通建设，并向公共交通倾斜。要加快建立以城市人民政府财政投入为主，中央和省级支持引导的城市公共交通财政投入制度。各级政府要将城市公共交通投入列入民生工程支出，安排专项资金予以保障。要设立城市公共交通专项资金，在城市综合换乘枢纽、智能公交系统、节能环保车辆购置、科技项目研发等方面给予适当投资和补贴。城市政府也应规范对城市公共交通的投入渠道，保障资金投入的稳定性。对公交基础设施建设需求大的地区、经济困难地区、重大交通枢纽、城市公交重大技术创新项目、城乡公交一体化等给予重点扶持。帮助、鼓励公共交通企业开展多种创收渠道，比如广告业和沿线物业开发等❶。

（2）规范补贴制度

对公共交通实行经济补贴、补偿政策。合理界定政府补贴范围，建立中央、地方共担公交补贴的保障制度。建立规范的成本费用评价制度和政策性亏损评估制度，对公共交通企业的成本和费用进行年度审计和评价，合理界定和计算政策性亏损，并给予适当补贴。对公共交通企业承担社会福利和完成政府指令性任务所增加的支出，定期进行专项经济补偿❷。应建立公交企业服务水平、运营效率、服务质量、资源节约和降低成本等考核体系，将考核结果和补贴挂钩。

（3）调整客运价格

要兼顾经济效益和社会效益，考虑企业经营成本和群众承受能力，建立公交票价与企业运营成本和社会物价水平的联动调价机制，根据城市经济状况、社会物价水平和劳动工资水平等因素，科学合理地核定公共交通票价❸。发挥客运价格的导向和杠杆作用，继续保持低票价和低成本的优势，最大限度地吸引客流，提高公共交通工具的利用率。各种公共交通方式之间也要建立合理比价关系，实现优势互补，提高整个公共交通系统的运行效率❹。统一票制票价体系，实现公交系统运营服务一体化。完善城市公共交通票价听证制度❺。

（4）实行用地划拨

土地使用和交通用地联合进行规划。优先安排公共交通设施建设用地，城市公共交通规划确定的停车场、保养场、首末站、调度中心、换乘枢纽等设施，其用地符合《划拨用地目录》的，可以用划拨方式供地。不得随意挤占公共交通设施用地或改变土地用途。

（5）公交信息智能化

公共交通的信息化是智能交通的重要组成部分，由乘客问询系统、车站显

---

❶ 谢地，肖恺. 我国城市公共交通行业的政府规制改革亟待深化 [J]. 贵州财经学院学报，2011（4）：19-25.

❷ 周小梅. 重构城市公共交通行业的管制政策体系 [J]. 中国物价，2011（11）：44-47.

❸ 徐亚华，冯立光. 公共交通优先发展现状及战略规划 [J]. 交通运输工程学报，2010（6）：64-69.

❹ 张光远. 用价格政策支持城市公共交通优先发展 [J]. 价格理论与实践，2005（12）：12-13.

❺ 孔志峰. 完善"公交优先"财政扶持政策 [J]. 中国财政，2010（6）：55-56.

示系统及运行调度系统等组成。GIS 一年更换一次，输入目的地位置后，交通控制中心会根据道路通行的实时信息提示行进路线，并在车载终端显示屏上显示，十分精确。乘客问询系统涵盖地铁、轻轨、有轨和公共汽车等客运方式，并能给出总费用、总耗时的概算表。车站显示系统采用倒计时告知乘客相关线路的最近一班车、次班车及到站时间。运行调度系统依靠道路信息采集系统实行实时调度。

5. 完善运行服务监管和宏观调控

城市人民政府要切实加强组织领导，动员社会力量，共同做好这项工作。规范技术和产品标准，构建服务质量评价指标体系。完善轨道交通工程验收和试运营审核及第三方安全评估制度。通过建立应急处理机制、改善超载现象、提高车辆安全性能及驾驶员素质、加大政府监管力度等措施提高公共交通安全性，保障居民出行安全❶。城市公共交通行政主管部门要会同有关部门，认真组织实施有关政策措施，把优先发展公共交通作为实施城市道路畅通工程、创建绿色交通示范城市，改善人居环境的重要内容，切实抓好落实工作。住房城乡建设部要会同有关部门，加强监督检查和评估指导，积极推广先进经验，引导各地做好优先发展公共交通工作，促进城市健康发展。

6. 实施综合管理引导车辆的使用

通过管理达到"限制使用"的目的，目前北京市采取尾号限制"每周少开一天车"的后奥运管理措施。2010 年 12 月治堵细则有 28 项具体的措施，包括综合运用科技、经济以及必要的行政和法律等手段，加快交通基础设施建设，加大优先发展公共交通力度，加强机动车总量调控并引导合理使用，提高交通综合管理水平等措施，通过管、建、限三管齐下，来缓解北京的交通拥堵。具体措施主要有实施购车总量控制策略，通过经济手段对私人汽车交通实施更多限制，在城市中心和认为对汽车尾气排放及其他不利影响敏感的地区，分区位和时段调整公共停车设施收费标准，外地车辆高峰期禁止驶入五环内，加快轨道交通的建设步伐，提高公共交通的运营能力等。应该说此项政策已然很全面，但仍存在相关规定的不配套问题，如北京市规定轿车使用 10 年即报废，导致车辆拥有者心理失衡，即使步行就能实现的出行也会借助于机动车，建议按照行驶里程设定车辆报废时间，延长车辆使用年限，减少以车代步的情况。

四、倡导绿色交通，优化城市空间形态

（一）发展绿色交通，建设自行车专用道

自行车是一种历史悠久而且具有强盛生命力的交通工具，北京市的自行车人均拥有量全国最高，中国曾以"自行车王国"闻名于世，美国学者伯登坚持认为："自行车并非交通问题，而是交通问题的解决之道"❶。发展自行车专用道是对"弱势"慢行者的关怀，遗憾的是我国多数城市总体规划缺乏对自行车专用车道系统建设和四通八达的林荫道系统的规划，应该补充这方面的内容并制定持之以恒的措施保证其实施。

（二）实现有机疏散，优化城市空间形态

1. 优化城市空间形态

大城市宜借鉴东京、哥本哈根、库里蒂巴的发展模式和空间形态，如北京市应形成沿公共交通走廊的向东北、东、东南和南向的城镇发展带，建设首都副中心，分散中心市区功能，缓解中心城交通压力。重点发展功能配套的新城，实现新城建设就业、居住和服务的平衡，形成多中心串联式的空间格局，促进城市由圈层拓展向组团城市转化，遏制"摊大饼"的发展趋势，最终形成指状放射形的城市空间形态。

2. 倡导混合利用的开发模式

加强轨道交通建设，推行城际轨道交通为主、高速公路为辅的交通模式❷，适度超前建设公交基础设施。地铁开发与沿线土地利用开发一体化进行，沿线土地利用非均衡发展，采取高密度组团式布局模式，倡导土地的混合使用，增强集聚功能。

五、重视静态交通，建立停车管理系统

（一）加强停车场规划、建设

停车规划一般分为四个步骤：①在综合调查和分析的基础上，基于停车发展策略进行停车需求预测；②以需求预测结果为依据，确定满足一定比例下的停车设施供应规模，进而确定相匹配的配建停车设施和公共停车设施规模；③规划布局公共停车设施及方案评价；④提出方案实施的保障措施。应制定切实可行的停车规划，加强规划的评估，建立公共政策导向的停车规划

---

❶ 熊文，陈小鸿. 城市交通模式比较与启示 [J]. 城市规划，2009（3）：56-66.
❷ 同等货物通过铁路运输的碳排放仅为高速公路的 5%~20%，单位运输用地节约 20~30 倍。

修订机制。制定鼓励民间兴建公共停车场的系列政策，如停车场用地的取得、融资、税收减免、规划设计技术、公共设施配合等。

（二）制定停车供需管理政策

停车位供应是重要的战略措施，可用于减少单独驾驶车辆，鼓励汽车合乘以及绿色交通替代，通常采取如下措施❶。

1. 停车供给管理政策

停车供给政策主要包括以下五个方面：①对于汽车合乘者或货车共用者优先停车。主要应用于城市土地利用强度高、停车需求超过停车位供应等地区，实施效果与停车位的吸引力直接相关，但在公交为主导方式的地区其实施效果受到影响，因为该措施鼓励了一部分公交乘客转为汽车合乘；②减少停车规范中的停车位最低标准。该措施的目的是减少机动车的使用和停车需求，增加公交使用、汽车合乘、步行和自行车出行的比例，但减少后的停车位最低标准与实际停车需求接近，会出现停车混乱的情况；③限制停车位总供应量。一般通过静态交通规划等宏观管理控制实现，通过控制停车位总供应量，实现减少机动车的出行和停车需求，但实施效果的好坏取决于停车位供给和需求之间的关系，并依赖其他配套设施的实行；④路内停车限时。该措施可以实现路内停车服务的目的，并支持路外停车的供给。有利的影响是提高公交或合乘者的比例，鼓励停车者更多使用路外停车；⑤建设停车换乘设施。减少城市中心区的交通量，从而减少拥挤的可能性，提高交通服务水平，但这更依赖于城市静态交通的系统性完善。

2. 停车需求管理政策

停车需求管理政策主要包括以下四个方面：①停车收费。免费停车将鼓励单独驾驶车辆、减少合乘者和公交乘坐者，从而成为实施交通需求管理政策的最大障碍，因此停车收费成为最常用的交通管理方式之一，通过停车收费改变交通参与者的出行方式；②改变停车供应。交通出行方式的选择受到停车可能性的影响，停车便利性会有效影响出行者的出行行为。在换乘停车场或公交站点，如果停车位缺乏，则等于鼓励出行者驾驶车辆到达工作地点；③自备车位政策。该政策对具有机动车潜在需求的购买者产生抑制性影响，从而控制机动车的拥有量；④停车费水平结构。调整不同区域停车收费水平，有助于改变停车出行交通方式。

---

❶ 乐建鑫，周竹萍. 静态交通管理的内涵研究［J］. 东南大学学报，2007（9）：83-86.

本章小结

城市交通系统是一个组织庞大、复杂、精细的巨系统，我国交通管理体制改革不断推进，通过调整政府和市场的分工，将企业从行政附属机构改变为真正的市场主体，实现政府交通管理职能的转变，随着汽车保有量的激增和居民出行频率的加大，对城市综合交通管理提出了挑战。德国从国家管理层面将所有与交通运输和规划建设有关的投资和管理职责全部归于一个部门，将原有的联邦交通部与联邦区域规划、建设与住房部合并而成交通部（全名联邦交通、建设和城市发展部），俄罗斯同样实现了国家层面的系统整合，城市交通管理的代表以香港和新加坡为最，是值得中国借鉴的。构建中国的综合交通管理需要国家层面的部门整合、需要地方层面具体规划建设管理的时空整合和部门整合，多规合一是交通协调发展的基础。

第四章 | 城市市政基础设施管理制度

城市市政基础设施是城市发展的基础，是保障城市可持续发展的关键性设施。我国市政基础设施具有典型的行业分治管理特征，点状空间的矛盾问题并不突出，核心问题是各项设施形成的地下网络之间的空间矛盾，其背后是规划、建设和运营管理体制的问题。

第一节　城市市政基础设施概念与发展历程

一、城市市政基础设施概念与特征

厘清城市市政基础设施概念，了解其发展历程，掌握其本质有助于理解其规划、建设和运营管理制度。

（一）城市市政基础设施概念内涵

1. 城市市政基础设施概念和内涵

（1）城市基础设施概念

国际上对城市基础设施并未形成统一的认识，《城市规划基本术语标准》（GBJ 0280—1998）将其定义为城市生存和发展所必需的工程性基础设施和社会性基础设施的总称，类似于西方国家按照服务属性划分的社会性（福利性）和技术性基础设施。

（2）城市基础设施构成

按照服务属性和设施特征将城市基础设施分为城市社会基础设施、城市市政基础设施和城市绿色基础设施三类：①城市社会基础设施服务于居民社会功能，主要包括商业服务、金融保险、教育科研、文化体育等设施；②城市市政基础设施也称灰色基础设施，服务于生产生活物质保障功能，主要包括能源供应系统、供水排水系统、交通运输系统、邮电通信系统、环保环卫处理系统、防卫防灾安全系统六大系统；③城市绿色基础设施（green infrastructure）由城市中可以发挥调节空气质量、水质、微气候以及管理能量资源等功能的自然及人工系统和元素组成，服务于城市生态、居民生活等功能，包括林地、开放空间、草地与公园以及河流廊道等构成的城市绿地系统，是唯一具有生命体征的基础设施。城市市政基础设施和绿色基础设施构成城市的生命线系统，与社会基础设施不同的是，市政基础设施和绿色基础设施均具有网络系统，尤其是市政基础设施依靠有地下神经之称的地下管网保障运行，属性复杂，种类繁多。而且形态具有固定性，供城市生产和居民生活长期使用，不能经常更新，更不能随意拆除废弃。

（3）城市市政基础设施内涵

按照《市政公用设施抗灾设防管理规定》（住房和城乡建设部令[2008]第1号），市政公用设施包括规划区内的城市道路（含桥梁）、城市轨道交通、供水、排水、燃气、热力、园林绿化、环境卫生、道路照明等设施及附属设施。本章节的城市市政基础设施不包括道路交通系统以及园林绿化，仅包括能源供应系统、供水排水系统、邮电通信系统、环保环卫处理系统、防卫防灾安全系统五大系统的地上设施及构筑物和地下管网及附属设施等。

2. 城市市政基础设施性质和意义

（1）城市市政基础设施性质

城市市政基础设施是城市系统的重要组成部分，以特定的方式直接或间接参与城市的生产过程，从经济学和社会学的角度，城市市政基础设施具有以下特征：①自然垄断性。即城市市政基础设施的六大子系统均具有大量的固定成本和小量的边际成本并存现象，即系统运营的固定成本庞大，新增用户边际成本较小；②地方公共物品性。一定地域范围内的市政基础设施具有消费的非竞争性和非排他性；③成本积聚性。城市市政基础设施的初期投入极大，呈高度积聚状态。虽然其后的管理成本可以在相当长的时间内回收外，但有相当一部分的成本都形成了积聚沉淀，从而导致低回报或无直接回报；④收益长期性。一些经营性的市政基础设施项目初始成本较大，但长期运营成本递减，具有一定的垄断性，因此收益是长期的和稳定的。现代经济学中的公共产品理论根据产品是否具有排他性和竞争性将产品分为私人产品、准公共产品和纯公共产品，不同类型的城市基础设施的竞争性和排他性也不完全相同。

（2）城市市政基础设施意义

20世纪30年代，为了应对空前的经济大萧条，美国总统罗斯福推行了著名的"罗斯福新政"，其中很重要的一项政策就是政府主导的大规模基础设施建设，这些基建项目不仅提高了就业率，增加了民众收入，还为后期美国经济的大发展打下了坚实的基础。2008年为了应对由于全球性金融危机及国内诸多因素造成的经济下滑的巨大风险，我国政府推出"四万亿"投资的经济刺激计划，其中近一半资金投向城乡市政基础设施建设，使中国加快摆脱了全球金融危机所带来的负面影响。近几年中央政府及住房城乡建设部、发改委、财政部等多部门纷纷出台支持海绵城市、综合管廊等城市基础设施建设政策，各省、市政府也纷纷以基础设施建设项目为重点，以投资拉动经济的发展和消费的增长，实现拉动内需和保障就业，促进城市发展方式的转型，为下一轮城市发展夯实基础。

（二）市政基础设施特征

1. 设施种类繁多

城市市政基础设施常见的有供水、排水（雨水和污水）、电力、通信、燃气、热力等多种设施，随着科技的发展、城市规模的扩大，以及可利用资源的不断缺乏和节能减排措施的实施，人们又拓展出了中水、网络、垃圾等新的种类，这些设施的地上部分空间分布相对分散，但地下管线因普遍分布于道路下方而存在空间交织、相互影响的现象。目前我国城市地下管线包括供水（原水、自来水、净水、中水）、排水（雨水、污水、合流）、燃气、热力（蒸汽、热水、回水）、供电、通信、管沟、工业管线八大类 30 多种管线。从运输方式上划分，管线又分光电流管线、压力管线、重力自流管线等。

2. 管线隐蔽性强

由于各种管线大都埋设于地下，埋深从 0.5m 至几十米不等。在小区管道埋设中，雨水管道埋深不小于 1m，污水管道不小于 1.2m，给水管一般设置在绿化带，埋深为 0.7~0.8m。直埋光缆管道根据地质条件不同，分别埋设在 0.8~1.2m 之间。《城镇燃气设计规范》（GB 50028—2006）对地下燃气管道（压力不大于 1.6Mpa）埋设深度有不同的规定：埋设在车行道下时，不得小于 0.9m；埋设在非车行道（含人行道）下时，不得小于 0.6m；埋设在庭院（指绿化地及载货汽车不能进入之地）内时，不得小于 0.3m。普通人不利用专有设备很难发现地下管线的存在，只能依靠地面上间隔的检查井或维修井来识别，而各类检查井由于间距较大，也难以系统分辨。如室外排水的污水检查井依据管径的不同，检查井间距在 40~120m 之间，雨水排水管的检查井在 50~120m 之间。不同管道差别化的埋深以及间距较远的检查井使得地下管线很难被发现，这也凸显了地下管线具有隐蔽性强的特性❶。

3. 设施更新较快

随着我国城市化进程的加快，城市市政基础设施系统也快速扩张，地上设施扩建的同时，城市地下管线的扩建和更新也一直没有中断过，各种不同类型、不同材质、不同管径的地下管线时时都在更新。"文革"前的管材均为灰铸管和铁管，现均已被列入淘汰管材，因为部分管网运行时间长，导致管网腐蚀老

❶ 徐匆匆，马向英，何江龙等. 城市地下管线安全发展的现状问题及解决办法 [J]. 城市发展研究，2013（3）：108-112，118.

化，跑冒滴漏，管壁结垢大，堵塞严重，影响通水能力。近些年国家大量的投资转向基础设施建设领域，使市政基础设施建设规模不断扩大和原有管道更新速度加快，新城区的地下管线都能够预先铺设，老城区也处于更新改造过程中，陈旧的管线不断得到更新和维护。

4. 设施权属不同

我国大部分城市各类地下管线一直都由不同部门进行建设和管理，如供水管线、排水管线、电力管线、通信管线、有线电视管线、热力管线及燃气管线分别由自来水公司、市政公司、电业公司、网通联通公司、电视台、热力公司及燃气公司负责建设与维护管理。有些城市的新开发区域地下管线统一由政府建设，然后移交给专业部门进行管理，如上海、东莞、深圳的共同管沟即是这种模式。城市地下管线在管理上由于投资主体不同，造成了地下管线的权属单位不同，进而形成各自为政，缺乏协调配合的局面❶。即使同类管线同样存在分制问题。由于电信市场竞争的加剧，目前我国已有30多个部门不同程度地建设了全国性专用通信网，2000多个厂、矿建设了局部性专用通信网，甚至有些单位和个人未经批准就擅自建设基础电信设施。由于缺乏统筹规划，一些主要通信走廊出现了多条专用通信线路和公用通信线路同时并存的状况，甚至在同一地点同时建有几个微波站或卫星地球站。为不受制于人，把握竞争的主动权，电信业重复建设、分散维护问题日趋严重，造成线路利用率低、信号相互干扰、通信质量不高，给通信安全埋下了诸多隐患❷。

5. 设施技术复杂

随着时代进步，市政基础设施的配置技术也发生变化，如供热行业的变频技术、分布式能源输送技术以及污染处理行业的无污泥污水处理技术、垃圾热解技术等。同时，随着城市扩张，管线系统也不断扩张，系统中的等级角色增加，有主干、次干、支管之分，管线系统变得越来越复杂，系统中各个单位所起的作用也更加专业❸。因而针对不同的管线，其管材技术、铺设技术等都具有差异性。当前的地下管线，不论是从管材，还是铺设方法上都发生了革命性的变化，各种塑料管、非开挖技术、高压力管道系统、超高压输电电缆等被应用到各种用途的管线铺设中。新型管道的开发也没有止步，如多层共挤聚乙烯

❶ 邹艳丽，张晓军，刘晓丽等. 我国城市地下管线管理历程与问题的思考 [C]//2013 第八届城市发展与规划大会. 北京：中国城市科学研究会，2013.

❷ 张茂洲. 市场竞争愈演愈烈 通信安全隐患随之增大 [N]. 通信信息报，2002-06-06.

❸ 蓝新幸，王猛. 浅谈市政道路管线综合设计 [J]. 林业科技情报，2007（2）:130-132.

复合管、翻转浸渍树脂软管、U型聚乙烯管材、大口径衬塑混凝土管等，不同的管材可以适应不同的需求。铺设技术上也有很多创新与进步，如当前最先进的自动化度高、稳定性好的非开挖盾构施工技术等。

二、城市市政基础设施发展历程

我国城市市政基础设施发展分为维持、起步、发展和提升四个阶段，是城市市政基础设施的认识和投入不断深化的过程。

（一）维持阶段（1949~1977改革开放前）

1. 发展特征

1949年中华人民共和国成立以后，为了走向繁荣富强，我国开始了与其他国家截然不同的工业化道路——非城市化的工业化。苏联规划的"生产观点"与中华人民共和国成立以后提出的"变消费城市为生产城市"的政治口号相结合，"重生产、轻消费，先生产、后生活"的规划思想和做法使中国城市发展的"生产性"更加突出。城市市政基础设施建设主要是满足城市基本需求如供水、公共卫生，相关文件和规定见表4-1。1952~1961年国家对市政基础设施建设共投资400520万元，同期住宅投资992800万元。由于不计城市客观条件去发展工业以及市政设施的投资日益减少，造成当时供水、用电紧张。"文革"期间城市建设混乱，房屋压在城市各类市政干管上，造成自来水被污染，煤气管道泄漏，严重恶化了城市的环境，到1978年每万人只有3km城市道路，地下管线建设速度异常缓慢。一些城市如长春、哈尔滨、沈阳、四平等东北地区城市仍利用历史时期留下的较小管径的给水、排水管线。以四平市为例，市区地下供水管网始建于1931年，目前管网总长为265.67km，其中历史时期建设的管网为48.6km，改革开放前建设的管网为65.1km。

改革开放前城市市政基础设施相关文件规定一览表　　　　表 4-1

时间	会议或文件名称	主要内容
1954年6月	中共中央国务院第一次城市建设工作会议	城市公用事业建设计划首先保证新建和扩建工业城市的需要，适当照顾现有大、中城市的维护修理工作
1956年11月	全国城市建设工作会议	市政公用事业与工业、住宅和公共服务建设应当保持合理的比例关系，投资坚持突出重点、照顾一般的原则，建设进度必须与工业建设相适应，并加强经营管理
1959年7月	建筑工程部召开全国供水会议	当时城市统一的生产供水能力只有616万吨，强调供水工程建设，保证新建工业企业供水需求

续表

时间	会议或文件名称	主要内容
1962 年 5 月	建筑工程部《关于加强供水管理、降低漏水率节约用水的通知》	规定降低漏水率，节约用水的具体措施
1962 年 6 月	建筑工程部《关于继续进行城市供水排水工程技术改造工作的指示》（建裕城字[62]43 号）	正确处理技术改造和扩建的关系，深入调查现状，建立技术档案，为管理创造条件
1963 年 3 月	建筑工程部《城市建设工作条例（草案）》和《市政工程、公用事业、园林绿化三个专业规定（草案）》	根据专业特点，规定经营管理工作和养护维修工作的基本任务和具体措施
1963 年 5 月	国家计划委员会《关于城市维护和建设问题的通知》（计城李字[63]1430 号）	住宅和各项市政设施维修工作应当纳入国家计划，按照计划程序和分级管理办法上报批准，用城市建设维修基金进行房屋和城市设施的改建、扩建、新建，一律按照基本建设程序办理
1963 年 1 月	中共中央国务院第二次城市建设工作会议	城市工作的主要任务是加强房屋和市政设施建设，提出民用建筑和市政公用设施实行六统一：统一规划、统一投资、统一设计、统一施工、统一分配、统一管理。会后《第二次城市建设工作会议纪要》（中发[63]699 号）提出提高公用事业大修理基金，加大公用事业附加税，安排资金必须解决城市防洪供水、公共卫生急需等措施
1973 年 12 月	国家计划委员会、国家基本建设委员会、财政部发布《关于加强城市维护费管理的通知》（建发城字[73]803 号）	城市建设维护费用于城市公用事业、公共设施以及房屋等的维修和保养，城市维护费来源：一是城市公用事业附加；二是从工商税收入中提取 1% 和随同工商所得税征收 1% 的附加；三是国家预算拨款，专该城市维护费项。城市维护费的使用由城市建设部门统一归口

2. 管理机构

中华人民共和国成立之初我国并没有设立专门的市政基础设施计划或规划部门，而是在中央人民政府政务院财经委员会计划局设置基建处，主管全国基本建设、城市建设和地质工作，当时这种模式比较有利于城市建设工作的开展。1952 年 8 月建筑工程部成立，后增设城市建设处。1953 年 7 月国家计划委员会设城市建设计划局。1954 年国家建设委员会成立后，国家计委城市建设计划局划归国家建委领导，城市建设局作为 14 个厅局之一。1955 年 4 月城市建设局改为国家城市建设总局，为国务院直属机构，负责统一领导全国的城市勘察测量、城市规划、民用建筑的设计和施工、公共事业的设计、建筑和管理工作。1956 年 5 月撤销城建总局，设立了城市建设部。1958 年 2 月国家建设委员会撤销，城市建设部和建筑工程部、建筑材料工业部合并成为新的建筑工程部。同年5月建筑工程部下设城市规划局，同年11月城市规划局与市政建设局合并成为城市建设局。1965年3月国家基本建设委员会设立，建筑工程部拆分为建筑工程部和建筑材料工业部，下设城市建设局负责全国城市建设。1970年6月国家基本建设委员会、建筑工程部、建筑材料工业部和中央基本建设政治部合并建立新的国家基本建设委员会❶。

（二）起步阶段（1978~2000年）

1. 发展历程

改革开放之初我国城市地下基础设施仍然十分薄弱，城市拥挤、破旧、脏乱差现象突出。城市市政基础设施建设逐渐得到各级政府的重视，国家相继出台办法及相关文件（表4-2）。随着国家投资的不断增加，城市基础设施水平显著提高，1990年全国城市下水道总长度达到57787km，普及率达到61.5%，供水管道当年新增生产能力（或效益）1215km，排水管道当年新增生产能力（或效益）603km。

城市市政基础设施相关文件规定一览表（1978~1990年）　　　表4-2

时间	会议或文件名称	主要内容
1978年3月	中共中央国务院第二次城市建设工作会议	中共中央批准会议指定的《关于加强城市建设工作的意见》（中发[1978]13号），规定基本建设中专列市政公用设施建设（包括给水、排水、公共交通、煤气、道路、桥梁、防洪、园林绿化）户头
1978年	国家城市建设总局规定开始实施城市建设统计报表制度	内容包括城市住房、市政公用设施数量、投资及建设情况，统计范围为城市建设系统，1986年扩展到全社会。城市地下管线的记载仅限于自来水管道、城市人工煤气、城市天然气和下水道管道的长度
1978年12月	国家计划委员会、国家基本建设委员会、财政部《关于47个城市试行从工商利润中提取百分之五作为城市维护和建设资金的有关规定》（建发城字[78]630号）	从1979年起，在全国47个城市中，试行从上年工商利润中提取5%，作为城市维护和建设资金。规定资金提取范围、提取办法、适用范围、计划体制和材料设备供应以及资金管理等
1979年12月	国家城市建设总局、中央爱国卫生运动委员会、卫生部《关于改变城市环境卫生体制的通知》	要求各市设城市环境卫生部门，归由市基本建设委员会或城市建设局领导

❶　本书编委会. 住房和城乡建设部历史沿革及大事记 [M]. 北京：中国建筑工业出版社，2012:298.

续表

时间	会议或文件名称	主要内容
1979 年 12 月	国家城市建设总局《关于加强市政工程工作的意见》	对于市政工程工作的方针和任务、管理体制、定员标准等 18 个方面工作提出意见
1980 年 9 月	国家城市建设总局《城市供水工作暂行规定》	对城市供水的性质和任务、基本建设、城市水资源管理、生产管理、供水设施维护等方面予以规定
1980 年 12 月	国家建委《城市规划编制审批暂行办法》	第 9 条规定,总体规划内容应包括给水、排水、防洪、电力、电讯、煤气、供热等基础设施
1981 年 9 月	国家城市建设总局《关于加强城市污水处理厂管理工作的暂时规定》(城发市字 [81]229 号)	对城市污水处理厂的任务、建设原则、运营管理、技术管理、养护维修和安全生产、水质检测等提出明确要求
1982 年 2 月	国务院《征收排污费暂行办法》(国发 [82]21 号)	规定了收费的对象,收费程序,收费标准,停收、减收和加倍收费的条件,排污费的列支,收费的管理和使用等
1984 年 1 月	国务院《城市规划条例》	专项规划中增加了环境保护、防震抗震、防洪防汛内容,强调城市基础设施对于城市经济社会和城市发展建设的重要性,要发挥城市规划对城市基础设施建设的指导作用
1985 年 6 月	城乡建设环境保护部《城市煤气工作暂行条例》和《发展城市煤气的技术政策》(城字 [85]325 号)	对城市煤气的性质和任务、基本建设、生产管理、供气设施维护等方面予以规定
1986 年 2 月	国务院批转城乡建设环境保护部、国家计划委员会《关于加强城市集中供热管理工作的报告》(国发 [86]22 号)	提出五项意见:明确发展城市供热的方针;健全城市供热管理体制;采取多渠道解决城市集中供热的建设资金;对城市集中供热采取优惠政策和合理的价格政策;加强城市集中供热的立法和管理工作
1988 年 10 月	建设部《加强城市地下水资源管理的通知》(城建字 [88]267 号)	健全地下水管理机构,完善各项管理规章;加强自备水井的管理,加强计划供水;切实管理好城市地下水资源费的征收和使用
1988 年 12 月	建设部《城市节约用水管理规定》(建设部令 [88] 第 1 号)	节约用水设施具体措施,如城市建设行政主管部门应当参加节约用水设施的竣工验收等

进入 20 世纪 90 年代,城市经济实力提升,城市建设步伐不断加快,对城市基础设施建设的要求同步提高,相关政策文件不断出台(表 4-3),资金投入力度加大。到 20 世纪 90 年代末期,全国在公共设施供水、燃气、集中供热、排水这四个专项的财政性支出达到了 307.1405 亿元,城市排水管道密

度达到了 6.25km/km²。这一时期我国城市建设拓展主要是以开发区、新区建设为主。城市基础设施随着土地一级开发同步进行，一般以七通一平为前提，因此政府承担了绝大部分市政管线管沟的投资，并在建成后汇交给相应的运营主体免费使用。

城市市政基础设施相关文件规定一览表（1991~2000 年）　　表 4-3

时间	会议或文件名称	主要内容
1991 年 3 月	建设部、劳动部、公安部《城市燃气安全管理规定》（建设部令[1991] 第 10 号）	分总则，城市燃气工程的建设，城市燃气的生产、储存和输配，城市燃气的使用，城市燃气用具的生产和销售，城市燃气事故的抢修和处理，奖励与处罚，附则 8 章 43 条
1991 年 8 月	建设部、国家环境保护局《关于加快城市污水集中处理工程建设的若干规定》（建城[1991]594 号）	明确污水集中处理工程建设的责任，疏通、拓宽城市污水集中处理工程建设资金渠道，统筹建设城市污水集中处理工程
1991 年 10 月	建设部《城市供水业当前产业政策实施办法》（建城字[1991] 第 710 号）	附发《城市供水产业目录》
1992 年 6 月	国务院《城市市容卫生和环境卫生管理条例》（国务院令[1992] 第 101 号）	城市人民政府市容环境卫生行政主管部门对城市生活废弃物的收集、运输和处理实施监督管理
1992 年 7 月	国务院批转建设部等部门《关于解决我国城市生活垃圾问题的几点意见》的通知（国发[1992]39 号）	针对城市生活垃圾产量迅速增长，城市人均年产生活垃圾 440kg，城市生活垃圾无害化处理率低，1990 年全国仅为 2.3%，任意堆置城郊，许多城市形成了"垃圾围城"等现象，提出加强城市垃圾管理，国家鼓励单位和个人兴办城市生活垃圾清扫、运输和无害化处理的专业化服务公司，实行社会化服务，积极推行垃圾回收和垃圾处理收费制度
1992 年 12 月	建设部《城市排水监测工作管理规定》（建城[1992] 第 886 号）	加强城市排水监测工作
1993 年 2 月	建设部《城市供水企业资质管理规定》（建设部令[1993] 第 26 号）	城市供水企业资质按日综合供水能力实行分级审批
1993 年 8 月	建设部《城市生活垃圾管理办法》（建设部令[1993] 第 27 号）	垃圾治理、清扫收集、监督管理等要求
1994 年 12 月	建设部《关于开展城市市政基础设施公用设施普查工作的通知》（建计字[1995] 30 号）	普查内容和范围为设市城市的市政公用设施
1995 年 2 月	建设部、国家计委《关于加强城市供热规划管理的通知》（建城字[1995] 126 号）	印发《城市供热规划技术要求》、《城市供热规划深度内容》

续表

时间	会议或文件名称	主要内容
1995 年 8 月	建设部《城市中水设施管理暂行办法》(建城字 [1995] 713 号)	要求凡水资源开发程度和水体自净能力基本达到资源可以承受能力地区的城市,应当建设中水设施
1996 年 7 月	建设部《城市燃气和集中供热企业资质管理规定》(建设部令 [1996] 第 51 号)	城市燃气和供热企业资质按供气、供热能力实行分级审批
1996 年 7 月	建设部、卫生部《生活饮用水卫生监督管理办法》(建设部令 [1996] 第 53 号)	国家以对供水单位和涉及饮用水卫生安全的产品实行卫生许可制度
1997 年 10 月	建设部《城市地下空间开发利用管理规定》(建设部令 [1997] 第 58 号)	城市地下空间的开发利用应贯彻统一规划、综合开发、合理利用、依法管理的原则,坚持社会效益、经济效益和环境效益相结合,考虑防灾和人民防空等需要
1997 年 12 月	建设部《城市燃气管理规定》(建设部令 [1997] 第 62 号)	城市燃气的发展应当实行统一规划、配套建设、因地制宜、合理利用能源、建设和管理并重的原则。燃气工程施工实行工程质量监督制度
1999 年 2 月	建设部《城市供水水质管理规定》(建设部令 [1999] 第 67 号)	城市供水水质管理实行企业自检、行业监测和行政监督相结合的制度
2000 年 1 月	建设部《燃气燃烧器具安装维修管理规定》(建设部令 [2000] 第 73 号)	燃气燃烧器具的安装、维修应当坚持保障使用安全、维护消费者合法权益的原则
2000 年 5 月	建设部、国家环境保护总局、科学技术部《城市生活垃圾处理及污染防治技术政策》(建城 [2000]120 号)	引导城市生活垃圾处理和污染防治技术发展,提高生活垃圾处理水平
2001 年 5 月	建设部、国家环境保护总局、科学技术部《城市污水处理及污染防治技术政策》(建城 [2000]124 号)	控制城市污染,促进城市污水处理设施建设及相关产业发展
2000 年 6 月	建设部《城市市政公用事业利用外资暂行规定》(建综 [2000]118 号)	城市市政公用事业利用外资必须符合国家产业政策和建设事业中长期规划。吸收外商投资应遵循《指导外商投资暂行规定》和《外商投资产业指导目录》

2. 管理机构

1979 年 3 月,国家城市建设总局和国家建筑工程总局分别设立,直属国务院,由国家基本建设委员会代管。1982 年 10 月全国人大正式批准国家建委、国家建工总局、国家建设总局等单位合并成立城乡建设环境保护部。1985 年

8月市政公用事业局和市容园林局合并为城市建设管理局负责城市市政基础设施的管理。1986年2月为了加强耕地保护，国务院批准成立国家土地管理局，将属于城乡环保建设部的城市土地管理职能和属于农业部的农业用地管理职能集中起来，国家土地局成为国务院负责全国土地、城乡地政统一管理的职能部门和行政执法部门。1988年3月撤销城乡建设环境保护部，改名为建设部，变以直接管理为主为以间接管理为主，变注重部门管理为注重行业管理，变注重微观管理为注重宏观管理，变较"实"的管理为较"虚"的管理，城市市政基础设施的供水、排水、供热、燃气和垃圾处理一直由建设部指导和管理。1993年国务院机构改革，将属于地方政府的职能下放给地方，包括市政公用工程项目的审批以及城乡规划、建设、管理的具体事务等。1998年3月按照《国务院关于机构设置的通知》（国发〔1998〕5号）规定，设置建设部，城市市政基础设施方面主要负责制定市政公用事业的方针、政策、法规、标准和市政工程测量工作。

3. 管理技术

受制于探测科学技术以及探测仪器的发展水平，地下管线的测量、统计、绘图、检修工作十分困难。20世纪80年代初期，开展地下管线普查主要靠地面测绘，对于隐埋于地下的管线，通常采用的方法就是开挖样洞来检验地下管线的分布。这种方法成本高效率低，并且还会严重影响交通。当时的地下管线数据通常以图、表、卡等形式保存。1990年代初有部分单位采用计算机辅助管理资料，但是仍旧无法摆脱传统的档案资料管理模式。1990年代中期开始，全国各大城市开始地下管线信息管理工作，电磁探测技术被逐步引入到地下管线的检测普查中，成为当时地下管线普查的主要技术手段。同时图形化的操作系统、地理信息系统和数据库技术的发展为地下管线资料管理提供了保障。由于信息化程度低、标准没有统一、缺乏较好的管理办法，以致"旧账未清、又欠新账"，绝大多数城市地下管线没有全面、准确的地下管线综合图或数据库，不能满足日益发展的城市建设的需求。为了统一城市地下管线探查、测量、图件编绘和信息系统建设的技术要求，及时准确地为城市的规划、设计、施工、建设以及管理提供各种地下管线现状资料，保证探测结果的质量，保障地下管线的安全，1995年7月建设部颁布行业标准《城市地下管线探查技术规程》（CJJ61—94），从而使地下管线的探测技术不断走向规范化、标准化和现代化。

（三）发展阶段（2001~2012年）

1. 发展历程

进入21世纪，城市市政基础设施建设逐渐被更多的城市所重视，管理方法、管理手段逐渐规范化、法制化。2005年11月配套制定了《城市黄线管理办法》（建设部令［2005］第144号），规定县级以上地方人民政府建设主管部门（城乡规划主管部门）应当定期对城市黄线管理情况进行监督检查。城市基础设施成为城市规划的强制性内容。2005年12月建设部修订《城市规划编制办法》（建设部令［2005］第146号），建立了红线、蓝线、绿线、紫线和黄线五线制度。2008年1月1日正式施行的《城乡规划法》第29条规定城市的建设和发展，应当优先安排基础设施以及公共服务设施的建设。2008年3月国务院撤销建设部，重新组建住房和城乡建设部，然而对于城市市政基础设施管理并没有做出实质性的调整，因此住房城乡建设部对全国城市地下管线的建设起到的仅仅是技术引导作用❶。

尽管我国各地在城市地下管线规划实施的管理细节方面略有不同，但基本程序是一致的：①工程建立依据，主要有工程计划依据、规划依据、法规依据和经济技术依据；②报建审批，是城市地下管线规划实施管理的关键程序，是对建设用地和建设工程的超前服务，经受理审查、现场踏勘、征询相关部门意见等环节后，审批下发建设用地规划许可证和建设工程规划许可证；③城市地下管线规划行政主管部门负责对建设项目规划审批后的检验和监督检查工作，对违法建设行为要依法进行处罚。❷

2. 建设投入

2000~2010年国内供水、燃气、集中供热、排水四个方面的公用设施固定资产总投资较2000年增加了4.77倍，年递增15%，表明这一时期地下管线的建设正处于平稳高效发展期，但东中西三个地区城市投资存在差异，分别占10年累计总投资的63.2%、23.0%和13.8%。根据投资额度折线图（图4-1）可以看到全国城市公用设施固定资产总投资是逐年递增的，东部地区增长最快。

在城市市政基础设施投资中，相当一部分是直接用于该类目的的地下管线

❶ 熊国跃，唐锦. 我国城市地下管线规划管理现状分析——从基于公共管理的视角［J］. 城建档案，2011（3）：10-16.

❷ 熊国跃，唐锦. 我国城市地下管线规划管理现状分析——从基于公共管理的视角［J］. 城建档案，2011（3）：10-16.

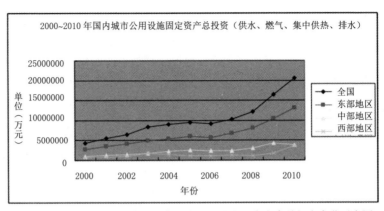

图4-1　2000~2010年国内分地带城市公用设施固定资产总投资变化示意图

建设。2010年全国在供水、燃气、集中供热、排水四个方面的公用设施固定
资产总投资为2052.42亿元，全国各类地下管线总长度为1361186km，排水管
道的建设密度达到了9.32km/km²，供水管道密度达到了13.47km/km²。中西部
地区主要侧重供水、排水等保障型基础设施建设，如2010年西部城市新建供
水管道25606km，占全国新增总量的87.2%，西部城市新建排水管道18294km，
占全国新增总量的71.3%。东部地区侧重发展供热、燃气等提升型基础设施，
如全国城市天然气管道长度2010年新增37651km，其中东部、中部、西部分
别占新增总量的43.3%、20.0%、36.7%。根据十年间全国以及各地区管线总长
度变化折线图（图4-2）可以看出全国东部管线总长度增长最快，中西部呈现
稳步增长的态势。

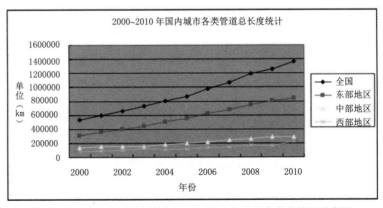

图4-2　全国及各地区管线2000~2010年总长度变化情况示意图

　　这一时期国家对公共设施固定资产的大力投资有效促进了地下管线的建设发展，管线种类也有了更细的划分，如在 2009 年的《城建年报》统计数据里，出现了再生水管道这一新型的管道种类。同时中小城市也开始进行大规模地下管网的系统建设，管网建设速度加快，大中小城市差距逐渐缩小（表 4-4、表 4-5），以四平市为例，2009~2011 年 3 年内新增城市地下给水管线 40km，排水管线 20km，天然气管线 53km，供热管线 61km，通信管道 28km。总体而言，市政基础设施建设水平和投资总量仍然是大城市最多，中等城市上升趋势加快，小城市仍然处于落后水平。

2010 年大中小城市建成区各类管道密度统计　（单位：km/km²）　表 4-4

	供水管道	供热管道（蒸汽）	供热管道（热水）	排水管道	再生水管道	煤气管道	天然气管道	液化气管道	所有管道
大城市	13.73	0.35	3.40	9.33	0.12	1.15	7.35	0.28	35.72
中等城市	11.65	0.45	2.31	8.55	0.04	0.60	5.31	0.43	29.33
小城市	11.74	0.28	2.22	7.65	0.08	0.45	3.34	0.36	26.12
管道密度	13.00	0.37	3.00	8.94	0.10	0.94	6.38	0.32	33.04

2010 年大中小城市分类管道人均长度统计　（单位：m/人）　表 4-5

	供水管道	供热管道（蒸汽）	供热管道（热水）	排水管道	再生水管道	煤气管道	天然气管道	液化气管道	总管道人均长度
大城市	1.64	0.04	0.41	1.11	0.01	0.14	0.88	0.03	4.26
中等城市	1.45	0.06	0.29	1.06	0.01	0.07	0.66	0.05	3.65
小城市	1.79	0.04	0.34	1.17	0.01	0.07	0.51	0.05	3.99
人均长度	1.61	0.05	0.37	1.11	0.01	0.12	0.79	0.04	4.09

3. 管理技术

　　随着地下管线建设不断发展，地下管线的管理技术也在不断进步。进入 21 世纪，国内许多城市开始了较大规模的地下管线信息化建设，如广州、厦门、北京、长沙等城市均先后进行了地下管线信息化研究与建设，该年，国内参与地下管线普查的城市共有 18 座。由于种种原因，一些城市投入重金建立的地下管线数据库成为"死库"。为了适应城市地下管线普查和信息系统建设工作的需要，2003 年 10 月在 94 版基础上修编的《城市地下管线探测技术规程》(CJJ 61—2003) 正式发布，促进了城市地下管线的信息的标准化、规范化和各项工作的有序化。2005 年 7 月建设部颁布实施《城市地下管线工程档案管理办法》(建设部令［2005］第 136 号），有效促进了我国地下管线工程档案的管理工作进展，地下管线信息化管理不断加速，一些大城市开始开展城市地下管线普查工作。

2007 年 3 月建设部发布《关于加强中小城市城乡建设档案工作的意见》（建办［2007］68 号），开始了中小城市地下档案信息化的探索。各城市在地下管线普查之前，一般都在国家行业标准的基础上，根据各地实际编制了地下管线探测、测量（包括竣工测量）、数据分类编码、数据交换、数据质量和格式、成果整理与归档等方面的技术标准，如深圳、东莞、上海等。部分城市开始尝试建设统一的地下管线信息共享平台，地下管线的信息共享成为当前地下管线信息管理技术发展的重要目标，如成都市温江区、东莞市。据不完全统计，至2010 年全国约有 30% 的城市开展了城市地下管线信息化工作，仍有近 70% 的城市还未整体或全面开展地下管线信息化工作，特别是中小城市和西部一些省份的城市开展比例较低❶。

（四）提升阶段（2013 年～迄今）

城市市政基础设施建设得到国家重视是以 2013 年 9 月国务院下发《关于加强城市基础设施建设的意见》（国发［2013］36 号）为标志，成为国家稳增长、调结构、促改革的抓手和促进民生改善、经济持续健康发展的重要举措。这一时期城市市政基础设施建设主要有海绵城市和综合管廊两条主线并行交织运行。

1. 海绵城市建设历程

近些年城市概念频出❷，海绵城市因其解决城市内涝等涉及民生的问题而得到广泛的社会响应。2013 年 4 月国务院办公厅下发《关于做好城市排水防涝设施建设工作的通知》（国办发［2013］23 号），官方第一次提出海绵城市的概念，2014 年 11 月 2 日住房城乡建设部出台第一个海绵城市建设标准《海绵城市建设技术指南——低影响开发雨水系统构建（试行）》（建城函［2014］275 号）。由于海绵城市没有现成经验和可复制模式，先行先试是全面推进海绵城市规划建设的可行路径，因此通过两批❸30 个试点城市起步，海绵城市建设由此展开，相关政策纷纷出台（表 4-6）。

---

❶ 江贻芳. 我国城市地下管线信息化建设现状和发展趋势［C］// 中国测绘学会九届三次理事会暨 2007 年"信息化测绘论坛"学术年会论文集. 北京：中国测绘学会，2007.

❷ 如园林城市、卫生城市、生态城市、花园城市、海绵城市、弹性城市、韧性城市、智慧城市、数字城市、健康城市等。

❸ 2015 年 1 月财政部、住房城乡建设部、水利部三部委联合下发《关于组织申报 2015 年海绵城市建设试点城市的通知》（财办建［2015］4 号），同年 4 月公布首批 16 个海绵城市试点名单。2016 年 2 月三部委办公厅联合下发《关于开展 2016 年中央财政支持海绵城市建设试点工作的通知》（财办建［2016］25 号），同年 4 月公布第二批 14 个海绵城市试点名单。

海绵城市规划建设相关文件规定一览表　　　　表4-6

时间	会议及文件名称	主要内容
2013年4月	国务院办公厅《关于做好城市排水防涝设施建设工作的通知》（国办发[2013]23号）	要求建设自然积存、自然渗透、自然净化的海绵城市
2013年9月	国务院《关于加强城市基础设施建设的意见》（国发[2013]第36号）	加强城市基础设施建设，有利于推动经济结构调整和发展方式转变，拉动投资和消费增长，扩大就业，促进节能减排
2013年9月	国务院《城镇排水与污水处理条例》（国务院令[2013]第641号）	城镇排水与污水处理应当遵循尊重自然、统筹规划、配套建设、保障安全、综合利用的原则
2013年12月	中央城镇化工作会议	习近平主席提到：要建设自然积存、自然渗透、自然净化的海绵城市
2014年11月	住房城乡建设部《海绵城市建设技术指南——低影响开发雨水系统构建（试行）》（建城函[2014]275号）	提出海绵城市建设雨水系统的构架原则、控制目标及技术框架的内容
2014年12月	财政部、住房城乡建设部、水利部《关于开展中央财政支持海绵城市建设试点工作的通知》（财建[2014]838号）	联合启动了全国首批海绵城市建设试点城市的申报工作
2015年1月	财政部、住房城乡建设部、水利部《关于组织申报2015年海绵城市建设试点城市的通知》（财办建[2015]4号）	开展中央财政支持试点工作，4月公布首批16个海绵城市试点名单
2015年4月	国务院《水污染防治行动计划》（国发[2015]17号）	确定到2030年全国城市建成区黑臭水体总体得到消除的目标，全面启动整治城市黑臭水体行动
2015年7月	住房城乡建设部《海绵城市建设绩效评价与考核办法（试行）》（建办城函[2015]635号）	海绵城市建设绩效评价与考核指标
2015年8月	水利部《关于推进海绵城市建设水利工作的指导意见的通知》（水规计[2015]321号）	要求制定海绵城市实施方案等。
2015年8月	住房城乡建设部和环保部《城市黑臭水体整治工作指南》	指导地方各级人民政府组织实施城市黑臭水体的排查与识别、整治方案的制定及与实施、整治效果评估与考核、长效机制建立与政策保障等工作
2015年9月	住房城乡建设部《关于成立海绵城市建设技术指导专家委员会的通知》（建科[2015]133号）	加强海绵城市建设技术指导，充分发挥专家在海绵城市建设领域中的重要作用，不断提高我国海绵城市建设管理水平

续表

时间	会议及文件名称	主要内容
2015 年 9 月	国务院常务会议	部署加快海绵城市建设，要求海绵城市建设要与棚户区、危房改造和老旧小区更新相结合
2015 年 10 月	国务院《关于推进海绵城市建设的指导意见》（国办发 [2015]75 号）	要求积极贯彻新型城镇化和水安全战略有关要求，有序推进海绵城市建设试点
2015 年 10 月	财政部、住房城乡建设部、水利部《关于定期上报中央财政支持海绵城市建设试点工作进展情况的通知》（财办建 [2015]86 号）	要求上报项目进展、技术标准制定、管理制度建设及推进工作的重要部署、会议、检查工作安排四项内容
2015 年 10 月	住房城乡建设部、中国农业发展银行《关于推进政策性金融支持海绵城市建设的通知》（建城 [2015]240 号）	要求地方各级住房城乡建设部门要把国开行、农发行作为重点合作银行，加强合作，最大限度发挥政策性金融的支持作用，切实提高信贷资金对海绵城市建设的支撑保障能力
2015 年 12 月	住房城乡建设部、国家开发银行联合下发《关于推进开发性金融支持海绵城市建设的通知》（建城 [2015]208 号）	
2015 年 12 月	中央城市工作会议	加强城市地下和地上基础设施建设，建设海绵城市
2016 年 2 月	财政部、住房城乡建设部、水利部《关于开展 2016 年中央财政支持海绵城市建设试点工作的通知》（财办建 [2016]25 号）	启动 2016 年中央财政支持海绵城市建设试点工作，并印发《2016 年海绵城市建设试点城市申报指南》，4 月公布第二批 14 个海绵城市试点名单

2. 综合管廊建设历程

2010 年 7 月南京燃气爆炸事故引起了国家高层对于城市市政基础设施安全和关注，2015 年我国开始大规模启动综合管廊建设。期间中央政府及住房城乡建设部、发改委、财政部等多部门，从技术规范、建设要求、资金保障和运营管理等方面密集出台系列政策和技术文件（表 4-7），试图建构综合管廊建设系列化标准和政策体系。

综合管廊政策标准文件汇总表 表 4-7

类别	年份	出台机构	政策标准文件名称	相关内容	政策重点
技术规范	2012 年 12 月	住房城乡建设部	《城市综合管廊工程技术规范》（GB 50830—2012）	适用于城镇新建、扩建、改建的市政公用管线采用综合管廊敷设方式的工程	

续表

类别	年份	出台机构	政策标准文件名称	相关内容	政策重点
技术规范	2015年6月	住房城乡建设部	修订《城市综合管廊工程技术规范》(GB 50830—2015),《城市综合管廊工程投资估算指标》(ZYA1-12(10)-2015)	增加综合管廊工程的基本规定,明确城市综合管线采用综合管廊方式敷设的技术规定,增加雨水、燃气、热力管道的技术规定等	
建设要求	2013年6月	住房城乡建设部	《关于加强城市市政公用行业安全管理的通知》(建城[2013]91号)	加强城市市政公用行业安全生产管理,消除安全隐患,保障城市安全运行和人民群众生命财产安全	
	2013年9月	国务院	《关于加强城市基础设施建设的意见》(国发[2013]36号)	要求各地加大城市管网建设和改造力度,强调对城市市政管网的改造	建设要求
	2014年6月	国务院办公厅	《关于加强城市地下管线建设管理的指导意见》(国办发[2014]27号)	在重要地段和管线密集区建设综合管廊。指定一些城市开展地下综合管廊试点工程,并及时总结试点经验,以指导各地综合管廊建设	
	2015年5月	财政部、住房城乡建设部	《关于组织申报2015年地下综合管廊试点城市的通知》(财办建[2015]1号)	从基础性、示范性工作入手解决城市基础设施问题,包头、沈阳、哈尔滨、苏州、厦门、十堰、长沙、海口、六盘水、白银10个城市进入试点范围	
	2015年8月	国务院办公厅	《关于推进城市地下综合管廊建设的指导意见》(国办发[2015]61号)	对全面推动城市地下综合管廊建设提出目标和要求	建设规划建设要求
	2016年3月	财政部、住房城乡建设部	《关于开展2016年中央财政支持地下综合管廊试点工作的通知》(财办建[2016]21号)	石家庄市、四平市、杭州市、合肥市、平潭综合试验区、景德镇市、威海市、青岛市、郑州市、广州市、南宁市、成都市、保山市、海东市和银川市15个城市进入试点范围	试点要求

类别	年份	出台机构	政策标准文件名称	相关内容	政策重点
资金保障	2014年12月	财政部、住房城乡建设部	《关于开展中央财政支持地下综合管廊试点工作的通知》（财建[2014]839号）	中央财政对地下综合管廊试点城市给予专项资金补助，直辖市每年5亿元，省会城市每年4亿元，其他城市每年3亿元。对采取PPP模式达到一定比例的，按上述技术奖励10%	
	2015年3月	发改委办公厅	《城市地下综合管廊建设专项债券发行指引》（发改办财金[2015]755号）	鼓励各类企业发行企业债券、项目收益债券、可续期债券等专项债券，募集资金用于城市地下综合管廊建设。发行城市地下综合管廊建设专项债券的城投类企业不受发债指标限制	资金保障
	2015年6月	财政部、住房城乡建设部	《城市管网专项资金管理暂行办法》（财建[2015]201号）	采用奖励、补助等方式支持地下综合管廊建设试点，通过竞争性评审等方式，确定支持范围。对按规定采用政府和社会资本合作（PPP）模式的项目予以倾斜支持	资金保障
	2015年10月	住房城乡建设部、农发行	《住房城乡建设部、中国农业发展银行关于推进开发性金融支持城市地下综合管廊建设的通知》（建城[2015]157号）	利用金融贷款，共同支持地下综合管廊建设	资金保障
	2015年10月	住房城乡建设部、国开行	《住房城乡建设部、国家开发银行关于推进开发性金融支持城市地下综合管廊建设的通知》（建城[2015]165号）	利用金融贷款，共同支持地下综合管廊建设	资金保障
	2016年9月	住房城乡建设部、发改委、财政部、国土资源部、中国银行	《关于进一步鼓励和引导民间资本进入城市供水、燃气、供热、污水和垃圾处理行业的意见》（建城[2016]208号）	积极开展特许经营权、购买服务协议预期收益、地下管廊有偿使用收费权等担保创新类贷款业务；供水、燃气、供热等企业运营管线进入城市地下综合管廊的，可根据实际成本变化情况，适时适当调整供水、燃气、供热等价格	资金保障

续表

类别	年份	出台机构	政策标准文件名称	相关内容	政策重点
进度规定	2015年11月	住房城乡建设部城建司	《关于做好城市地下综合管廊建设项目信息上报工作的通知》（建城司函[2015]234号）	要求中央财政支持的地下综合管廊试点城市在每月5日前通过信息系统填报试点项目上月工作进展情况	进度要求
	2016年4月	住房城乡建设部	《关于建立全国城市地下综合管廊建设信息周报制度的通知》（建城[2016]69号）	2016年4月起，建立全国城市地下综合管廊建设进度周报制度，全国所有城市、县城需每周上报管廊建设的规划和工程建设情况	
运营管理	2015年11月	发改委、住房城乡建设部	《关于城市地下综合管廊实行有偿使用制度的指导意见》（发改价格[2015]2754号）	实行政府定价或政府指导价，各城市可考虑电力架空线入地置换出的土地出让值增益因素，给予电力管线入廊合理补偿	
	2016年5月	住房城乡建设部、国家能源局	《关于推进电力管线纳入城市地下综合管廊的意见》（建城[2016]98号）	要求各地住房城乡建设、能源主管部门和各电网企业加强统筹协调，协商合作，认真做好电力管线入廊等相关工作	建设管理

三、城市市政基础设施管理问题分析

虽然我国城市市政基础设施发展已经取得长足的进步，但仍然存在诸多问题和安全隐患，有历史原因，也有制度使然。

（一）市政基础设施存在问题

市政基础设施主要存在三个问题：①安全问题。根据调查收集案例，全国地下管网安全事故主要集中由施工破坏、工程质量、超期服役、地面沉降和地面建筑物（构筑物）压占等引起，地下工程施工可引起邻近地下管线发生弯曲、压缩、拉伸、剪切、翘曲和扭转等变形，导致地下管线损坏，从而引起停水、停气、停热、停电和通信中断等事故的发生；②协调问题。由于城市地下管线缺乏统一的规划、建设和管理，在地下管线建设中各自为政，路面反复开挖现象屡见不鲜，常常出现"马路拉链"现象，使居民的生活和出行受到了多方面影响。全国每年由路面开挖造成的直接经济损失约为2000亿元；③空间问题。随着城市的发展，地下管线种类越来越多，需要占据的地下空间也日渐增多。地下资源被无序、无偿使用，使地下空间日趋紧张，后来的管线布置安装困难，给管线运行、维护管理都埋下了安全隐患。而城市地下空间的开发利用却是不

可再生和不可逆转的，对地下空间资源的抢占和浪费会造成将来资源的匮乏和缺失，不利于今后地下管线的建设和发展。

（二）市政基础设施原因识别

1. 重视程度不足

改革开放后，我国进入城市化快速发展时期，城市发展速度较快，但是城市市政基础设施建设的速度未能跟上城市发展的速度；①由于城市市政基础设施本身就工程量巨大，还牵扯到很多已经存在或者固定的设备设施，更新十分困难；②很多城市政府已经意识到地下管道对于一个城市发展的重要性，并着手进行建设发展，但效果往往需要很长的过程才能显现出来。也正因为难度大、见效慢，这项建设常常被地方政府所忽视。

2. 管理体制混乱

现行体制下城市各种地下管线规划、设计、施工、维护和管理都属于各种管线的产权单位，各行政主管部门只负责自己所管辖的审批过程，看似有管理，实际上没有真正控制，尤其是工程的质量，从设计、施工、竣工验收，到建成后的管线日常维修养护管理，基本都是管线单位自己内部运行，管线处于无序管理状态。政府部门对地下管线建设规划没有前瞻性意识，管线权属单位不重视与规划管理单位的沟通，导致规划部门只批准，不监管；产权部门在规划自己的管线时，没有考虑其他单位的利益，甚至在实施一些工程时，没有和市政部门沟通，给其他部门的施工造成了事故隐患；有时还会出现部门和部门之间互相扯皮的事情，使原本比较简单的事情复杂化，同时致使管线配套滞后、工程质量较差、管线使用寿命短，造成资源的浪费。❶

3. 法律法规缺乏

我国地下管线综合性管理法规与标准规范缺乏，目前我国与城市地下管线有关的法律有9部，行政法规4个，还有部分部门规章。有关城市地下管线管理的相关规定散落在各有关的法律法规的相应条款之中，作为附属对象进行管理，尚没有一部专门的法律法规来调整城市地下管线的规划、建设与管理，相关部委及地方政府制定的有关城市地下管线管理的政策规定尚不完善。目前直接针对地下管线管理的仅有建设部颁布的《城市地下管线工程档案管理办法》（建设部令［2005］第136号），管理的主要对象仅仅是城市地下管线工程档案，存在很大的局限性，规定的审批管理制度难以落到实处。虽

---

❶ 徐匆匆，马向英，何江龙等. 城市地下管线安全发展的现状、问题及解决办法［J］. 城市发展研究，2013（3）：108-112，118.

然 2004 年、2007 年国务院领导先后作出批示，但《城市地下管线工程管理条例》仍没有出台，缺少政策法规和组织引导，造成城市政府相关部门对地下管线管理的职责不明,没有建立地下管线有效管理的社会机制。具体体现在：①现有法规只规定了城市地下管线管理的规划、设计、施工、档案管理等环节的城市政府行政主管部门，而其他环节却没有规定，尤其缺少城市地下管线建设主管部门的规定；②有关地下管线监管、探测、竣工测量、运行管理、信息管理与共享应用以及城市应急管理等环节缺少相关法规。

4. 标准不相协调

为保证管线能够安全运行，各类管线规划、建设、维护和管理都有相应的行业标准规范。但各行业标准规范矛盾冲突，造成不同管线管理部门之间难以协调，致使部分管线只能降低标准敷设，造成潜在的安全隐患。另外，我国疆土幅员辽阔，可能出现不同区域的行业标准不一致的情况。同时多年来，城市建设重地上轻地下，规划重总规轻专项，导致地下管网专项规划相对滞后，已经直接制约着管网建设的科学性和系统性。已经发布和正在编制的有关地下管线的工程建设标准真正与地下管线综合管理有关的只有《城市地下管线探测技术规程》（CJJ 61—2003），目前地下管线安全保障还未形成一套完整的技术标准体系框架，而且管线信息系统的数据标准尚不统一，影响数据交换和资源共享与利用，工程监理、专业管线检测、管道健康评估等城市地下管线专业技术标准需要不断健全。

5. 建设资金匮乏

我国幅员辽阔，地质条件差异较大，环境条件复杂程度不同，管线埋设深度不一，管线管材质量较差，运行环境极为恶劣，长期超载超负运行，导致管线设备老化、腐蚀严重，造成爆管和各种形式的明漏、暗漏等问题❶。由于建设资金原因，设计人员片面追求设计简单、施工方便、节约资金，规范意识淡薄，完全忽视了地下管线的安全，将多种管线混合设置。由于施工人员不熟悉施工规范或不重视管线施工工作：①在施工前未收集原有的各种管线专业图，对原有管线的敷设方式、走向、附属设施、材料和管径等情况未进行现场核对、分析，盲目施工；②施工人员不严格按设计图纸施工，偷工减料、蒙混过关现象严重，致使施工质量低劣，质量事故和施工安全事故时有发生。

6. 缺乏有效监管

我国城市建设中长期存在着"重建设、轻养护"的问题。地下管线埋设竣

❶ 孙平，王立，刘克会等. 城市供热地下管线系统危险因素辨识与事故预防对策［J］, 中国安全生产科学技术，2008（3）：133-136.

工之后，就长年无人问津，大多数城市对各专业管线的建设施工的过程监督管理不够，没有形成有效的监督管理体系。地下管线探测、检测类仪器设备主要依赖进口，国产化程度较低。各管线产权单位大局意识和协调意识不强，相关管理部门和项目建设单位没有履行建设程序，致使大部分的地下管线施工建设不按规定进行竣工测量，或竣工测量的图纸资料不按规定报交档案管理部门，各主管部门缺乏行之有效的政策要求各施工单位按规定移交相关资料，故难以形成行之有效的城市地下管线信息档案系统❶。

第二节　城市市政基础设施管理制度特征

一、城市市政基础设施行业与部门管理制度

城市市政基础设施管理体制可以简单地分为中央集权和地方自治两种，我国根据国情，采取的是一种介乎二者之间的混合型管理体制，既有市政基础设施系统上下级的垂直行业管理（纵向），又有地方层面的属地管理（横向）。

（一）管理机构

城市市政基础设施类型实施行业归口管理，管理职能涉及城乡建设、电力、工业和信息产业、广电、铁路、公安、国家安全、军事等十多个行业管理部门。不同层级管理体制存在差异，国家级、省级基本一致（表4-8），城市政府部门内部存在纵向分工（表4-9）。

不同层级管理机构统计一览表　　　　　　　　　　表4-8

管理层级	管理部门	管理内容
国家层面	住房城乡建设部城市建设司	城市供水、节水、燃气、热力、市容环境治理、地下管网的信息化
	国家发改委能源局	审批、核准、审核煤炭、石油、天然气、电力、新能源和可再生能源等能源固定资产投资项目，负责电力安全生产监督管理、可靠性管理和电力应急工作，制定除核安全外的电力运行安全、电力建设工程施工安全、工程质量安全监督管理办法并组织监督实施，组织实施依法设定的行政许可，电力系统实施垂直管理
	工信部	协调电信网、互联网、专用通信网的建设，促进网络资源共建共享；目前有中国移动、中国电信和中国联通三大运营公司
省级层面	省住建厅	沿袭住房城乡建设部管理内容
	省发改委	负责综合性的协调规划和实施工作，与住建系统存在一定的职能交叉
	经信委通信管理局	实行工信部与省政府双重领导，以工业和信息化部为主的管理体制

---

❶ 孙平，朱伟，郑建春. 城市地下管线安全管理体系建设研究 [J]. 城市管理与科技，2009（4）：58-59.

城市市政基础设施管理部门与管理内容一览表　　　　表4-9

环节	管理依据	责任单位	主要任务	审批及管理机构	行政许可或服务
测绘环节	管线普查	测绘主管部门	组织城市地下管线普查，建立管线信息数据库	城市人民政府	地下管线查询报告单
规划设计环节	安全发展规划	发改委、规划局和管线行业主管部门	编制年度工作计划	城市人民政府、发改委、规划局和管线行业主管部门	市政基础设施行业
	城市总体规划	城市人民政府	组织编制城市总体规划	国务院或省级人民政府	市政基础设施系统空间规划
	管线综合专项规划	规划主管部门	组织编制管线综合专项规划	城市人民政府	管线综合规划
	管线专业规划、年度规划	管线行业主管部门	编制管辖专业管线单项规划	行业主管部门（市政管委、建委、经信委等）、发改委	管线建设计划
	建设项目计划	管线行业主管单位、建设单位	项目可行性研究报告	发改委、财政部门	项目立项批复
	管线综合规划（控制性详细规划）	规划主管部门	编制控制性详细规划	城市人民政府	建设单位递交申请报告，取得建设项目选址意见书，提供规划设计条件通知书
	土地利用总体规划	国土主管部门	组织编制土地利用总体规划	国务院或省级人民政府	土地使用许可证
	修建性详细规划	建设单位	委托设计单位编制修建性详细规划	规划主管部门	提供管线规划设计方案规划用地许可证
	施工图	建设单位	委托设计单位编制施工图	建设主管部门	拟建工程施工图审查报告书，建设工程规划许可证
建设施工环节	工程发承包	建设单位	设计、施工、材料依法承发包	建设主管部门、招标主管部门	报建和工程招投标手续
	工程施工	建设单位	施工建设	市政主管部门（市政管委或建委）、建设主管部门	完费通知单、道路挖掘许可证、抗震消防要求审批合格意见书、消防设施审核意见书、防雷装置设计核准书、施工许可证、开工验线合格单
	工程监理	建设单位	强制性监理项目	建设主管部门	工程质量评估报告
	质量监督	建设单位	政府监管	建设主管部门（质监站）	质量监督注册手续、建设工程安全技术措施审批

城市规划管理制度研究

续表

环节	管理依据	责任单位	主要任务	审批及管理机构	行政许可或服务
竣工环节	竣工验收	建设单位	提出申请	建设主管部门	验收合格证
	管线竣工测绘	建设单位	进行验收测绘	规划部门、市政部门、测绘主管部门	规划验收合格证
	管线竣工测绘备案	建设单位	提交备案资料	规划部门、测绘主管部门	资料存档
运营维护环节	运行	权属单位	运行功能管理、安全管理	管线权属主管部门	——
	维护	权属单位	管线维护管理	管线权属主管部门、建设主管部门	——
	安全监督	建设和安全监督主管部门	理性监督检查	建设主管部门、安监局	——
	应急防灾	行业主管部门、建设主管部门	制定应急防灾预案，建立应急工作机制	建设主管部门	——

（二）法律法规

我国目前关于市政基础设施的法律、行政法规、地方性法规、自治条例、单行条例、国务院部门规章和地方政府规章以行业为主，具体见表4-10。

城市市政基础设施管理法律法规一览表   表4-10

类别	名称
法律（11部）	《水法》（主席令[2002]第74号）、《电力法》（主席令[2015]第24号）、《土地管理法》（主席令[2004]第28号）、《物权法》（主席令[2007]第62号）、《节约能源法》（主席令[2007]第77号）、《城乡规划法》（主席令[2007]第74号）、《文物保护法》（主席令[2007]第84号）、《石油天然气管道保护法》（主席令[2010]第30号）、《建筑法》（主席令[2011]第91号）、《环境保护法》（主席令[2014]第9号）、《防洪法》（主席令[2015]第23号）
行政法规	《城镇国有土地使用权出让和转让暂行条例》（国务院令[1990]第55号）《取水许可证制度实施办法》（国务院令[1993]第119号）、《城市供水条例》（国务院令[1994]第158号）、《城市道路管理条例》（国务院令[1996]第198号）、《电力设施保护条例》（国务院令[1998]第239号）、《电信条例》（国务院令[2001]第291号）、《排污费征收使用管理条例》（国务院令[2002]第369号）、《特种设备安全监察条例》（国务院令[2009]第549号）、《绿化管理条例》（国务院令[2011]第588号）、《电力安全事故应急处置和调查处理条例》（国务院令[2011]第599号）、《城镇排水与污水处理条例》（国务院令[2013]第641号）、《不动产登记暂行条例》（国务院令[2015]第656号）等
规章规定	《城市地下管线工程档案管理办法》（建设部令[2004]第136号）、《城市黄线管理办法》（建设部令[2005]第144号）、《城市排水许可管理办法》（建设部令[2006]第152号）、《城市地下空间开发利用管理规定》（建设部令[2011]第9号）、《电话用户真实身份信息登记规定》（工业和信息化部令[2013]第25号）等
政策文件	《关于加强城市基础设施建设的意见》（国发[2013]36号）、《关于加强城市地下管线建设管理的指导意见》（国办发[2014]27号）等

（三）技术规范

城市市政基础设施的行业规范相对系统、全面，但涉及各专业综合统筹的主要是地下管线规划技术标准与技术规范，它是城市地下管线行政规划的技术依据和城市地下管线规划管理合法性的客观基础（表4-11）。

城市市政基础设施技术规范一览表   表4-11

类别	名称
安全方面	《动力管线安全管理制度》《管线打开安全管理规范》(Q/SY1243—2009)、《挖掘作业安全管理规范》(Q/SY 1247—2009)、《动力管道安全管理规程》(1987)、《气体管道安全管理规程》(适用于煤气)、劳动部《压力管道安全管理与监察规定》(1996)
勘测方面	《城市地下管线探测技术规程》(CJJ 61—2003)
规划方面	《城市工程管线综合规划规范》(GB 50289—98)

二、城市市政基础设施立项审批与规划建设管理制度

（一）立项审批管理制度

城市市政基础设施建设项目立项管理审批实施"谁投资、谁审批"的层级化管理和部门化体制。

1. 立项一般规定

城市市政基础设施作为投资项目遵循项目管理的一般流程，需要审批项目建议书、可行性研究报告、初步设计三种，立项等于基础设施投资建设的项目建议书审批，即获得政府投资计划主管机关（发改委）的行政许可（也称立项批文）。由于城市市政基础设施建设项目投资主体、投资规模、项目性质（盈利与非盈利等）的差异，不同的项目有不同的报批规定，一般有审批、核准两种情形，适用备案制的较少。根据国务院《关于投资体制改革的决定》（国发[2004]20号）规定，对于政府投资项目，采用直接投资和资本金注入方式的，从投资决策角度只审批项目建议书和可行性研究报告，除特殊情况外不再审批开工报告，同时应严格政府投资项目的初步设计、概算审批工作。对不使用政府投资的项目实行核准和备案两种批复方式，其中核准项目向政府部门提交项目申请报告，备案项目一般提交项目可行性研究报告。对于企业使用政府补助、转贷、贴息投资建设的项目，政府只审批资金申请报告。

2. 行政许可层级

城市市政基础设施建设实施行政许可层级制度，即根据政府资金投入来源，采取不同的项目管理制度，遵循"谁投资、谁审批"原则。以北京市为例，地

上市政基础设施一般由市政府投资，而道路和地下管线基本按照道路等级确定，主干道及地下主管线 100% 由市政府投资，次干道及地下主管线市政府投资最高达到 70%,支路及地下主管线市政府投资最高达 50%,其余由区政府投资，因此一般主干道、次干道的立项审批由市发改委负责，支路的立项审批由区发改委负责。同时，使用市政府投资 2 亿元及以上的市政基础设施项目作为审批类项目，北京市发改委审批或核准前需报请市政府同意。

（二）规划建设管理制度

城市市政基础设施规划建设管理分为地上和地下部分，地上设施按照建设项目的一般流程进行管理，地下管线管理相对较为复杂。

1. 规划管理制度

城市市政基础设施项目规划管理采取行政许可制度。基于城市市政基础设施项目的系统性和关联性，规划审批横向采取会签制度，即经各专业部门和单位提出意见后，首先向城乡规划主管部门申请核发选址意见书，然后通过发改委批准、核准、备案，随后在规划行政主管部门核发建设用地规划许可证后，方由土地主管部门审批及划拨土地。通过建设工程设计方案审核后，方可由城乡规划主管部门办理建设工程规划许可证。

市政基础设施规划管理应遵循如下原则：①协调原则。即各类市政基础设施专项规划与城市总体规划、建设时序与道路建设相互协调，如《电力设施保护条例》第 24 条规定，电力管理部门应将经批准的电力设施新建、改建或扩建的规划和计划通知城乡建设规划主管部门，并划定保护区域。城乡建设规划主管部门应将电力设施的新建、改建或扩建的规划和计划纳入城乡建设规划。《城市道路管理条例》第 12 条规定，城市供水、排水、燃气、热力、供电、通信、消防等依附于城市道路的各种管线、杆线等设施的建设计划，应当与城市道路发展规划和年度建设计划相协调，坚持先地下、后地上的施工原则，与城市道路同步建设；②保护原则。城市市政基础设施规划管理遵循完全保护制度，一方面是对市政基础设施的保护，如《城乡规划法》第 35 条规定，城乡规划确定的铁路、公路、港口、机场、道路、绿地、输配电设施及输电线路走廊、通信设施、广播电视设施、管道设施、河道、水库、水源地、自然保护区、防汛通道、消防通道、核电站、垃圾填埋场及焚烧厂、污水处理厂和公共服务设施的用地以及其他需要依法保护的用地，禁止擅自改变用途。另一方面是对特殊客体的保护，如《文物保护法》第 17 条规定，文物保护单位的保护范围内不得进行其他建设工程或者爆破、钻探、挖掘等作业。第 29 条规定，进行大型基本建设工程，建设单位应当事先报请省、自治区、直辖市人民政府文物行政部门组织从事考古发掘的单位在工程范围内对有可能埋藏文物的地方进行考古调查、勘探。

2. 建设管理制度

城市市政基础设施建设管理实施两项制度：①行政许可制度。即需要由建设主管部门核发开工许可证及关联性审查。根据《建筑法》第 7 条规定，建筑工程开工前，建设单位应当按照国家有关规定向工程所在地县级以上人民政府建设行政主管部门申请领取施工许可证。由于城市市政基础设施建设过程中可能损坏道路、管线、电力、邮电通信等公共设施，因此建设单位在取得规划部门核发的建设工程规划许可证后，还应当根据《建筑法》第 42 条的规定到城市公安交通、道路、公路管理和建设等部门办理相关手续。《城市道路管理条例》第 29 条、第 33 细化了此规定；②代建制度。由于城市市政基础设施建设施工的专业性，一般建设实行代建制度。如《北京市发展和改革委员会关于政府投资管理的暂行规定》第 35 条规定，政府投资占总投资 60% 以上的公益性项目和非经营性基础设施项目，应实行"代建制"，由市发改委通过招标选择专业化的项目管理单位，由该项目管理单位负责工程的建设实施。有特殊情况不能实行"代建制"的，市发改委应委托社会中介机构对项目实施和投资控制进行全过程监督。

城市市政基础设施建设管理应遵循如下原则：①保护赔偿原则。市政基础设施建设管理遵循保护赔偿原则，即施工过程中对其他管线设施进行保护。根据《建筑法》第 40 条规定，建设单位应当向建筑施工企业提供与施工现场相关的地下管线资料，建筑施工企业应当采取措施加以保护。《物权法》第 92 条规定，不动产权利人因用水、排水、通行、铺设管线等利用相邻不动产的，应当尽量避免对相邻的不动产权利人造成损害；造成损害的，应当给予赔偿。《城市供水条例》第 31 条规定，涉及城市公共供水设施的建设工程开工前，建设单位或者施工单位应当向城市自来水供水企业查明地下供水管网情况。施工影响城市公共供水设施安全的，建设单位或者施工单位应当与城市自来水供水企业商定相应的保护措施，由施工单位负责实施；②安全有偿原则。市政基础设施建设管理遵循全过程安全管理和建设付费原则。根据《建筑法》第 43 条规定，建设行政主管部门负责建筑安全生产的管理。《物权法》第 91 条规定，不动产权利人挖掘土地、建造建筑物、铺设管线以及安装设备等，不得危及相邻不动产的安全。《城市道路管理条例》第 37 条规定，占用或者挖掘由市政工程行政主管部门管理的城市道路的，应当向市政工程行政主管部门交纳城市道路占用费或者城市道路挖掘修复费。

（三）其他行业管理制度

1. 其他行政审批制度

按照《国务院对确需保留的行政审批项目设定行政许可的决定》（国务院令[2004]第412号）规定，涉及城市市政基础设施规划建设过程中的行政审批项目包括三类：①国家部委审批项目，包括电力建设基金投资项目（国家发改委）和通信用户管线建设企业资质认定（信息产业部）。如《电信条例》（国务院令[2000]第291号）第9条规定，经营基础电信业务，须经国务院信息产业主管部门审查批准，取得基础电信业务经营许可证；②县级以上地方人民政府相关行政主管部门审批。如燃气设施改动审批（建设行政主管部门）、城市新建燃气企业审批（建设行政主管部门）、城市桥梁上架设各类市政管线审批（市政工程设施行政主管部门）、城市排水许可证核发（排水行政主管部门）；③国家部委和地方人民政府相关行政主管部门分层审批，目前仅有压力管道的设计、安装、使用、检验单位和人员资格认定（质检总局、质量技术监督部门）。

2. 档案信息管理

《城市地下管线工程档案管理办法》针对地下管线的工程档案管理作出了规定：①施工单位在地下管线工程施工前应当取得施工地段地下管线现状资料；施工中发现未建档的管线，应当及时通过建设单位向当地县级以上人民政府建设主管部门或者规划主管部门报告；②地下管线工程覆土前，建设单位应当委托具有相应资质的工程测量单位，按照《城市地下管线探测技术规程》（CJJ 61）进行竣工测量，形成准确的竣工测量数据文件和管线工程测量图；③城市供水、排水、燃气、热力、电力、电讯等地下管线专业管理单位（以下简称地下管线专业管理单位）应当及时向城建档案管理机构汇交地下专业管线图；④地下管线专业管理单位应当将更改、报废、漏测部分的地下管线工程档案，及时修改补充到本单位的地下管线专业图上，并将修改补充的地下管线专业图及有关资料向城建档案管理机构汇交；⑤城建档案管理机构应当绘制城市地下管线综合图，建立城市地下管线信息系统，及时接收普查和补测、补绘所形成的地下管线成果。

三、城市市政基础设施管理制度特征与困境

（一）管理体制特征

我国城市市政基础设施的综合管理，尤其是地下空间部分的管理制度虚化，引发的问题可以用"公地的悲剧"来概括。城市市政基础设施管理制度总体呈

现五大特征：①城乡分治。市政基础设施城乡分别管理，致使区域基础设施呈现拼贴格局，缺乏系统性，导致公共服务差异化；②层级分审。市政基础设施项目采取层级审查制度和投资审批制度的纵向管理模式，谁投资谁审批，按照级别确定投资比例，导致市政基础设施建设进度落后于市场化投资，审批效率低下；③部门分管。不同市政基础设施行业的建设和运营管理为横向不兼容管理模式，地面点源和地下管线的权属单位不同，进而各自为政，缺乏协调配合；④建管分制。市政基础设施建设和管理分离，不同阶段采用的规范不统一，运营单位不能参与建设和监管验收，很难控制管材管理，导致整体工程质量不尽如人意；⑤源网分离。市政基础设施源和网分开投资建设，系统性不足。由于市政基础设施的网络性、时序性特点和与计划衔接不畅，致使有网无源和有源无网、网络不衔接等现象频出，道路系统性和网络系统性均无法保证。

（二）总体建设困境

总体上，市政基础设施建设存在两大难题。

1. 新技术推广困难

随着技术的进步，各项市政基础设施技术研发发展较快，如天然气分布式能源系统具有节能减排、经济安全、削峰填谷等多种不可替代的优势，由于对天然气分布式能源的使用认识不到位，我国天然气分布式能源的发展与美国、德国、日本等国相比有着相当大的差距，具体原因体现在以下几个方面：①法规不完善。分布式能源发展较好的国家一般会通过法律规定强制使用，有的国家强制要求50%的新建公共建筑必须采用分布式能源，每年改造的既有公共建筑必须采用分布式能源。丹麦要求电网公司必须收购50%的分布式能源发电量，否则企业就要整改。目前我国只有一个国家层面的《关于发展天然气分布式能源的指导意见》，对新能源综合利用没有明确的鼓励政策；②机制不适应。电力系统担心一直以来的垄断地位受到威胁，而对分布式能源并网设置障碍门槛。同时天然气分布式能源与传统功能系统相比，初期投资成本高、回款周期长、设备占地面积大、维护运营成本高，按照现有固定资产预算体制限制，很难达到规定要求，因此阻碍了分布式能源的发展；③价格不合理。目前天然气价格贵、电价低，除上海之外的其他城市均未出台补贴政策，难以激发企业建设天然气分布式能源项目的积极性；④技术标准不配套。天然气冷热电联供缺乏系统建设标准，系统设计、施工、验收及运行管理均没有规章可循，技术面临瓶颈制约、核心技术对外依赖程度高，现有固定投资标准均限制了新技术的使用。

2. 用地落实面临困境

市政基础设施如垃圾焚烧厂、垃圾转运站、加油站、变电站、燃气站等大部分属于城市邻避性公共设施，因具有显著的外部性而遭到所在地居民的反对和抵制，主要原因是设施服务的功能所带来的利益由广大市民共享，但生产或运营成本却集中转嫁给设施周边的居民，进而引发利益冲突。邻避性公共服务设施面临两种困境：①无法落实，建设计划搁置或另择他地再行建设；②得以落实，但此期间引发的各种矛盾和冲突对政府部门与社会公众造成了相当大的影响，也使规划选址部门成为矛盾的焦点。

（三）综合管廊实施困境

1. 建设规划侧重技术

《关于推进城市地下综合管廊建设的指导意见》（国办发 [2015]61 号）要求各地编制《综合管廊建设规划》，按文件规定的规划内容进行综合管廊建设（图4-3）。但仍未能解决综合管廊建设的关键问题：①为何建。综合管廊建设是国家自上而下的制度安排，通过项目奖励的形式推进地方实践。由于国家层面治理理性思维不足，缺乏全国性综合管廊的总体战略布局和适用范围的具体规定，使得通过综合管廊解决城市地下管线问题的需求并不迫切的衰落型 ❶ 城市，甚至一些中小城市纷纷投资建设综合管廊，多以获得国家项目资金为主要目的，不考虑项目建设的必要性和可行性而盲目建设，折射出利益政治的弊端；②在哪建。《城市工程管线综合规划规范》（GB 50289—98）第 2.3 节提出了采用综合管廊集中敷设的六种情形，《电力工程电缆设计规范》（GB 50217—94）第 5.2节也有相关的规定。由于综合管廊造价高，规划布局需要考虑很多因素，包括交通拥挤程度、市政基础设施需求程度、地上地下空间利用复杂程度和短缺程度等，国外城市综合管廊多设在城市中心区，而我国有的城市为了降低实施难度，选择在常住人口和建筑密度极低的新区甚至城市边缘区建设，综合利用效率不高；③怎么建。建设主体方面，地方政府一般会委托平台公司作为与社会资本合作的出资单位和事实上的实施主体，通过自建或委托代建等方式进行投资建设，使得综合管廊重资产高负债运行。建设内容方面，目前燃气入廊还存在争议，垃圾管道收集尚不成熟，这些技术性问题都从根本上影响了综合管廊的建设，使得设计方案一变再变。建设程序方面，地下管线具有系统性和相关

---

❶ 中国城市大体分为发展型、稳定型和收缩型三类。

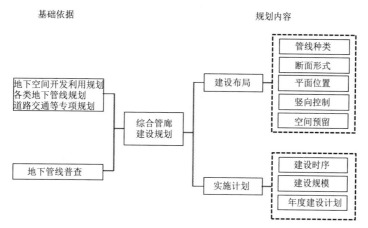

图 4-3　《指导意见》规定的综合管廊建设规划内容

性,入廊管线与非入廊管线以及与其他地下空间设施的建设❶相互衔接考虑不足;
④如何管。综合管廊是解决地下管网问题的技术性方案,涵盖规划、建设、运营管理的全过程。遗憾的是地方政府鲜有长远的运营考量,只考虑建设不考虑运营,未先期确定运营单位,具体设计又不能体现管理需求,也缺乏有效的盈利模式考量,加之资金需求量大,在必要性不足的情况下,政策变化可能导致综合管廊规划编制和实施效力具有不稳定性和不确定性,即能否按规划建设以及建成后能否运营存在极大的风险。

2. 建设规划难以实施

目前我国关于城市地下管线规划建设、权属登记、工程质量和安全使用等方面的法律法规和制度体系尚不健全,虽然中央政府及住房城乡建设部、发改委、财政部等多部门密集出台了系列政策和技术文件,但只解决了部分建设阶段的工程技术、资金来源和少量运营管理问题,缺乏稳定的管理机构、成熟的管理机制和有效的管理手段,诸多标准、制度缺欠,致使综合管廊建设规划难以实施。如综合管廊投资分析论证、管理运行等均与我国沿袭多年的传统管线直埋方式差异较大,如总费用不仅仅包括建设费用,还应包括若干年维护费用,而《城市综合管廊工程投资估算指标》(ZYA1-12(10)—2015)(试行)并未考虑运营费用,直接影响综合管廊的运营管理。我国地下空间基本上都是无偿

---

❶ 实地调查还发现,有些城市同步建设海绵城市和综合管廊,政府指派给不同的部门负责实施,
部门之间缺乏沟通,使原本相互联系的两个项目被分割:海绵城市规划没有综合管廊的内容,
综合管廊规划少有海绵城市的考量。

使用，尤其是市政基础设施建设用地基本属于划拨，虽然 2015 年 11 月下发的《关于城市地下综合管廊实行有偿使用制度的指导意见》（发改价格［2015］2754号）和 2016 年 5 月下发的《关于推进电力管线纳入城市地下综合管廊的意见》（建城［2016］98 号）提出建立综合管廊收费制度和电力管线入廊的政策规定，但缺乏具体的收费标准以及管线入廊强制性措施的跟进和经济手段的引导，在有偿使用收费模式下管线单位不愿入廊。目前有廊无线、有廊少线的情况大量存在，综合管廊收费与否、地下管线是否入廊直接取决于市政基础设施运营管理机构的强势程度。国家提高建设速度的政治要求也使得地方综合管廊规划实施的系统性、全面性和细致性受到挑战。

（四）海绵城市实施困境

从 2015 年国家第一批海绵城市试点申报结果公布到目前已有两年多的时间，海绵城市的规划编制、设计、建设施工和运营管理阶段均存在一些问题，同时各个阶段不能有效衔接的问题十分突出。

1. 问题发现

海绵城市建设的三个阶段均存在一定的问题：

（1）规划编制阶段

海绵城市规划的法定地位尚未确立，规划水平差异较大。由于规划编制时间短，缺乏应有的技术研究储备，各地海绵城市规划百家争鸣，不同地区、不同规模的城市，以及不同规划设计单位所编制的海绵城市专项规划在规划思路、内容、技术方法等方面差异较大，规划完成水平参差不齐。同时海绵城市规划与相关规划缺乏系统的衔接。海绵城市建设是系统性工程，与区域生态规划、环境保护规划、城市总体规划、城市绿地系统规划、地下空间规划、控制性详细规划等不同层级、不同深度、不同部门的规划均有紧密联系，而海绵城市规划实施方案的时间较短，三年的规划期和规定的试点范围与法定规划及其他专项规划在时间和空间上很难衔接，规划的有效性、科学性有待提高。

（2）设计施工阶段

海绵城市的建设是迫于国家考核验收和政府业绩的压力，为了完成进度，不得不边设计、边施工，使得海绵城市规划实施过程中面临诸多管理、技术问题，例如现有法律和管理程序包括设计与规划不衔接、设计建造各专业标准不衔接以及海绵设施系统之间不衔接。城市整体还是水泥城市，目前分割的线状、点状项目落实到空间上存在相互制约与钳制的问题，不能实现空间系统的完整性设计建设。无论市政设计院还是建筑设计院，或是社会企业，基本上都没有接触过海绵城市的相关设计工作，缺乏了解和实践，即使凭借以往的设计经验也不能独立承担相关建设工作，因此这方面的设计和施工只能边摸索边实践❶。

（3）运营管理阶段

海绵设施运营时间短，缺乏系统性的顶层制度设计，体现在缺乏系统性的管理制度设计、缺乏整体性的学术研究支撑以及缺乏综合性的运营管理人才。无论中央还是地方均只将关注重点放在如何建设上，使规划深度只停留在空间规划阶段，而对于规范运营管理人才、运营质量评价标准等研究严重不足，尤其缺乏相关的管理人才是海绵城市建设的巨大短板。

2. 风险发现

海绵城市建设从提出到试点城市仅用一年半的时间，进程远远快于预期，由于政策匆忙、目标期短、经验不足、措施杂乱和人才缺乏等原因，海绵城市规划实施存在诸多风险：

（1）安全风险

海绵城市规划的实施存在四大安全风险：①环境污染风险。海绵城市建设的"渗、滞"两类工程措施中，强调的是雨水的就地下渗和消纳，因此极为重视隐形水库、硅砂深水井的工程作用。由于缺乏水质的管理，大量使用透水材料，如果不加处理全部渗入地下，对环境的影响以及污染地下水的风险是客观存在的，同时后期储存水的污染处理和再利用的运行成本将极大提高；②建筑安全。由于海绵城市设施的建设导致雨水入渗会造成地下水位上升，会对局部区域的地下工程地质情况产生影响，改变原有的地质条件，引起原有建筑物、构筑物的地基发生变化。而改建项目由于工程结构的改变使得建筑物、构筑物隐含着建筑安全风险；③其他市政基础设施。海绵设施与地下管线、地下综合管廊、地下交通等其他地下设施相互协调存在制度性障碍，可能会对其他地下市政基础设施的安全产生影响；④园林绿地系统破坏及伴生城市安全。大多数海绵城市规划将吸纳水体的砝码压在下沉式绿地上，多个城市出台文件要求下沉式绿地达到50%，园林专家蒋三登认为，下沉式绿地要达到70%，将是中国园林的一场浩劫❷。同时，园林绿地系统兼具防火减灾、生态景观、居民使用等多种复合

---

❶ 从各地城市建设情况来看，部分研究人员对LID（Low Impact Development）的知识掌握还不到位，构建技术也存在效仿现象，并不确定是否适用于该地区建设，没有足够的理论、技术支撑。工程技术如何制定实施没有得到重视和推广，人们常常认为通过网络搜索、借助设计手册，或采用通用的计算工具就可以做出LID和海绵城市设计的观念是不科学的，建设质量无法得到保证。

❷ 张乔松. 海绵城市的园林解读 [J]. 园林，2015（7）：13-15.

功能，储水利用并不是传统园林绿地系统的主导功能，一旦将其作为重要的主导功能，带来园林设计技术的根本性改变和使用功能的重新调配，可能降低了城市洪涝灾害的风险，但相应增加了城市防火、地震等灾害的风险防控难度。

（2）经济风险

海绵城市规划的实施隐含四大经济风险：①中央投资的不稳定性。目前海绵试点城市共计 30 个，总投资超过万亿元，预计 2020 年达到 1.18 万亿 ~1.77 万亿，2030 年达到 6.4 万亿 ~9.6 万亿。按照多数海绵试点城市规划方案，一般 40% 来源于中央财政拨款，另 60% 则需要采取地方政府和社会融资的 PPP 模式，中央财政三年补贴只占海绵城市投资的少部分❶，如果所有城市全面推广和启动，中央财政压力巨大，将会增加不稳定性；②地方政府面临债务压力风险。地方政府的主要目标是谋求来自于中央的财政补贴，并通过 PPP 模式化解地方债务，一旦地方财政收入面临困境，或遭遇政府管理者的执行尺度变化和换届风险等，资金压力将导致项目建设无法进行。同时，海绵城市示范项目往往采用资产可用性服务费和运营服务费占 90%，绩效考核费用仅占 10% 的政府付费方式，财政承受能力审查虽然考虑了支出责任的比例限制，但地方政府财政对土地财政的依赖尚没有制度性的改革方案，可能会导致地方财政无法保证海绵设施的运营成本；③社会资本撤出风险。社会资本具有不稳定性和趋利性，目前海绵城市建设存在法律法规不够完善、项目风险分担机制不够成熟、经济收益确定性不高、融资条件难与国际接轨等诸多问题，并存在条块分割、标准不衔接等管理问题，尤其在 PPP 立法及相关配套政策文件尚不完善的背景下，地方推动 PPP 项目并不容易，一旦国家和地方政府资金出现问题，或引发社会投资的撤出；④后期运行风险。海绵城市建设过于关注建设，对 PPP 以效付费、功效如何考评等后期运营管理制度缺乏研究，积蓄雨水的后期净化处理和资源再利用不仅成本较高，处理效果和利用中还会存在一定的安全风险，同时成熟的项目经验缺乏和 PPP 项目专业人员的缺失使得未来运行风险的不可预估性增强，可能使大量海绵设施无法有效利用。

（3）社会风险

海绵城市规划实施或催生三大社会风险：①居民短期利益受损。海绵城市建设过程中，新建区域可以通过先期区域控制性详细规划、中期施工监管、后期项目验收等指标和渠道来约束，但已建小区需要新增下沉式绿地，可能

---

❶ 中央财政对试点城市进行三年补贴，直辖市每年 6 亿元，省会城市每年 5 亿元，其他城市每年 4 亿元。

导致停车位减少,屋顶绿化面临违章建筑拆除风险,引起居民短期利益的受损;②效果短期难以实现。海绵城市建设不是一蹴而就的事情,产生效果需要长时间的建设投入,可能5年、10年以后才能真正产生效果,由于海绵城市尚缺乏系统性的效果考评指标和机制,大量的社会投入在短期内看不到效果可能引发争论。同时由于气候变化产生的城市内涝现象越来越严重,社会认同程度降低和对技术方法的质疑,会使社会对政策前景有所怀疑、彷徨和观望;③政府认同感下降。我国正处于转型的关键时期,所面临的社会问题是西方城市化进程中所没有的,这些覆盖范围广、危机程度高的社会问题与并生的老龄化问题都需要社会服务的提升,由于整个社会的公共投入总量是固定的,因此海绵城市等市政基础设施建设的目的大量投资无疑会影响社会公共服务的投入。海绵城市建设的目的是为了现有居民福祉的提高,为城市更长远的发展奠定基础,但社会普遍的认同感和信任程度的降低会影响政府公共服务信誉,引发社会公共事件。

第三节　城市市政基础设施投资运营管理制度特征

一、城市市政基础设施投资制度

城市市政基础设施投资中一般由政府作为投资主体,随着投资主体的多元化演变,投资制度也发生相应的变化。

（一）投资主体演变

1. 政府主体演变

城市市政基础设施的投资主体在不同国家和地区的差别并不显著。在很长一段时间内,城市市政基础设施建设及城市公共服务提供被认为是维系"公平性"的基本保证,并理应由以政府为代表的公共性主体负责。然而,在19世纪末、20世纪初,伴随着公共选择理论（The Theory of Public Choice）与新公共管理理论（New Public Management, NPM）的陆续兴起,关于在现代城市经济发展及城市公共服务领域中"市场"与"政府"应该具有怎样的分工、角色定位与合作模式的讨论达到高峰。

1984年James Buchanan在其出版的《The Theory of Public Choice》一书中,对传统的关于政府与政治家的假设提出了质疑,认为"政府并非是一个专门为城市谋福利的组织,而政治家也并非是真诚地为民谋求福利的人",并提出"与理性经济人一样,政治参与者同样天生追求个人政治利益的最大化"❶。政治家与利益的天生紧密联系的特征,"促使公共利益的代表人会利用其所占有的特殊利益使其自身、朋友、家属以及与其有密切关系的私人部门获得更大的好处,从而导致公共服务不可避免地变得高价低质"。与"政府自利性"的理论假设相对应,新公共管理理论倡导"将市场机制引入公共服务组织的运作中",希望"通过吸引私人部门参与公共服务整个进程,并与公共部门共同承担责任、风险及结果收益的方式,实现公共服务在经济(Economy)、效率(Efficiency)和效能(Effectiveness)层面上的提高"❷。尽管在采用方式上有所不同,伴随着以法国"Projet de service",英国"Next Steps"以及加拿大"Public Service 2000"为代表的政府改革运动的开展,新公共管理理念逐渐在 20 世纪初期的西方国家得到认可。

2. 多元主体产生

城市发展的现实需求为民间资本进入公共服务领域的实践和多元主体的产生提供了重要的动力。伴随着城市快速发展,欧美发达国家在 20 世纪末期面临着不断增加的城市基础设施建设需求、不断增长的城市原有公共服务设施维护的需要,以及现有城市政府财政收入和城市公共服务管理的机构资源难以满足城市公共服务发展的现实问题。在这种情况之下,城市政府开始将引进"民间资本参与城市公共服务"作为满足城市发展需求、扩大公共财政的影响范围、减少财政资金压力的主要方式。同时希望能够通过与"私有经济"在投资、建设和管理环节上的合作,提高城市公共服务的创新能力,并使其具有抵抗风险的能力。1980 年代开始,"公共资本—民间资本合作模式"作为部分发达国家在城市基础设施建设及城市公共服务建设方面的主要方式逐步扩展到学校建设、医院建设、城市轨道交通建设、城市道路建设、城市供水建设等诸多领域。

一直以来,我国城市市政基础设施建设的政府投资模式根深蒂固。伴随城市建设的深入,关于民间资本进入城市公共服务领域的讨论在国家宏观政策层面上有了重大推进,市政基础设施投资开始出现多元化趋势。关于民间资本进入城市公共服务领域的试探性实践也在近些年来呈现出大规模发展的态势,市政基础设施投资主体多元化条件日渐形成,各地均不断探索多元化发展模式。如 2003 年 8 月北京市人民政府通过了《北京市城市基础设施特许经营办法》(政

❶ James M. Buchanan. The Theory of Public Choice II[M] Ann Arbor;The university of Michigan Press, 1984.

❷ Christopher Hood. The "new public management" in the 1980s: Variatlons on a theme[J]. Accounting, Organization and Society, 1995,20. (U3):93-109.

府令［2003］第 134 号），试图为企业或者其他组织在一定期限和经营范围内经营城市基础设施提供法律依据，而一年后的肖家河污水处理厂的建立，标志着北京在民间资本进入城市基础设施建设方面进入到实质性阶段。从 2014 年开始我国城市基础设施建设领域社会资本参与的 PPP 模式风起云涌，国家层面密集出台政策性文件以规范地方政府的具体运作，社会主体参与热情极大提高。

（二）投资模式

社会总投资由政府投资、合作投资和非政府投资三部分构成。政府投资是指政府为了实现其职能，满足社会公共需要，实现经济和社会发展战略，投入资金用以转化为实物资产的行为和过程。非政府投资则指由具有独立经济利益的微观经济主体进行的投资。城市市政基础设施具有公共产品属性，投资规模大、收益低，完全非政府投资很少，目前主要有政府投资和公私合作投资两种模式。

1. 政府投资

政府投资一般严格限制在公共领域，包括公益性项目和基础设施项目。2004 年国务院《关于投资体制改革的决定》（国发［2004］20 号）明确提出，政府投资主要用于关系国家安全和市场不能有效配置资源的经济和社会领域，包括加强公益性和公共基础设施建设，保护和改善生态环境，促进欠发达地区的经济和社会发展，推进科技进步和高新技术产业化。北京市发展和改革委员会《关于政府投资管理的暂行规定》（京发改［2004］第 2423 号）规定，政府投资的六类项目中可归纳为城乡基础设施项目以及环境保护、新资源和可再生能源开发、资源节约与综合利用项目两大类。可以看出，城市市政基础设施是国家和地方政府的主要投资领域。

政府投资项目一般都要经过符合资质要求的咨询中介机构的评估论证，咨询评估要引入竞争机制，并制定合理的竞争规则。特别重大的项目还应实行专家评议制度，逐步实行政府投资项目公示制度，广泛听取各方面的意见和建议。为加强和改进中央政府投资项目的管理，2008 年 11 月发改委出台《中央政府投资项目后评价管理办法（试行）》（发改投资［2008］2959 号），建立和完善中央政府投资项目后评价制度。按照审计署颁布的《政府投资项目审计规定》（审投发［2010］173 号）要求，对政府投资和以政府投资为主的项目实施审计和专项审计。

2. 公私合作投资

美国交通运输管理政府机构（US DOT）将公共资本民间资本合作（PPP）定义为一种以合同契约为基础的公共部门与私营合作者之间的合作关系，与传统的城市基础设施建设和城市公共服务实践相比，公共资本民间资本合作模式给私营组织在城市发展项目更新、建造、操作、维护和管理的过程中赋予了更多的独立的参与权利。尽管在一般的情况下，城市公共部门合作者具有对城市发展项目的最终确定权和所有权，私营组织仍然在项目的整个运营过程中具有独立的决定权利❶。在 PPP 模式下，城市公共部门与参与私营组织共同承担城市基础设施建设和城市公共服务提供过程中潜在的风险，共享可能的收益，同时为出现的问题承担责任。

（1）公司合作的责权

伴随着公私合营项目的不断发展、复杂性的不断推进以及对历史项目反馈的不断吸收，在一些公私项目发展较为成熟的国家，公私合营项目的发展模式早已经摆脱了传统的公私资本之间客户（Client）和承包人（Contractor）的关系，代以寻求更高层面的项目合作方式：①以香港迪士尼为代表的越来越多的新兴案例中，公共资本与私人资本不再按照项目运行阶段划分双方的权责，而将双方在项目实施能力（capacity）及优势（advantage）等方面的比较作为主要参考指标，形成公私主体贯穿项目规划、建设、实施、运营等项目阶段的高度融合合作；②以英国、德国为代表的西欧发达国家通过建立股份制有限责任公司，由国家公共资本、地方公共资本及私人资本共同决策的方式推进项目工程的整体运作；③以日本及丹麦为代表的国家从政府治理（governance）的角度寻求公私双方更加深入的交流，并提出项目治理（Project Governance）概念，促使公共项目建设中的私人资本与公共资本能在价值链（Value Chain）层面达成一致。一些较为前沿的研究甚至提出理想的公私合营模式应该打破私人资本与公共资本在属性上的藩篱，双方有能力实现更深层次的合作，以解决城市基础设施建设及城市公共服务提供什么、为什么提供、提供给谁、怎么提供等核心问题❷。

（2）公私合作的动机

在采取公私合营模式进行城市基础设施建设动机的问题上，各国都表现出极强的一致性，即由于国家财政限制（fiscal budget limitation）难以满足公民在城市基础设施建设及城市公共服务领域增长的需求，特别是在一些教

---

❶ US DOT. Report to Congress on Public-Private Partnerships. December，2004：10.

❷ Abednego M P，Ogunlana S O. Good project governance for proper risk allocation in public-private partnerships in Indonesia[J]. International Journal of Project Management，2006，24（7）：622-634.

育、医疗卫生、用水用电等民生领域极其明显❶。而在发展中国家以及发达国家的部分地区和部分领域，引入民间资本进入城市公共基础设施建设又同时肩负着改善民生与促进经济建设发展的双重任务❷。部分国家通过改善制度环境，为私人资本银行融资提供担保（例如在印尼高速公路项目中实施的承包人提前融资系统 Contractor's Pre-Finance system，CPF），简化项目审批流程等方式最大限度地吸引私人资本的广泛参与。

（3）公私合作的优势

除有效缓解政府的财政压力之外，Boeing Singh 和 LKalidindi S N. 认为与传统由政府提供城市基础设施建设及城市服务相比，公私合营模式的优势主要体现在以下两个方面❸：①风险分摊（Risk allocation）。在公共性建设项目的运作中存在大量复杂而难以预测的风险。就项目本身而言，主要的风险包括前期投资风险、土地获得风险、金融融资风险、项目技术风险、技术风险、成本控制风险、收入风险、运营风险，覆盖项目规划、建设、维护、运营等项目实施各个阶段；②项目效率提升（Efficiency improvement）。与公共部门项目相比，私人资本在专业领域发展研究和技术运用中有着无可比拟的优势，其内部结构更容易采用技术先进的、透明化的信息沟通方式与领先管理方式。更为重要的是，与政府部门不同，私人资本"逐利性"的天然属性会通过各种方式保证减少项目运行成本，提升项目运营效率。

（4）公私合作的模式

随着公私合营模式在世界范围内的普及与发展，国际上关于 PPP 模式已经有了较为成熟的理解和统一认识。根据民间资本对项目设计（Design）、建设（Build）、融资（Finance）、运营（Operate）和转移（Transfer）等环节的参与程度，目前采用的"公共资本民间资本合作（PPP）"模式主要可以分为 DBFO（设计—建设—融资—运营模式）、OM（运营—维护模式）、BOO（建设—所有—运营模式）、BOOT（建设—所有—运营—转移模式）、BBO（购买—建设—运营模式）、Finance Only（单纯融资模式）等类型。当然，在公私合营项目的实际运作过

❶ Budds J, McGranahan G. Are the debates on water privatization missing the point? Experiences from Africa, Asia and Latin America[J]. Environment and Urbanization, 2003, 15 (2) : 87-114.

❷ Baietti A, Private infrastructure in East Asia: lessons learned in the aftermath of the crisis', Washington (DC). World Bank Publiactions, 2001, No. 501.

❸ Boeing Singh L, Kalidindi S N. Traffic revenue risk management through annuity model of PPP road projects in India[J]. International Journal of Project Management, 2006, 24 (7) : 605-613.

程中完全采用上述合作模式的情况并不常见。多数情况下公私双方都会按照不同的实施项目、项目环境、政策制度、经济形势和民众意愿等方面对公私合作的模式进行相应的调整。

（三）政策演进

1. 政策探索期（2013年以前）

2002年12月建设部印发《关于加快推进市政公用行业市场化进程的意见》（建城〔2002〕272号），这是官方第一次以文件的形式正式提出开放市政公用事业投资建设、运营、作业市场，建立政府特许经营制度，并将其视为保证公共利益和公共工程安全，促进城市市政公用事业发展，提高市政公用行业的运行效率而建立的一种新型制度，由此，城市供水、燃气、供热、污水和垃圾处理等市政公用行业的市场逐步得到开放。2010年5月国务院颁布的《关于鼓励和引导民间投资健康发展的若干意见》（国发〔2010〕13号）明确指出，在城市供水、供气、供热、污水和垃圾处理、公共交通、城市园林绿化、政策性住房为代表的城市公共服务领域，民间资本的介入应该得到大力的鼓励与引导。

2. 政策实践期（2013年以后）

2013年后，国家出台了大量文件促进社会资本进入基础设施领域（表4-12）。

促进社会资本进入基础设施领域相关文件规定一览表　　　表4-12

时间	会议或文件名称	主要内容
2013年7月	国务院常务会议	通过社会力量在公共服务领域的引入，解决一些领域公共服务产品所存在的短缺、质量和效率不高等问题，并对公共服务提供主体、政府购买公共服务的范围、种类、性质、内容及其方式作出框架性的规定，即包括市政地下管网建设和改造、污水和生活垃圾处理及再生利用设施建设以及地铁、轻轨等大容量公共交通系统建设、城市桥梁安全检测和加固改造、城市配电网建设以及生态环境建设六大类
2013年10月	国务院《关于加强城市基础设施建设的意见》（国发〔2013〕36号）	政府应集中财力建设非经营性基础设施项目，要通过特许经营、投资补助、政府购买服务多种形式，吸引包括民间资本在内的社会资金，参与投资、建设和运营有合理回报或一定投资回收能力的可经营性城市基础设施项目
2013年11月	党的第十八届三中全会	党中央首次提出，发挥市场在资源配置中的决定性作用，更好地发挥政府作用，并从战略层面上认可市场及非公有制经济对国家经济和社会发展的重要促进作用

续表

时间	会议或文件名称	主要内容
2014 年 3 月	国务院《新型城镇化规划（2014—2020）》	允许地方政府发行市政债券，拓宽城市建设融资渠道
2014 年 10 月	国务院《关于加强地方政府性债务管理的意见》（国发[2014]43 号）	投资者按照市场化原则出资，按约定规则独自或与政府共同成立特别目的公司建设和运营合作项目
2014 年 10 月	国务院《关于深化预算管理制度改革的决定》（国发[2014]45 号）	推广使用政府与社会资本合作模式，鼓励社会资本通过特许经营等方式参与城市基础设施等有一定收益的公益性事业投资和运营
2014 年 11 月	国务院《关于创新重点领域投融资机制鼓励社会投资的指导意见》（国发[2014]60 号）	通过特许经营、投资补助、政府购买服务等多种方式，鼓励社会资本投资城镇供水、供热、燃气、污水垃圾处理、建筑垃圾资源化利用和处理、城市综合管廊、公园配套服务、公共交通、停车设施等市政基础设施项目，政府依法选择符合要求的经营者
2015 年 5 月	国务院办公厅转发财政部、发展改革委、人民银行《关于在公共服务领域推广政府和社会资本合作模式指导意见的通知》（国办发[2015]42 号）	在公共服务领域深入推进政府和社会资本合作，试图通过财政资金撬动社会资金和金融资本参与 PPP 项目
2016 年 10 月	住房城乡建设部、发改委、财政部、国土部、央行五部门联合发布《关于进一步鼓励和引导民间资本进入城市供水、燃气、供热、污水和垃圾处理行业的意见》（建城[2016]208 号）	规定民间资本可通过独资、合资等直接投资方式、政府和社会合作的 PPP 模式以及参与国有企业改制重组、股权认购、产业投资基金等多渠道进入，并在土地有偿使用上实现制度上的突破。同时，多部委联合进行政府和社会资本合作示范，基础设施投资建设制度设计日渐规范
2016 年 10 月	财政部《关于在公共服务领域深入推进政府和社会资本合作工作的通知》（财金[2016]90 号）	在垃圾处理和污水处理两个领域强制推行 PPP 模式，强调当地财力允许，提出示范项目的退出机制
2016 年 12 月	财政部《政府和社会资本合作（PPP）专家库管理办法》（财金[2016]144 号）	规范 PPP 专家库的组建、管理，充分发挥专家智力支持作用，保证 PPP 相关项目评审、课题研究、督导调研等活动的公平、公正、科学开展

二、城市市政基础设施特许经营制度

我国城市市政基础设施实行特许经营制度。市政公用特许经营是各级建设及市政公用主管部门等行政机关依据政府合法授权所实施的行为，因此属于行政特许经营，具有与其他商业特许经营不同的制度基础和制度特征。

（一）制度基础

城市市政基础设施的特许经营权是一个城市最宝贵的资产。近年来，特许经营制度在城市市政基础设施的建设和经营行业中得到了广泛而较好的应用，极大地推动了市政公用事业的市场化改革进程，提升了城市市政基础设施的建设和发展水平。实践证明，要想科学妥善地解决我国大中型城市中为公众提供满意的公共服务，满足人民群众日益增长的对城市公用事业服务（产品）需求的问题，仅靠政府的力量是远远不够的。特许经营制度为大型城市尤其是特大型城市公共服务和公用事业的巨大需求提供了新的解决思路和制度安排。

1. 法律基础

市政基础设施特许经营的相关法律文件规定见表 4-13。

市政基础设施特许经营相关法律文件规定一览表 表 4-13

类别	种类	法律法规及主要内容
类型规定	电信	《电信条例》（国务院令 [2000] 第 291 号）第 7 条规定，国家对电信业务经营按照电信业务分类，实行许可制度
	电力	《电力法》（主席令 [1995] 第 60 号）第 3 条规定，电力事业投资，实行"谁投资、谁收益"的原则。电力基础设施实施网电分离管理体制
	供水	《城市供水条例》（国务院令 [1994] 第 158 号）第 27 条规定，城市自来水供水企业和自建设施供水的企业对其管理的城市供水的专用水库、引水渠道、取水口、泵站、井群、输（配）水管网、进户总水表、净（配）水厂、公用水站等设施，应当定期检查维修，确保安全运行
	排水	《城镇排水与污水处理条例》（国务院令 [2013] 第 641 号）第 6 条规定，国家鼓励采取特许经营、政府购买服务等多种形式，吸引社会资金参与投资、建设和运营城镇排水与污水处理设施
企业规定	综合	《行政许可法》（主席令 [2003] 第 7 号）第 67 条规定，取得直接关系公共利益的特定行业的市场准入行政许可的被许可人，应当按照国家规定的服务标准、资费标准和行政机关依法规定的条件，向用户提供安全、方便、稳定和价格合理的服务，并履行普遍服务的义务；未经作出行政许可决定的行政机关批准，不得擅自停业、歇业
		《市政公用事业特许经营管理办法》（建设部令 [2004] 第 126 号）第 7 条规定，参与特许经营权竞标者应当具备以下 7 个条件：①依法注册的企业法人；②有相应的注册资本金和设施、设备；③有良好的银行资信、财务状况及相应的偿债能力；④有相应的从业经历和良好的业绩；⑤有相应数量的技术、财务、经营等关键岗位人员；⑥有切实可行的经营方案；⑦地方性法规、规章规定的其他条件
	电信	《电信条例》第 10 条规定，经营基础电信业务应当具备的条件：①经营者为依法设立的专门从事基础电信业务的公司，且公司中国有股权或者股份不少于 51%；②有可行性研究报告和组网技术方案；③有与从事经营活动相适应的资金和专业人员；④有从事经营活动的场地及相应的资源；⑤有为用户提供长期服务的信誉或者能力；⑥国家规定的其他条件

类别	种类	法律法规及主要内容
企业规定	电力	《电力法》第25条规定，供电企业在批准的供电营业区内向用户供电。一个供电营业区内只设立一个供电营业机构。省、自治区、直辖市范围内的供电营业区的设立、变更，由供电企业提出申请，经省、自治区、直辖市人民政府电力管理部门会同同级有关部门审查批准后，由省、自治区、直辖市人民政府电力管理部门发给《供电营业许可证》。跨省、自治区、直辖市的供电营业区的设立、变更，由国务院电力管理部门审查批准并发给《供电营业许可证》
	排水	《城镇排水与污水处理条例》第16条规定，城镇排水与污水处理设施竣工验收合格后，由城镇排水主管部门通过招标投标、委托等方式确定符合条件的设施维护运营单位负责管理。特许经营合同、委托运营合同涉及污染物削减和污水处理运营服务费的，城镇排水主管部门应当征求环境保护主管部门、价格主管部门的意见。城镇排水与污水处理设施维护运营单位应当具备下列条件：①有法人资格；②有与从事城镇排水与污水处理设施维护运营活动相适应的资金和设备；③有完善的运行管理和安全管理制度；④技术负责人和关键岗位人员经专业培训并考核合格；⑤有相应的良好业绩和维护运营经验；⑥法律、法规规定的其他条件
特许经营方式	全部	城市基础设施特许经营一般采取下列方式：①在一定期限内，城市基础设施项目由特许经营者投资建设、运营，期限届满无偿移交回政府；②在一定期限内，城市基础设施由政府移交特许经营者运营，期限届满无偿移交回政府。规定市发展改革部门负责本市城市基础设施特许经营的总体规划、综合平衡、协调和监督。城市基础设施行业主管部门，区、县人民政府，以及市或者区、县人民政府指定的部门负责城市基础设施项目的具体实施和监督管理工作。规划、土地、建设、环保、财政、审计、监察等相关行政部门在各自职责范围内依法履行监督管理职责。特许经营协议可以约定特许经营者通过下列方式取得回报：①对提供的公共产品或者服务收费；②政府授予与城市基础设施相关的其他开发经营权益；③政府给予相应补贴；特许经营者向公众提供产品或者服务的价格应当执行由价格主管部门制定的政府定价或者政府指导价

2. 制度演进

（1）国际特许经营制度演进

20世纪60年代以前，经济学中的主流理论观点认为市场方式即通过私人部门供给公共产品是低效率的，公共产品只能由政府供给。至20世纪60年代，随着经济自由主义思潮在西方的兴起，通过市场方式即私人部门供给公共产品的可能性与可行性已经从理论和实践两个方面得到证明：公共服务民营化市场或民间部门参与公共服务的生产及输送的过程。政府部门通过契约外包、业务分担、共同生产或解除管制等方式，将部分职能转由民间部门，政府须承担财政筹措、业务监督以及绩效成败的责任。公共产品供给民营化并不意味着政府的完全退出，政府始终负有向社会公众提供公共产品或服务的原始责任，民营化只是在提供的形式上完成了向私人部门的转移，政府应完成从公共产品直接提供者向规制者的角色转换。❶ 公共服务民营化的程度是指由市场或民间部门替代政府参与公共服务的生产及输送的过程的程度，主要体现为市场在公共服务提供中的不同层次的参与性，由低到高依次为政府主导、政府与市场合作和市场主导：①政府主导。政府部门承担主要财货与服务生产活动的公共产品提供方式，其中市场的作用微弱；②政府与市场合作（委托）。政府部门委托私营部门承担部分财货与服务的生产活动，但政府继续承担监管的责任，政府委托外包的形式有签约外包❷、补助❸、抵用券❹和强制❺四类；③市场主导。民间私营部门替代政府提供生产或服务以满足社会需求的公共产品提供方式，其中政府作用较小。

（2）我国特许经营制度演进

国家层面，2004 年建设部发布《市政公用事业特许经营管理办法》（建设部令 [2004] 第 126 号）界定市政公用事业特许经营是指政府按照有关法律、法规规定，通过市场竞争机制选择市政公用事业投资者或者经营者，明确其在一定期限和范围内经营某项市政公用事业产品或者提供某项服务的制度。特许经营范围包括供水、供气、供热、公共交通、污水处理、垃圾处理等行业。同年下发了《关于印发城市供水、管道燃气、城市生活垃圾特许经营协议示范文本的通知》（建城 [2004]162 号），提出特许经营协议的原则性规定。2015 年 4 月发改委、财政部、住房城乡建设部、交通部、水利部、人民银行联合发布《基础设施和公用事业特许经营管理办法》（发改委令 [2015]25 号），界定特许经营是政府采用竞争方式依法授权境内外的法人或者其他组织，通过协议明确权利义务和风险分担，约定在一定期限和范围内投资建设运营基础设施和公用事业并获得收益，提供公共产品或者公共服务。特许经营范围包括能源、交通运

---

❶ 聂永有，王振坤. 公共产品供给民营化背景下的政府规制研究 [J]. 中国人口. 资源与环境，2012（1）：167-172.

❷ 政府将部分公共产品或服务委托市场提供或办理，特许权由政府提供给私营部门，但政府保留"价格率之核准权"，而费用由使用者支付。如申请者超过一家，则可在竞标的情形下，由民众、政府共同决定核准权。

❸ 政府通过免税、低利贷款、直接补助等形式，形成"诱因操作"。

❹ 由政府发给有资格使用的民众，指定消费某类货品，通常社会福利救济就是通过此种方式来实施的。

❺ 由政府以命令的方式要求私营部门支付强制性的服务，如失业保险金，即是由私营部门支付分担或共同分担若干社会安全责任。

输、水利、环境保护、市政工程等基础设施和公用事业领域。地方层面，全国
各地对特许经营进行了广泛的探索，以北京市为例，目前已有 30 多个市政公
用事业（基础设施）建设项目实施了特许经营模式，项目分布于轨道交通、污
水处理、垃圾处理、燃气供应、自来水供应、环卫作业、供热、高速公路、市
政设施、加油站等行业和领域。在特许经营模式选择上，北京市坚持从项目实
际情况出发，运用了 BOT、TOT、BT、BOO、DBFO 等多种模式（表 4-14），并在
实践中创造了许多新的具体应用模式，取得了良好效果。❶

特许经营模式分类

表 4-14

英文名称	英文简称	中文含义
Operation and Maintenance Contract	O&M	经营与维护
Design Build	DB	设计—建设
Design Build Major Maintenance	DBMM	设计—建设—主要维护
Design Build Operate（Super Turnkey）	DBO	设计—建设—经营（超级交钥匙）
Lease Develop Operate	LDO	租赁—开发—经营
Build Lease Operate Transfer	BLOT	建设—租赁—经营—转让
Build Transfer Operate	BTO	建设—转让—经营
Build Own Transfer	BOT	建设—拥有—转让
Build Own Operate Transfer	BOOT	建设—拥有—经营—转让
Build Own Operate	BOO	建设—拥有—经营
Buy Build Operate	BBO	购买—建设—经营
Contribution Contract	CC	捐赠协议

资料来源：王灏.PPP（公私合伙制）的定义和分类研究 [J].都市快轨交通，2004（5）：23-27.

3. 制度特征

特许经营制度的关键是规定准入与退出条件。

（1）准入机制

我国法律、法规规定，企业从政府手中获得特许经营权一般通过两种方式：
①行政许可方式。即政府通过颁发授权书的形式许可特定的经营者从事某些市
政公用事业的特许经营。涉及城市市政基础设施的行政许可事项主要包括供水、
排水、污水处理、节水、燃气服务等。当行政机关做出准予行政许可的决定时，
需要颁发行政许可证件的，应当向申请人颁发加盖本行政机关印章的行政许可

❶ 杨松.北京市政公用事业特许经营制度创新研究 [M].北京：知识产权出版社，2012：4.

证；②公开招标方式。《市政公用事业特许经营管理办法》（以下简称《办法》）规定，通过市场竞争机制选择市政公用事业投资者或者经营者，强调了特许经营权的授予必须采取竞争机制，即招标方式。参与特许经营权竞标者应当具备《办法》规定的 7 个条件。

（2）退出机制

特许经营的市场退出与市场进入机制同样重要，有市场准入就应当有市场退出的安排。退出机制是保持市政公用事业特许经营竞争活力、防止形成新的市场垄断的重要措施。特许经营者的退出有以下五种原因：①监管机构提前终止协议而导致经营者的退出，包括经营者严重违约❶、经营者破产、经营者以欺骗、贿赂等不正当方式获得特许经营权而被撤销以及出于公共利益的需要提前终止协议四种类型；②特许经营者提前终止协议而导致的退出，包括监管机构严重违约、特许企业单方面提出解除协议和履约条件发生重大变化等原因；③双方相互同意提前终止协议而导致经营者的退出，协议中的任一方提出终止项目协议，在与对方充分协商后，双方共同同意变更或解除协议，经营者可以退出；④不可抗力导致经营者的退出，如果当事各方因出现项目协议中所界定的某种可免除责任的不可抗力而长期无法履行其义务，则任何一方可以终止项目协议；⑤特许经营协议期满而导致经营者的退出，即特许经营权期满后，企业不再寻求延长特许经营期或再次参与特许经营权竞标，则协议自动终止，经营者自动退出❷。

（二）制度属性

1. 市政公用特许经营是行政机关的外部行政管理行为

城市市政基础设施的建设和管理是政府公共部门的职责，政府出于希望引入社会资本、提高公共部门运营管理效率等原因而采用特许经营方式，并且通过特许授权，把政府的一部分公共管理职能暂时让渡给了其他的市政公用事业投资者或经营者。这些权利实际上是国家行使社会管理职能的合理延伸，因此特许经营应该被视为是政府给予投资者建设和经营一定公共基础设施项目权利的行政授权性行为。

2. 市政公用特许经营的民事经济行为特征

市政公用特许经营常常被看作是民事经济行为，这将更加凸显其平等自

❶ 违反法律，不履行检修保养和更新改造义务、危害公共利益和公共安全的，擅自转让、出租、质押、抵押或者以其他方式擅自处分特许经营权或者特许经营项目资产的，擅自停业、歇业的，法律、法规规定或者特许经营协议约定的其他情形。
❷ 杨松. 北京市政公用事业特许经营制度创新研究 [M]. 北京：知识产权出版社，2012:320.

愿、等价有偿等特点，有利于吸收私人资本参与国家基础设施的建设，具体原因如下：

（1）政府部门参与某一法律关系时，并不一定都作为行政主体，政府可以作为一般的民事主体与其他主体发生民事法律关系。实际上，每个民事主体都生活在特定的环境中，扮演着不同的角色，即在不同的法律关系中具有不同身份。对其具体身份的认定，必须视其所处的具体法律关系而定。当国家以经营者而非管理者的身份参与经济生活时，它的行为就应被视为私人经营行为，就必须遵守相应的原则和规范。如果说市政公用特许经营是一种行政许可，那么这种法律关系就不应该受《合同法》调整，当交易双方发生争议纠纷时就应适用《行政许可法》的规定。譬如在法国，法律规定特许合同适用行政法律规范而非民法规范，应由行政法院管辖特许合同的案件。但我国至今尚未形成系统的行政合同法律制度，特别是对行政合同存在的合理性和必要性一直存有争议。在这种情况下，若将特许经营定性为行政许可行为、将特许经营权协议定性为行政合同，显然只会使这种不具《行政许可法》规定的可诉性的特许经营方式处于一种难以得到法律充分保护的尴尬窘境。因此目前在实际操作中，对于特许经营权协议纠纷的解决，一般均采取协商、诉讼、仲裁等明显具有民事法律关系特征的救济方式。

（2）在行政许可法律关系中，政府是实施行政许可的主体，然而在城市市政基础设施特许经营项目中，如果所有的边界条件和未来特许经营期内的权利义务分配都按照政府一方的意愿拟定，可能会造成不尽合理的局面，因为此类项目大多涉及如污水处理、供水、固体废物处理等保本微利的行业，投资者不可能获得很高的投资回报。投资者投资这类项目看中的是特许经营期内收益的稳步上升空间，而政府一般一次性授予投资者的是长达 10 年以上的特许经营权，所以在这么长的时间里将会面临的风险是无法准确预测的。因此，市政公用特许经营项目要想取得成功、达到预期的招商效果，就需要政府和投资者双方在未来特许经营期内共同去应对可能出现的风险和困难。从这种意义上说，把市政公用特许经营定位为行政许可，不利于摆正政府方的位置，而定位为平等民事主体间的法律关系，将更有利于形成较为合理的风险分担机制[1]。

3. 市政公用特许经营具有双重法律属性

通过以上分析可以看出，市政公用特许经营中的法律关系既不是单纯的行

---

[1] 陶镜卿. 市政公用特许经营法律属性的探讨 [J]. 中国环保产业，2006（8）：9-11.

政许可法律关系，也不是单纯的民事经济法律关系，而是这两个法律关系的交叉和融合，即市政公用特许经营具有双重法律属性：①作为经政府合法授权的行政机关，对投资者授予市政公用特许经营权的行为是典型的行政许可；②政府与投资者在特许经营期内共担风险、共同进退，又明显表现出两个平等民事主体之间的关系。

三、城市市政基础设施其他管理制度

城市市政基础设施运营管理还包括权属登记和服务收费制度。

（一）市政基础设施权属登记制度

1. 权属登记背景

城市市政基础设施的权属登记分为地上部分和地下部分。地上部分并不复杂，而地下管线位于城市地下空间则相对复杂，目前各类地下管线所有权分属于不同的产权单位，大致可以分为公用管网和专用管网两种类别，其中，公用管网一般由政府出资建设，由规划、建设、环保部门进行审批、管理和维护；而专用管网则是由各个所属产权单位投资、建设和管理，其所有权属于投资公司。在功能结构上，城市管网担负着城市的补给以及排泄功能，是不可分割的整体，但却由于其管理产权的所属问题，造成了两类管网之间的衔接问题❶。我国现行法律规定，地下空间使用权属于法律所认可的一项财产权，其性质属于用益物权，使用人可以通过建设用地使用权取得的方式依法申请取得地下空间使用权。如《物权法》第52条之规定❷、《城镇国有土地使用权出让和转让暂行条例》第2条之规定❸、《城市地下空间开发利用管理规定》第25条之规定❹，而对具有相同属性的地下管道资源使用权和产权，我国还没有明确的法律规定。但作为国有性质的通信、电力、广播电视、煤气、自来水等公用事业管道均属于国有资产，应当依法明确法人财产权，使公益性地下管道的产权归国家所有。

2. 权属登记法规

现有3部部门规章、68部地方法规、规章中使用"地下管线产权单位"

---

❶ 高伟，郭宝荣. 城市建设中如何做好地下管网建设［J］. 科研，2016（8）:252.

❷ 铁路、公路、电力设施、电信设施和油气管道等基础设施，依照法律规定为国家所有的，属于国家所有。

❸ 国家按照所有权与使用权分离的原则，实行城镇国有土地使用权出让、转让制度，但地下资源、埋藏物和市政公用设施除外。

❹ 地下工程应本着"谁投资、谁所有、谁受益、谁维护"的原则，允许建设单位对其投资开发建设的地下工程自营或者依法进行转让、租赁。

这一名称。直接界定地下管线产权归属的规定只有《城市地下空间开发利用管理规定》（建设部令［2001］第108号），其对地下管线产权的界定方式与《物权法》第9条对不动产物权的规定有一定矛盾。

3. 登记制度内容与程序

地下管线登记主要针对的是管线依附的土地与空间的使用权、管线设施本身的所有权。根据《土地管理法》、《土地登记规则》规定，土地使用者获得土地使用权，必须向县级以上地方人民政府土地管理部门提出土地登记申请，由县级以上地方人民政府对其所使用的土地登记造册，核发国家土地管理局统一制定的国有土地使用证，确认其使用权。而城市地下管线依附于城市国有土地下，通过地下空间使用权确认登记。相关职能部门通过审查和确认地下管线与地下空间使用权权利人、权利的性质、权利来源、取得时间、变化情况和使用面积、结构、用途、价值、等级、坐落、坐标、形状等，在专门的簿册中对地下管线及其所依附的空间使用权和其他权利进行记载，并设置登记册，按编号对登记事项作全面记载。地下空间使用权确认登记的程序一般要有登记申请和受理、勘丈绘图、产权审查、绘制权证、税费发证五个阶段。

（二）收费制度

涉及城市市政基础设施建设的费用包括两种：①城市基础设施配套费。是用于城市基础设施建设所收取的费用；②设施租用费用。即政府根据市场效益对经营企业使用管网、管廊等收取租金或一定比例的利润提成，以偿还最初修建时的投资。

1. 城市基础设施配套费

城市基础设施配套费是为筹集城市市政公用基础设施建设资金所收取的费用，按建设项目的建筑面积计征，专项用于城市道路、桥涵、给水排水、路灯照明、环卫设施、园林绿化、消防、城市防洪等城市基础设施建设、管理和维护的资金。2002年3月财政部针对辽宁省财政厅下发的《关于城市基础设施配套费性质的批复》（财综函［2002］3号）指出，城市基础设施配套费是城市人民政府有关部门强制征收用于城市基础设施建设的专项资金，其征收主体与征收对象之间不存在直接的服务与被服务关系；同时，收益者与征收对象也没有必然的联系，与各级政府部门或单位向特定服务对象提供特定服务并按成本补偿原则收取的行政事业性收费有明显区别。因此，城市基础设施配套费在性质上不属于行政事业性收费，而属于政府性基金。城市基础设施配套费一般由城乡规划主管部门征收，建设单位依据建设工程规划许可证核准的地上建筑面积，以及各城市按照国家、省、市有关规定自行确定公布的征费标准，在办理建筑工程施工许可证前缴纳。如青岛市城市基础设施配套费为 400 元 /m²，其中供热配套费为 115 元 /m²。配套费严格按照收支两条线纳入财政预算管理，实行专款专用、以收定支，是城市市政基础设施建设的重要来源。

2. 设施租用费用

（1）城市综合管廊有偿使用制度

市政综合管廊具有管线分散直埋方式所无法替代的许多优点，但是管廊的建设不仅投资大，而且其投资分析论证、管理运行等均与我国沿袭多年的传统管线直埋方式不同。随着国家对地下空间资源开发利用和城市地下管网重视程度的提高，市政综合管廊的投资论证得到明确，通过引入市场化运作机制，实现多元化投资和建设，市政综合管廊逐步得到科学推广，其有偿使用的法律法规依据见表 4-15。

地下管道空间资源有偿使用的政策依据 　　　　　　表 4-15

政策法规名称	相关规定	政策法规的解读
《土地管理法》	城市市区的土地属于国家所有；国家依法实行国有土地有偿使用制度	地下管道空间属于国家所有，可以依法实行有偿使用
《物权法》	建设用地使用权可以在土地的地表、地上或者地下分别设立	地下管道空间可单独设立建设用地使用权，可拥有独立产权身份
《城乡规划法》	城市地下空间的开发和利用，应当与经济和技术发展水平相适应，……并符合城市规划，履行规划审批手续	地下管道空间的开发利用必须符合城市规划并要经过规划部门的审批许可
《国务院关于促进节约集约用地的通知》	对国家机关办公和交通、能源、水利等基础设施（产业）、城市基础设施以及各类社会事业用地要积极探索实行有偿使用，对其中的经营性用地先行实行有偿使用	包括水务、煤气、电力等企业占用的地下管道空间也在有偿使用范围之内

（2）管线占用收费制度

地下管线占用的地下空间资源属于国家所有，城市政府实行地下管线空间资源有偿使用、有限期使用制度是符合法理基础的。因此地下管线特许经营单位可根据地下管线投资建设情况，经上级主管部门核准，对地下管线使用单位收取租用费、维护管理费、地下空间资源占用费等费用。如电信行业一般由省（区、市）通信管理及同级价格主管部门根据国家计委、信息产业部《关于印发省（区、市）通信管理局会同同级价格主管部门管理的电信业务收费项目的通知》（计价格 [2002] 320 号）文件规定，在听取电信业务经营者、消费者、专家等意见的基础上制定省（区、市）域通信管线资源出租业务资费标准。

第四节　城市市政基础设施管理制度经验

一、城市市政基础设施管理国际经验

城市市政基础设施是系统性工程，尤其是地下管线的建设更为复杂，因此本节主要对地下管线规划、投资计划以及利益协调机制的国际经验进行介绍。

（一）美国经验

美国供水、供电、煤气及电话由私营公司经营，政府主导建设和运营的主要是道路和污水处理，政府对道路和污水的投资直接影响开发商的投资方向。美国也曾经饱尝野蛮施工损坏"生命线"的恶果，统计数据显示，近20年来全美地下管线系统损坏事故中，有三成以上是因挖掘不当造成的。美国管道与危险品安全管理局因而痛下决心制定了一系列制度，鼓励所有相关机构自发合作，以减少破坏性事故的发生。

1. 重视科学规划的作用

美国政府十分注重城市规划，并将其与城市基础设施建设形成互动。为了把有限的城市财政支出用于最迫切的基础设施建设，美国政府对基础设施的决策遵循程序化要求和效率兼顾公平的原则。美国在地下管线的规划建设方面，主要采用了利益相关者参与的方法，并且这种方法大多数已经制度化。常见的参与方法有政府官员走访市民、公共舆论、听证会等，其中听证会是最普遍又最有效的方法。经过相互协调以及平衡各方利益而最终作出科学的决策。

2. 联动权属单位协同管理

美国地下管线协调组织机构包括"一呼通中心"和地下管线管理委员会。"一呼通体系"是由美国管道与危险物品安全管理局指导、美国共同地下联盟牵头组织，以美国各州"一呼通中心"为依托，由各地下管线权属单位及相关部门共同参与的地下管线协调管理体系（图4-4）。

3. 政府掌握监督控制权

美国的法制健全，规范化程度很高，法律确立了政府在城市规划中的权威地位。地下管线建设直接关乎社会公共利益，不论是由政府直接经营管理还是由私人企业投资经营，政府都享有对地下管线的监督控制权。

4. 专设独立管制机构赋予经营控制权

美国的独立管制机构是公用事业管制法律制度的重要构件，其州级独立管制机构的管制权限涉及大部分市政公用事业，包括电力、天然气、给水排水、通信等城市地下管线。虽然在各个州，不同的独立管制委员会的具体权限有所

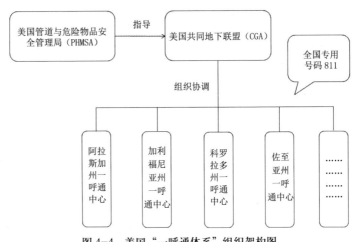

图 4-4　美国"一呼通体系"组织架构图

差异，但是大多数独立管制委员会都有授予特许经营权、执照、许可证等权力。独立管制机构主要负责处理好公共部门和私营部门在基础设施投资中的关系❶。

（二）英国经验

1. 政府主导建设并分类设置独立监管机构

政府是城市基础建设以及监管的主体。英国在地下管线的规划建设方面，依然是以政府为主导。英国于 1962 年和 1996 年分别通过了《管道法》和《管道安全法》，这两部法律从管道的申请、施工以及应遵守的技术规定、安全评估、对周边环境影响等方面进行了详细的规定，是英国管道安全保护的两部重要法律文件。1989 年英国政府将英格兰、威尔士所有的供水以及污水处理机构进行了私有化，为了对此进行监控，政府又设立了独立的监管机构进行监管。这些监管机构包括环保局、水务办公室、饮水稽查处等，共有工作人员 10000 多人，以此可见英国政府对监管的重视，以及政府在管理中的主导地位。2000 年英国颁布了新的《公共设施法》，将以前的天然气供应办公室和英国电力办公室合并，组建了新的监管机构——英国天然气和动力市场办公室。该机构由管理董事会、管理委员会和管理部门组成，董事会有 9 名成员，其主要职责是提出战略、基本政策和安全管理方面的意见，制定了相关燃气和电力管线安全管理的具体规定，并指导相关重要管线的安全保护❷。

❶ 北京城市地下管线管理研究课题组. 国内外城市地下管网管理的相关经验与做法 [J]. 城市管理与科技，2009（2）：35-37.

❷ 李伟清，李小波. 城市公用管线安全防控管理比较研究 [J]. 河北公安警察职业学院学报，2011（1）：23-25.

2. 无缝集成管线相关信息提高管理效率

在英国的管道工业中，广泛使用着名为"Pipeline Manager"的系统。该系统储存了管道走向、沿管道走向的工程信息、环境制约因素、土地所有者信息以及所有这些信息的准确地理位置，能使工作人员便捷地查询到目标地点的多组信息数据，可以有效保障相关机构对地下管线工程的高效管理。

3. 吸引投资

英国针对不同的城市基础设施采取不同的吸引社会投资的方式，具体包括自由竞争方式、政府补贴方式和政府购买服务方式三种。在城市基础设施产品和价格服务方面，英国建立了"RPI-X价格管制模型"。RPI为零售价格指数，即通货膨胀率，X是政府对企业所规定的生产增长率，政府对X值作周期性调整。

（三）德国经验

1. 新技术确保安全建设与管理

德国解决路面"开膛破肚"最有效的办法是在城市主干道一次性挖掘公用市政管廊，管廊内包括电力电缆、通信电缆、给水和燃气管道等。综合管线廊道能隔绝地下管线与泥土的直接接触，有效避免了酸碱对管线的腐蚀，一方面延长了线路的使用寿命，另一方面方便线路检修，有效地减小了检修压力。在老城区建设综合管线廊道，德国采用了岩土钻掘技术，即可以在不挖开地表的前提下进行管道的铺设、检查、更换、维修。在管道监测维护方面，德国管道公司设计了两类无人驾驶飞机管道监测系统，飞机搭载摄像机和高分辨率远程传感系统，在地面通过飞机进行信息的汇集和数据处理，该设计能有效监控第三方破坏。

2. 通过立法严格审核规划方案

自20世纪50年代以来，德国各个城市均以立法的方式对地下管道的建设予以明文规定，并成立了公共工程部，负责管理城市地下管道系统的规划、管理、建设与安全监管。公共工程部的成员由城市规划专家、政府官员、执法人员以及市民组成。在地下管道的规划方案中，必须包括有线电视、给水排水、电力、煤气和电信等地下管道的分布情况和拟建管道分布方案，在保证拟建管道与周边既有管道的分布情况一致的前提下，进一步具体规划拟建地下管道的建设方案。涉及范围较大的地下管道工程还需经过议会审议，以听证会的形式征求周边受影响住户的意见，同时起到协调住户、建设运营商、涉及地段产权人等多方意见的作用。只有在听证会通过审议的前提下，工程项目才被审批通过。在项目审核过程中，政府十分重视审批的前瞻性，即综合考虑未来城市建设的走向进而给予项目指导意见。

3. 政府引导多方融资市场运作

在经营上，德国的大多数城市采用灵活的多家企业参股的市场化方式。投资方对建设的地下管道设施享有一定年限的管理权和收益权。同时，如果投资企业出现资金不足等情况时，政府还会协助引导社会资金、其他企业和个人的闲置资金投入。但是，即便投资方拥有一定年限的管理收益权，地下管道最终的产权永远属于国家，这一点保障了地下管线能统一由国家协调和管理，从而避免重复建设和不规范建设，节约了国家资源。

（四）日本经验

1. 规划建设

（1）区别设计不同功能的管沟

在日本，地下综合管道被称为共同沟。共同沟在功能上分为干线共同沟（Common Duct for Truck Lines）和支线共同沟（Common Duct for Utility Supply Pipelines）。共同沟内收容的管道大体上分为电话、电气、通信等缆线类以及城市燃气、上下水管道、城市供暖等为主的管道类。干线共同沟主要收容各类主管道和主缆线，铺设在机动车道下方，不直接为沿道用户提供服务。支线共同沟则直接向沿道用户提供服务，为了方便提供服务，该类共同沟一般铺设在人行道下方。

（2）前瞻性规划设计确保共同沟适应未来环境

日本共同沟的建设和规划设计会考虑到很多因素，体现了前瞻性。考虑的因素主要有：①共同沟上方现有公路或者未来公路的交通预测量；②将来需要的公共设施发展情况和路面重复开挖的频率；③未来城市规划和地下空间利用规划中（如城市环状高速公路、地铁、立体交叉）有无大规模工程以及施工年限预测；④现存的地下道路设施、地下埋设物和石油输送管道；⑤共同沟作为道路附属物，需要尽量和道路延伸方向一致。由于各种特殊情况，共同沟的设计也需要依据施工可行性来确定。

（3）综合构造特点设计附属设备

共同沟由一般部（即标准部）、特殊部、通风换气口以及出入口等构成。特殊部是收容物件的分支部、电缆电线的连接部、铺设物件搬入口部等，设计复杂、断面尺寸大。为方便调节内部的温度、湿度，排出有害气体，需要设置通风换气口。共同沟内部尺寸除了考虑收容物件所需的空间外，还考虑到了留出设备检修、保养的通路以及工作空间、通风换气空间、排水空间等。如临海副都心的地下管线，共同沟长 16km，仅抽水泵就安装了 1000 多台。为了确保共同沟内安全，方便检查、维修、保养等，共同沟内还设置了给水、照明、换气以及其他安全保障设施。

（4）多种施工方法应对不同环境

共同沟的施工方法一般有明挖法和暗挖法。明挖施工法，首先要确定必要的施工范围，并打入钢板桩等挡土设施。挡土设施会考虑到施工地点的地质环境、路面状况、周边建筑情况、地下埋设物等因素来分情况选择。常用的方法有三种：①工字型或者 H 型钢，边挖土边插入钢板挡土；②当地基软弱、地下水位高时，采用钢板桩挡土；③浇筑连续砂浆桩等。因为明挖法会给路面安全带来隐患以及给周边环境带来噪声，新的特殊方法被运用到施工中，"盾构法"就是被广泛采用的一种。即采用地下掘进机直接在地下进行暗挖，有效减少了对交通的阻碍和对周边环境的噪声污染。

2. 运营维护

日本共同沟采用信息化管理，管沟的出入口和管沟内部都装设了大量感应器和探测器，将各种情况及时反映在主控室，从而使管线的运营情况一目了然，一旦人或其他动物进入管沟立即就会被发现，并且可显示其所在位置。共同沟内照明设施非常完备，其照明度完全可以满足检修要求，并且照明灯都是防爆灯具。

3. 管理安全

（1）特别措施法严格保障共同沟建设

为了推动共同沟的建设，日本在 1963 年就制定了《关于设置共同沟特别措施法》。初期，因为地下管线涉及众多的地下管线单位，共同沟的推行发展缓慢。之后，由于政府的有力推广以及利益方对其作用的认识加深，在不断的修订和完善下，措施法逐渐被接受。1991 年日本政府成立了专门管理共同沟的部门，负责推动共同沟的建设并对共同沟进行维护管理。

（2）各级政府负担部分费用

自 1963 年日本颁布《关于设置共同沟特别措施法》之后，综合管线廊道，即共同沟，就作为道路的合法附属物，在道路管理者负担部分费用的基础上开始大量建造。共同沟的建设资金由道路管理者和管线单位共同承担。如果该道路属于国家级道路，则道路管理者为中央政府，那么就由中央政府负担部分费用；如果该道路属于地方道路时，道路管理者为地方政府，就由地方政府和管线单位共同承担建设费用。同时，地方政府也可以向中央政府申请无息贷款作为共同沟的建设费用。

二、城市市政基础设施管理国内经验

目前全国各城市不同程度地建立了地下空间利用和地下管线管理制度，其中，前者以南京、后者以成都市温江区为代表进行的制度创新值得借鉴。

（一）南京地下空间利用

南京是从 2002 年开始地下空间开发利用及相应土地使用权出让管理尝试的，对于地下空间使用权出让管理已经建立了一套较为成熟的测绘、评估、出让、登记发证等工作流程，典型的案例是新街口地下空间综合开发项目和南京南站项目。

1. 加强管理立法，建立协调机制

为加强南京市城市地下空间开发利用管理，提高土地综合利用效率，促进土地集约利用，2012 年 11 月南京市政府出台《南京市人民防空工程建设管理办法》（政府令［2012］第 288 号），2016 年 4 月出台《南京市城市地下空间开发利用管理暂行办法》（宁政规字［2016］8 号），对南京地下空间开发、利用、管理等工作从规划管理、用地管理、工程建设、使用管理等方面予以规范。同时加快推进《南京市地下空间规划管理办法》的出台，以规范地下空间规划的编制、审批和实施。城乡规划行业主管部门发布的《南京市控制性详细规划编制技术规定》和《南京市城市设计导则》，同步要求控规和城市设计中明确人防地下空间利用范围、功能、深度、出入口方位等内容。

2015 年 3 月南京市政府设立城市地下空间开发利用综合协调机构——南京市城市地下空间开发利用领导小组，由分管市长任组长、市政府及各区 30 个部门为成员单位，领导小组办公室设在人防办，主要任务是研究解决城市地下空间开发利用中的重大事项，协调和督促有关部门依法履行监督管理职责，并全面启动了地下空间开发利用工作，拓展了人防融入经济社会发展的新空间。

2. 规划总体引领，实施分类供地

科学规划是地下空间开发和利用的前提。2005 年南京即编制了《南京市人防工程与地下空间开发利用总体规划》，提出依托城市轨道交通线网建设，对城市重点区域地下空间资源进行整合、新建。2016 年南京市人防办和规划局联合启动了《南京市城市地下空间开发利用总体规划》的编制工作，同步开展分片区和重点片区规划编制。同时，依据地下空间开发利用专项规划，在年度土地供应计划中有序安排地下空间开发利用用地项目，并根据城市规划控制要求，合理确定地下空间开发利用相关建设条件和要求，纳入建设用

地供应条件实施统一管理。初步建立了以地下空间总体规划为宏观指导，以控制性详细规划的地下空间引导为法定依据，以各重点片区地下空间详细规划为实施方案的地下空间规划体系，对人防功能建设与地下空间开发融合进行分层落实。

建设用地使用权出让、转让均包含了地上空间使用权、地表使用权及地下空间使用权三部分。南京市绝大部分是三权同时出让，并根据地下空间不同的规划用途，分别采取划拨、公开出让及协议出让方式分类供地：①用于国防、民防、防灾、城市基础设施和公共服务设施涉及国家安全和公共利益的地下空间，采取划拨方式供地；②对可实施独立开发建设的经营性项目需要使用地下空间的，采取招标、拍卖或挂牌公开方式出让地下空间使用权，确定开发建设主体；③对于不具备单独供地条件的地下空间，如连接两幅地块地下空间的地下通道、地下车库超出出让范围等，可采取协议出让方式供地，由周边土地开发主体实施统一规划，整体建设，以一步盘活存量空间资源，提升土地节约集约利用水平。

3. 启动普查工作，实现数据融合

为尽快掌握南京市地下空间分布情况，南京市政府出台了《南京市城市地下空间开发利用普查工作实施方案》，开展了《南京市城市地下空间（构、建筑物）普查勘测技术规程》、《南京市城市地下空间（构、建筑物）数据标准》的编制工作，实现人防工程与地下空间的数据融合。初步完成地下空间信息系统建设方案，建立地下空间普查信息数据库，重点探讨信息系统平台与规划局地下管线平台、三维信息系统平台、规划管理时代三代系统平台和人防大数据平台的衔接，为统一的城市地下空间基础信息数据化管理提供载体，并探索形成人防工程和地下空间数据动态维护机制，实现数据更新方式的融合。

4. 创新产权登记，促进连通建设

南京市是全国为数不多的对地下空间采取分层登记的城市，包括对地下停车库办理土地分割登记。地下使用权的土地登记按两类进行审核：①结建地下使用权，即在地面宗地范围内结合开发建设地面建筑物一并开发建设地下建筑物；②单建地下使用权，即利用地面用地单独开发建设地下建筑物。结建地下使用权按地下建筑物的水平投影（扣除属于地面建筑物的部分）分层确定地下使用权。结建和单建相邻并为统一建设主体，组合确定地下使用权。

为促进地下空间连通建设，《南京市人民防空工程建设管理办法》强制规定，规划人防工程时，应当同时规划人防工程与其他地下工程的连接通道或者预留连通口。已建成的人防工程未与其他地下工程之间连通的，由人民防空行政主管部门会同规划、住房和城乡建设、国土资源等行政主管部门制定实施计划，逐步修建连接通道。

（二）温江地下管线管理

成都温江区地下管线相关工作由温江区规划管理局主持展开❶。规划管理局在地下管线相关事业方面主要参与编制全区内的区域规划，负责城乡道路、桥梁、隧道、给水、排水、燃气等市政规划工作，同时在地下管线的监督检查方面负有责任。温江区在地下管线管理中，搭建了地理信息公共平台，成为西部地区数字城市建设的典范。

1. 进行地下管网普查，充分对接现状

为适应温江区城乡现代化建设需要，优化基础设施建设，规范城乡地下管线建设秩序，提高地下管线的建设和管理水平，温江区政府于 2007 年开始城乡规划综合地理信息系统的建设，并同期展开地下管线普查工作，同年 11 月完成地下管线普查工作，并建成城乡规划综合地理信息系统。依托该系统，温江区政府全面掌握了区内地下管线资源，为市政基础实施统筹管理夯实了基础。温江区在完成地下管线普查工作后，并没有按照传统做法将普查数据导入系统数据库，而是由管线权属单位对普查数据进行了权属和数据的确认。该项工作明确了地下管线的责任主体，保证了管线数据的真实性和有效性。权属明晰后，温江区委托专业市政研究院对全区管线进行了评估。通过地下管线评估工作，厘清了原有管网系统存在的问题，并根据工程难易程度和财政资金安排逐步实施整改。

温江区综合地理信息系统将管线普查成果与专业专项规划两套成果整合起来，实现同一平台、同一标准的统一管理，使地下管线普查和管线评估工作发现的老问题，能够在专业专项规划的新成果里找到解决问题的途径和方法。同时利用综合地理信息系统的优势，将地下管线现状和规划成果数字化、可视化，使政府管理更透明、更系统、更精细。

2. 编制地下管线综合规划，重视年度计划

在完成城乡规划综合地理信息系统建设、地下管线普查、管线权属确认、管线评估工作后，温江区建成了支撑城乡市政基础设施规划体系编制的工作平台。在此平台的基础上，编制完成涵盖道路交通、给水排水、电力、燃气、通

---

❶ 资料来源：温江区规划局提供。

信、水系以及地下空间七大专业、十二个门类的市政基础设施规划。目前温江区的专业专项规划在民生保障、能源支撑、环境保护、交通出行等方面已形成完整的体系，充分发挥了规划在经济社会发展中的龙头作用和基础作用。为统筹制定科学合理的建设时序，实现基础设施建设与城市发展协调同步，保障基础设施体系的安全可靠性，提高公共财力的使用效率，温江区按照将规划变计划，将计划变实施的工作方式，实行了《市政基础设施年度实施计划》制度。每年年底温江区依据区域发展计划，结合现状矛盾和规划体系，统筹分析全区市政基础设施建设需求，安排来年项目建设计划，科学指导区域基础设施建设进度，落实建设主体、建设规模、建设资金等，保证项目按计划实施，充分发挥基础设施引领发展的作用，保障区域健康发展和政府投资的高效率，确保市政体系的安全性和可靠性。区人大每年就《市政基础设施年度实施计划》的贯彻实施情况进行监督。

3. 建立联合审批监管制度，抓住关键环节

温江区结合各部门职能职责、相关法律法规，依托温江区地理信息公共平台统筹优化流程，开展市政项目多部门联合审批制度。从项目计划，到竣工验收，各部门按其职责分工对建设过程的各个环节进行监管。如规划选址作为发改立项的必要条件；通过规划和结构审查的施工图作为审计预审的依据；如规划竣工复核作为竣工验收的前置条件；规划竣工复核结果作为审计决算和财政支付的依据；通过地理信息公共平台的联合审批制度，强化规则，加强了政府对市政建设项目各个环节的监管，提高了管理效率。具体实施过程中，注重方案审查和施工图审查，保证项目在设计阶段按既定的专业专项规划进行，保障项目在实施完成后能够完全解决市政系统存在的问题。市政项目初始强制放验线，确保在施工阶段严格按照审查通过的施工图进行施工，项目结束后强制竣工测绘以复核项目实施的结果。通过综合地理信息平台，抓住关键环节，从设计、施工，到最后竣工验收均进行有效的监管控制，增强管理的整体性和连续性。

4. 财政提供基础经费保障，明确责任主体

温江区将全区规划编制、基础测绘、施工放线、竣工测绘、重大市政项目研究和公共平台建设的经费全部纳入年度财政预算，由区财政承担，有效保障各项工作的顺利开展。在市政基础设施项目需要进行放验线和竣工测绘时，建设单位仅需电话通知温江区测绘管理办公室，由该办公室根据"三个强制实施意见"统一组织实施。待测绘工作完成后，建设单位签字确认工作量，所有测

绘费用均由温江区测绘管理办公室与财政部门统一结算，所需资金在区财政年度预算中予以落实。此项举措将建设单位从纷繁复杂的资金支付环节中解脱出来，使测绘这一类技术保障变为真正意义上的服务保障，保障了测绘数据的实时更新和基础设施建设的系统性、安全性，加强了政府在建设过程中的监管力度，避免了重复测绘、重复投资和重复建设。

为强化职能职责，保证市政项目实施的准确性，2009 年温江区将市政项目施工图审查的管理职能从区建设局划到区规划局，把规划审查、结构审查、技术服务进行有效整合，落实了责任主体。区规划局对市政方案、图审结论、竣工复核和验收数据负责，切实做到了市政项目的监管到位，保证了项目从方案到施工图的一致性。随着设计、审查环节的规范，逐步开放图审市场，建立与之适应的施工图审查机制。通过各环节的有效监管，实现了对市政建设项目的政务审批和数据更新流程的封闭式管理。

5. 建立管线专业测绘队伍，实施网格化管理

为发挥测绘工作在城乡管理、基础设施建设、防灾减灾等方面的基础性作用，区测绘管理办公室在"统筹管理"的基础上，将技术保障转变为服务保障，建立了专业测绘队伍，24 小时待命，确保高质量地完成测绘任务。同时，将实测数据入库，通过地理信息平台实时共享，将数据采集、加工分析、成果提供进行有效整合，保障了"三个强制意见"的有效实施，提升了服务水平，为提高决策管理的科学性和准确性奠定了坚实基础。

温江区率先在区（市）县建立了区、镇（街办）、村（社区）、组为责任人的四级网格化管理机制，实现了违法建设"横向到边，纵向到底"的网格化管理模式。同时温江区将城乡管理执法队伍、测绘执法队伍与规划执法队伍紧密结合，实施片区、镇、街负责制度，实现区域执法全覆盖。全域执法和全域规划，保障了项目按规则实施，增强了各部门的规则意识，树立了"管项目、管好项目"的信心。

三、城市市政基础设施管理借鉴启示

（一）对我国城市地下管线法规体系构建的借鉴

西方国家和地区极为注重地下管线法律的保障体系和制度的构建：①完善法律法规确保管线建设顺利进行。西方国家对地下管线的安全问题非常重视，美国、加拿大、英国等国家的管线公司都开始研究管道完整性管理问题，并就严防管线破坏颁布了安全法律法规，旨在进一步确保地下管网的安全，

进一步阐明管道运行管理人员的资格认证和管道完整性管理的概念。❶自 1963 年日本颁布《关于设置共同沟特别措施法》后，地下管线在建设、管理、维护上逐步走入正轨，随后的数十年里，法律法规不断完善，健全的法律体系有力地保障了该事业的长足进展，日本也成为世界上地下管线建设最先进的国家；②严格制定地下管线建设审批制度。对于地下管线建设方案要制定严格的审批制度，建设方案首先需要考虑到对周边设施的影响、对居民生活的影响、对将来城市发展的影响，以及其使用寿命等。审批机构可以组织城市规划专家、政府领导、执法人员和利益相关的市民构成审核委员会，从不同角度审定方案的可行性，最后综合评定建设方案的可行性来决定是否批准建设。严格的审批制度能够确保资源的有效利用，避免资源浪费，同时促进地下管线建设走向更高的技术平台。

（二）对我国城市地下管线安全管理运营的启示

西方国家和地区地下管线安全运营管理主要从以下方面进行：①建立利益相关者参与机制。为了确保地下管线在建设中能够平衡好多方利益，均建立利益相关者参与机制，鼓励全部或者部分利益相关者代表主动参与建设方案的制定、审核；②设立独立机构进行管理。在地下管线建设中，各地区均设立独立监管机构对地下管线项目行使监督管理权。针对不同地区的情况对管理机构授予一定权力，例如授予特许经营权、执照、许可证等权力。独立监管机构负责处理各个利益相关者之间的关系，同时负责向公众普及地下管线知识、预防地下管线事故、维护地下管线正常运行等；③培养优秀的专业管理人员。构建良好的管理体系，培养优秀的管理人员十分有必要。管理机构一般吸纳并定向培养管理人才，在地下管线项目的技术、监管、设施维护以及处理公共关系等方面培养专项人才，同时注重综合型人才的培养；④加强管线安全技术研发。国外重视管线运营过程控制的研究，注重研发和提高管道监控系统和计算机网络管理系统的自动化水平。为了方便监管地下管线，实现信息化管理，同时减少地下管线的第三方破坏，构建地下管线直呼体系，应将先进的信息技术、地理定位技术等融入管线的建设中，在数据库中纳入管线所处的地理位置、管线周围的地质状况、管线上方和周围的建筑状况、管线的使用状况等信息，使用者可以通过网络查询、电话直呼等方式 24 小时获知地下管线的相关信息。

---

❶ 孙平，朱伟，郑建春. 城市地下管线安全管理体系建设研究 [J]. 城市管理与科技，2009（4）：58-59.

（三）对我国城市地下管线规划建设实施的启示

西方国家和地区地下管线规划建设极为注重以下几个方面：①规划决策注重前瞻性。随着社会的不断进步，地下管线的种类将逐步趋于多样化，为了保证地下综合管道适用于未来生活，地下管线的规划设计需要注重前瞻性。如日本在交通显著拥挤的道路上，地下管线施工将对道路交通产生严重干扰时，由建设部门指定建设综合管廊，应结合道路改造或地下铁路建设、城市高速等大规模工程建设同时进行；②加强附属设备构建。为了维持地下综合管道的正常运转、保障管道安全，附属设备的构建十分重要，主要包括排水设备❶、通风设备❷、电力设备❸、通信设备❹及广播设备和中控设备；③合理使用各类建造方法。综合管廊应采用最新型的材料与先进的技术进行建造：优质的材料主要有高效的防渗材料、可灌性好并可调整凝固时间的浆材等，技术方面则大量采用信息管理技术，方便建设和维修。同时针对不同的地理环境，需要选择不同的建造方法，例如明挖法和盾构法等。

第五节　城市市政基础设施管理制度建议

一、城市市政基础设施管理制度创新逻辑

城市市政基础设施是城市可持续发展的基础，是城市发展质量的核心，是区域增长的支持系统。市政基础设施规划建设管理最大的创新即理念的创新，可能涉及两个方面：一是探索用管理地上的思路、经验和制度管理地下的管理制度；二是需要探索多种投融资模式，建立具有公共财政手段支持的，对私人建设项目进行监督管理和利益补偿的长效机制。

（一）创新思路

市政基础设施管理内容丰富庞杂，涵盖多个环节，涉及多个利益主体，管理思路创新需要从以下两个方面切入：①规划统管。根据现有市政基础设

---

❶ 共同沟内部水管、结构壁面以及各接缝处都可能造成渗水、漏水，应及时排出。

❷ 地下综合管道内需要维持正常通风，当地下综合管道内有毒气体浓度超标时，应进行强制通风，以降低有毒气体的浓度。一般通风设备利用地下综合管道本身作为通风管，再交错配置强制排气通风口与自然进气通风口。

❸ 为了维持地下综合管道内的日常照明，达到通风排水的标准要求，附属设备中电力设备亦非常重要。

❹ 为使地下综合管道检修及管理人员与控制中心联络方便，地下综合管道内应配备相应的通信设备。可以采用有线与无线两套通信设备。

施统一管理或协调的各类机制运行状况研究认为，城乡规划行政主管部门应作为城市地下管线综合管理机构，对地下管线建设项目审批、设计审查、工程管理、竣工验收、安全监督检查等建立起信息监管、安全监管、建设监管的整套管理流程。城市规划一直是政府的管理手段，政企合作模式下让市场化投资人、市场化运营主体、城市运营商深度参与规划，让市场更充分理解城市的意图，使城市成为真正和市场一起成长的规划；②机构整合。城市应探索成立城市建设与防灾管理委员会（城市管理委员会），将现有建委、规划局、国土局、房产局、交通管理局、市政管委、水务局、人防办、地震局等政府职能进行整合，协调各个管理职能，减少城市建设过程中由于相互沟通不善造成的资源浪费。同时房产局改为资产管理局，对地下空间、地下构筑物的登记制度，与物权法相一致。

（二）路径创新

市政基础设施管理路径创新主要在于法律保障和制度保障。

1. 法律保障

城市市政基础设施的规范化建设管理需要完善相关法规制度标准，探索制定《城市规划建设条例》，包括对雨水利用的强制性立法，建立废旧管线回收规定（即地下拆迁制度）。对城市基础设施规划设计、项目筹资、投资建设、企业经营及城市基础设施的使用等全过程进行监管，并将政府部门、相关企业、居民的权利、义务、责任等以法律形式确定。建立基础设施建设用地的强行收购程序，扩大政府对规划用地的预购权。改善和简化规划审批程序，规划期间禁止建设和用地调整，搁置建设申请。城市政府具有法定预购权，目的是保证规划编制期间，禁止出现与规划不一致的建设计划，避免给规划实施带来困难。探索制定《城市地下空间资源出让招拍挂管理办法》、《城市共同沟管理条例》、《城市共同沟建设资金及管理费用承担办法》、《城市地下空间权属登记办法》等法律法规，实现地下空间建设的依法管理。

2. 制度保障

城市市政基础设施的规范化管理应建立四项制度：①制定市政基础设施运营企业管理政策。市政基础设施运营企业不同于一般企业，应享有一定的优惠政策，针对不同类型的企业采取不同的管理模式。对于污水垃圾处理等通过收费补偿投资的企业，投资补偿和收费挂钩，由政府直接掌握，其生产运营引入私人企业，政府需提供一定数额的运营费用，私人企业承担明确的任务，并通过自己的努力获取利润。对于供水、供气、供电、通信等经营性企业，按照商业化原则进行经营，一部分行业的企业要与私人投资竞争；②制定新技术使用鼓励政策。现有的工程造价控制得往往很低，限制了新技术的使用，因此需要对项目审批的预算制度进行有针对性的调整；③制定道路等市政基础设施建设费用的分摊办法，目的是使房地产所有者在分享道路设施和其他设施的建设带来丰厚利益的同时，必须承担城市建设需要的相应费用；④建立管网普查和管线登记制度、验收制度。明确主管职能部门，设立专门的管理机构，配备充足的管理和技术人员，具体负责从建设工程申请开始到竣工验收形成各种地下管线资料全过程的管理、监督、检查工作，并负责对外提供各种形式的地下管线资料 ❶。

二、城市市政基础设施管理制度创新建议

城市市政基础设施管理制度创新建议主要包括海绵城市建设和综合管廊建设两个方面。

（一）海绵城市建设实施建议

1. 法律制度

海绵城市的规划与实施是新生事物，涉及范围广泛、类型复杂、主体多样，包括地上地下空间设施、已建新建区域、政府社会企业主体等，应建立基于全生命周期的海绵城市规划实施法律制度体系。通过海绵城市管理立法，解决海绵设施谁来建、怎么建、谁投入、谁受益、谁运营等一系列问题，制定配套政策，如新建区域的强制性政策、旧城更新区域的鼓励性政策、社会资本的健康投入和约定收益政策，形成海绵城市源头控制、过程管控和效能评估的制度体系。

2. 审批流程

在法定和非法定规划中落实海绵城市建设要求，按照系统性、科学性和可操作性的规划方法编制可实施的海绵城市规划，统筹考虑大海绵的系统规划和小海绵的精细设计。控制性详细规划是地方城市规划管理的核心环节，应该说新区开发的海绵设施管理来自于空间设计，旧区改造的海绵设施建设则是基于产权的讨价还价，因此在控规中纳入海绵城市要求的技术方法及技术程序成为海绵城市规划建设实施的关键。海绵城市规划管控的起点是"土地出让／划拨"，核心是"建设工程验收"，关键是后期运行管控的核心"三证"：用地规划许可证、工程规划许可证和建设工程规划条件核实合格证，因此需要纳入海绵城市建设的要求（表4-16），并完善后期运行的考核手段、考核标准和奖惩措施。

---

❶ 陈莺，张强 . 如何建立地下管线管理系统运行的长效机制 [J]. 城建档案 .2006（4）:37-40.

海绵城市规划实施管控环节要求一览表　　表 4-16

环节		主管部门	部门职责
国有土地出让	土地招拍挂	国土、规划	在土地出让合同的规划条件中，加入年径流总量控制率等低影响开发指标
国有土地划拨	办理项目选址意见书	国土、规划	在办理选址意见书时，审查建设项目的低影响开发目标、技术路线、措施、技术经济可行性等内容
建设用地规划许可证		规划	对建设项目的低影响开发相关内容进行形式审查
建设工程规划许可证		规划	组织规委会对建设项目低影响开发设计方案进行审查，并出具审查结论
建设工程规划条件核实合格证、建设工程质量验收		规划、建设	根据建设项目竣工图，审查低影响开发设施的建设情况、建设质量，核算低影响开发指标

3. 技术体系

对海绵城市建设技术、建设效果进行全面、系统和长期的跟踪评价，需要通过专业设备和技术手段进行数据监控和积累❶，应建立海绵城市公共项目技术及绩效评价平台，超越"行政化"评估范式，构建多角度、多元主体参与的社会风险评价体系，形成以效果和安全为核心的全方位、多角度、多视野和全过程的风险监测与评价制度，促进决策智库和绩效动态评价的联动，规避质量风险、安全隐患和环境污染。如绿地海绵技术，不同区域的海绵城市建设在水生态、水环境、水安全等方面各有侧重，针对气候带特点，探索适合区域特点与目标导向海绵建设的绿地系统支撑体系，确保城市绿地综合功效的同时，因地制宜地合理确定城市绿地海绵功能作用量，确立绿地植被、土壤和设施等技术的海绵响应机制。而工程海绵技术，则通过地下水和工程地质的监测和检测，查清海绵城市建设对地下水和工程地质的变化，选取有利于海绵城市建设的工程技术。

4. 制度机制

现阶段社会公众对海绵城市规划的参与比较少，尚没有成熟的机制体制，目前使用更多的是由政府主导，专家、企业参与的模式。因此，需要研究公众参与的有效性及其实施的机制与途径，制定鼓励措施，如雨洪利用后防洪费的减免等❷，有效引导、调动公众积极参与海绵城市建设，充分发挥公众监督、举报、提出意见和建议等作用，增加公众认可度。

---

❶ 刘飞，王岩. 海绵城市建设的难点与技术要点探析 [J]. 园林科技，2015（4）：1-5.

❷ 张书函，丁跃元，陈建刚等. 关于实施雨洪利用后防洪费减免办法的探讨 [J]. 北京水利，2005（6）：47-49.

海绵城市建设是多种发展理念的集中体现，是国家治理模式的现代变革，是新型城镇化质量提升的行动引擎。基于目前海绵城市建设政治性要求高于技术要求和科学要求的背景下存在的纵向纠错脱节和横向联系协调平台、载体与制度等方面的缺失问题，应适当放慢速度，借助海绵城市试点规划实施的实证研究，发现隐含的风险和存在的问题，通过自下而上的逻辑修正，建立科学、全面的海绵城市规划实施政策和实施策略，稳步推进海绵城市建设的全面开展。

（二）综合管廊建设实施建议

应对综合管廊建设规划实施面临的困境，应改变传统技术属性的规划编制办法，从公共政策的视角编制更具综合性和协调性的《综合管廊规划》。

1. 制度逻辑

将综合管廊规划定位为基于公共政策逻辑的可实施性规划需要从以下几个方面强化：

（1）制定主体

地下管线管理的不同环节涉及的部门众多，规划必须建立在规划主体一致的共同价值观基础之上，从部门管理基础和地下管线信息化管理趋势角度，规划管理机构作为《综合管廊规划》的牵头单位更有力，同时需建立协调机制，将办公室设在规划局。

（2）政策核心

综合管廊规划需要解决纵向实践逻辑下的为何建、建在哪、谁来建、怎么建、谁来管和怎么管等核心问题，同时应协调横向诸多规划和计划的空间布局和建设时序问题，时空逻辑的交织使得《综合管廊规划》既需要技术性解决方案，又需要制度性变革策略，因此综合管廊规划是整合地下管线规划的多规合一专项规划，将规划的核心内容纳入城市总体规划及控制性详细规划，通过信息化管理和建设程序的调整促进各类管线的建设时序与综合管廊建设规划的衔接。《综合管廊规划》包括科学方案的技术支撑和政策体系的制度保障两个部分（图4-5），这两部分内容是综合管廊建设的准则、指南、策略和计划。

（3）规划逻辑

综合管廊规划包括决策、规划布局、设计建设和运营管理的全过程内容，包含两个编制逻辑：①通过运营的前期介入形成小循环。新加坡滨海湾地下综合管廊规划建设之初，新加坡政府先行确定运营团队CPG FM，从安全建设、运营维护的角度介入设计环节并提供咨询意见，确保综合管廊建设符合运营

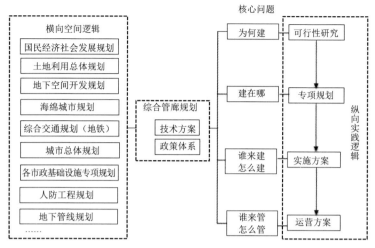

图 4-5　综合管廊规划的时空逻辑

要求。综合管廊规划应按照全生命周期理念，促使市场化投资人、市场化运营主体、城市运营商深度参与规划、建设过程，建构综合管廊的系统逻辑（图4-6），使综合管廊规划成为与市场和城市一起成长的规划；②规划实施的评估形成正向反馈的大循环逻辑（图4-7），大量的研究内容、技术内容和政策内容，可以确保规划的科学性、合理性、效率性和可实施性。

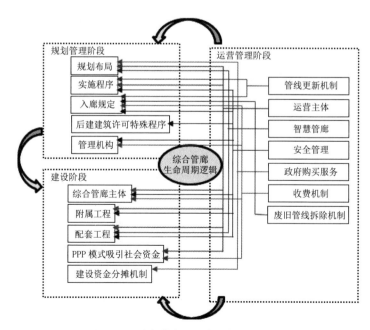

图 4-6　综合管廊全生命周期系统逻辑

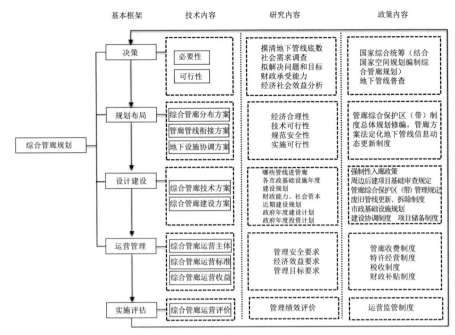

图 4-7　综合管廊规划运行逻辑

2. 规划实施

综合管廊建设的顺利进行和综合管廊规划的有效实施需要法律、制度以及标准体系的完善，具体建议如下：

（1）完善地下管线管理法律法规，制定配套管理政策

发达国家对地下管线的建设和安全问题非常重视，美国、加拿大、英国等国家的管线公司都开始研究管道完整性管理问题，并就严防管线破坏颁布了一系列安全法律法规，旨在进一步确保地下管网的安全。我国应探索制定《地下空间保护法》、《城市综合管廊管理条例》、《城市综合管廊建设资金及管理费用承担办法》、《城市地下空间权属登记办法》等法律法规，实现地下空间建设的依法管理。建立废旧管线回收机制、综合管廊（包括地铁等重大设施）等周边建设工程规划许可审批前的结构预审制度以及道路等市政基础设施建设费用的分摊制度，完善基础设施建设用地的强制收购程序。制定市政基础设施运营企业的优惠政策、新技术使用鼓励政策等。

（2）编制全国综合管廊战略规划，加强规划标准协调

综合管廊建设与全国城镇体系规划相结合，有效确定综合管廊的适用城市

和适用范围。重点城市、地震灾害多发城市应是综合管廊建设的重点，特大城市中心区作为综合管廊的实施区域，应进行有效监管。不具备条件或实力的地区应加强前期规划研究，预留管位。国家制定统一的管线信息系统数据标准（包括探测数据标准、元数据标准及交换数据标准）和不同地域城市地下管网的三维空间配置标准，完善工程监理、专业管线检测、管道健康评估等城市地下管线专业技术标准。

（3）实施地下管线信息化管理，调整管理机构与流程

在进行地下管网普查，全面准确掌握城市基础设施现状的基础上建立地下管线的动态更新机制，设立地下管线专门的管理机构，配备充足的管理和技术人员，具体负责从建设工程申请开始到竣工验收形成各种地下管线资料全过程的管理、监督、检查工作，并负责对外提供各种形式的地下管线资料，实施信息化管理，建筑质量验收与规划验收合置，强化验收环节。将房产局改为资产管理局，对地下空间、地下构筑物、地下管线进行登记。

本章小结

我国城市市政基础设施采取中央集权和地方自治之间的混合型管理体制，既有市政基础设施系统上下级的垂直行业管理（纵向），又有地方层面的属地管理（横向）。规划、建设和运营管理之间呈现不同的衔接方式，具有城乡分治、层级分审、部门分管、建管分制、源网分离的特征。城市市政基础设施投资模式由政府主体向多元主体转变，运营管理实施特许经营制度。国外城市市政基础设施建立城市系统性、协调性的管理制度，并通过技术手段智慧地解决城市市政基础设施问题。我国城市针对地下空间的协调管理和地下管线的综合协调管理机制也进行了有意义的探索。综合管廊是解决地下管线问题的技术性解决方案，海绵城市是提升城市发展质量的思想性实施手段，解决城市市政基础设施问题的根本仍在于理顺管理体制，创新综合协调机制。

第五章 城市规划法律制度

城乡规划的失灵具有多种原因和多种表现形式，规避失灵需要系统性的解决方案。我国城乡规划的法制环境直接与其他经济、社会和行政管理制度相关，《城乡规划法》的出台极大地促进了我国城乡规划管理的法制化进程，随着管理问题的出现，不断修正和完善城市规划法律制度是必然的。

第一节 城市规划失灵的特征与对策

一、城市规划失灵的背景与特征

"大政府、小社会"的背景下，社会管理与市场管理的行政强势使得我国城市规划干预的领域更广泛、方式更主动、手段更多样，伴生出现的规划失灵也呈现出与其他国家和地区不同的背景和特征。

（一）规划失灵的背景

1. 规划失灵的理论提出

失灵（be out of order）字面意思是变得不灵敏或完全不起应有的作用，城市规划失灵是城市规划没有起到应有的控制、引导的作用，"纸上画画、墙上挂挂"是规划失灵最鲜明的写照。城市规划工作属于一种政府的行政行为，规划失灵的前提悖论有两个：①城市是单一所有者——城市政府的，而政府被视作处理"市场失灵"的组织，是一个自立的经营主体而非盈利的，但现实城市政府是一个经营空间的企业，不是市场的旁观者（裁判），而是市场的参与者（运动员）；②当前我国城市规划仍然是以工程和美学为主的热门学科，城市规划将一个城市视为一栋建筑，是建筑学延伸到城市规划学技术性传统的思维核心和理论基础，城市规划无需考虑交易成本，只考虑技术上的合理性。但现实世界并非如此简单，一座城市除了最初的一段时间外，是被无数的业主所共同拥有的，随后城市的所有权分散在不同价值取向的利益主体手中，城市成为多重产权空间组织，而利益不同的多人世界，是城市规划和建筑设计、工程设计最主要的职业分水岭。

上述背景下，城市规划的合理性也不再只建立在工程技术是否合理的基础上，政府不能据此组织城市功能、安排城市基础设施、分配空间资源，而城市规划的操作性不再只建立在财力上，平衡各方利益并获得社会公众的支持是城市规划能否实施的重要的决定性条件，城市规划必须通过"集体的行动"以实现"公共利益"❶。由于交易成本的存在，城市规划的传统无法提供当前制度设

---

❶ 赵燕菁. 城市规划的经济学思考［J］. 公共管理与公共政策评论，2008（1）：2.

计所需的专业分析工具，城市规划政策失灵自然而然成为一种博弈的过程和结果的妥协。

2. 规划失灵的现实背景

现有城市建设的政府、企业、居民三方利益主体在博弈的过程中，由专家承担城乡规划的编制等第三方职责。对待规划的态度和需求截然不同，存在异化的现实：①在资源环境领域，城市规划被指为地方政府好大喜功、盲目扩张土地的推手；②在经济增长领域，城市规划常被指责为招商引资的绊脚石；③在社会发展领域，人们往往批评城市规划见物不见人；④在工程领域，城市规划经常被认为是城市交通拥堵的罪魁祸首。我国市场化取向改革30多年的经验显示：政府放得越多，市场越繁荣，于是有人提出计划是无效的，进而城乡规划也是无效的。英国经济学家亨利•西格维克一个世纪前就有这样的论断：并非在任何时候自由放任的不足都是由政府的干预来弥补的，因为在任何特别的情况下，后者不可避免的弊端都可能比市场机制的缺点显得更加糟糕。

3. 规划失灵的根本属性

1980年国务院批转全国城市规划工作会议纪要中将当时城市建设的问题归因于：①对城市规划的地位和作用缺乏认识；②城市规划和建设计划互不衔接；③规划的实施缺乏法律保障；④城市规划技术人员严重不足，机构不健全。30多年来上述制度性缺陷得到了极大的改进与完善，但是城市建设问题依旧。借鉴西方认识问题的思路，原罪是事物本身存在所遗留的罪性与恶根，与生俱来，因此成为一切罪恶、灾难、痛苦和死亡的根源，本罪是失误运行过程中出现的罪，那么城市规划制度失灵——这些问题究竟是人类现代社会的"原罪"还是我国当代城市的"本罪"？是源于转型期我国公共行政领域面临的普遍困境还是城市规划领域的特有症结？

（1）本罪

城市规划工作属于一种政府的行政行为，在一定程度上，城市规划的失灵机制源于政府行为的固有的缺陷，规划本身预测无效、不符合实际和缺乏灵活性。政府行为的主要目标在于通过行政手段解决市场无法解决的外部性和公共物品的市场失灵问题，即解决市场失灵问题，但政府自身具有很强的局限性，其在解决市场失灵的过程中也很有可能造成"政府失灵"的现象出现。根据公共选择理论，由于政府决策的无效率、政府机构运转的无效率和政府干预的无效率，政府活动的结果未必能矫正市场失灵，而由于政府本身所具有的自利性，在政府活动的过程中，寻租行为和自利性时有发生。

从我国的情况来看，尽管民主政治与依法治国是党的执政纲领，但目前国家治理体系远没有达到尽善尽美的程度，这与我国历史上封建专制主义的影响有关（"父母官"），也同工作中领导个人高度集权的传统有关。权力导致腐败，绝对的权力导致绝对的腐败，政府和政治家强势地位的最大危害在于他们能使制度隐身，所有的诉求都将政治家作为终极通道，制度只对凡人有效。

（2）原罪

从城市发展的自身来看，我国城市规划失灵在一定程度上是由目前所处的经济发展阶段决定的：①经济发展方面，我国面临经济发展方式的转型压力，人力资本优势逐渐缩小，资源和环境成本不断地提高，如何通过经济结构升级摆脱"中产阶级"陷阱成为经济发展的重要问题；②社会发展方面，长期的效率优先所带来的社会问题开始逐渐显现，地域差距、城乡差距、高低收入差距仍然有不断加剧的趋势，社会发展的公平问题亟待解决；③民主发展方面，面临着公权力被俘虏、官僚集团利益化的问题，以及不断增加的公众对参与权的诉求，公共治理结构也有必要进行转型，只有实现政府由狭隘利益主体向社会公共利益主体的转变，才能继续深化改革和协调更为复杂的各种利益关系。

目前我国改革进入新时期，改革的需求增加与改革的动力减弱（政府成为改革客体、利益集团扭曲改革、社会承受改革成本）的矛盾不断加剧，未来20年将是我国现代化的关键时期和攻坚阶段，所有重大问题的解决都和政府改革乃至政治体制改革能否取得进展与成功密切相关。因此政府转型成为社会转型的核心内容，必须实现第二次转型，即公共治理结构转型。

（二）规划失灵的特征

1. 规划失灵的阶段划分

城市规划政策的制定和实施是一个政策本身与政策客体、政策环境之间不断博弈的动态过程，相应地，城市规划政策失灵的表现也是一个不断变化的过程。依据公共政策可靠性理论分析，在城市规划政策执行过程中失效表现在三个阶段。

（1）第一阶段：早期失效

早期失效是城市规划失灵的第一个阶段，表现出政策失效率比较高，政策目标实现的可能性比较差的特点。造成早期失效的原因主要有两个方面：①从城市规划政策本身来看，其在制定与实施的过程中可能存在某些缺陷，造成对公民合理的需求的忽视或损害，使得政策实施阻力加大，政策实施不畅；②在城市规划政策制定和实施的过程中，由于缺少公众参与以及告知宣传的过程，造成公众对与政策内容的不了解或误解，促使公民对于城市规划政策抵触情绪的产生。

（2）第二阶段：偶然失效

经过早期失效的阶段，城市规划政策在执行过程中进入一个高效率的阶段，这个阶段被称作偶然失效阶段，偶然失效主要有以下两个方面的原因：①城市规划政策本身的缺陷逐渐弥补，政策问题逐步得到修复；②政策的内容以及可能的效果也渐渐得到公众理解和认同，在这一阶段，政策的功能可以得到比较充分的发挥，尽管政策失效的问题可能随时会出现，政策内容仍需要进行一定程度的调整，但与早期失效阶段相比，问题出现和政策调整的频率显著降低，政策执行失效率处于最低状态。

（3）第三阶段：耗损失效

在城市规划政策经过一段高效率的偶然失效阶段之后，由于执行过程中的问题以及客观环境条件的变化，政策开始老化，执行效率开始下降，失效率上升。耗损失效阶段原有的政策需要在新的环境和因素的要求之下进行调整和修改，甚至需要重新制定新的政策。

一般来说，一项公共政策的执行都会经历上述三个阶段，这种政策执行效率的变化也被称作是浴盆模型。浴盆模型概念的提出为公共政策的制定和执行提供了很多指导性意见：①在政策早期阶段，由于主客观条件的影响和束缚，早期失效在一定程度上难以避免，在政策的执行和分析过程中，应该透过早期失效的表象研究政策本身实际发挥的作用以及其发展的潜力。切忌轻易修改政策，避免由于政策执行的不稳定引起动荡；②在政策偶然失效阶段中，要进行追踪检查，注意新政策的提出和原方案的修补，尽量延长高效率的政策执行阶段；③耗损失效的出现实际上反映了政策的老化，必须要在这个阶段做好政策创新，必要时应该及时制定出取代原有政策的新政策❶。

2.规划失灵的后果分析

城市规划失灵对城市规划工作而言面临多重危机。

（1）城市规划的权威地位面临挑战

城市规划的权威地位面临挑战不仅来自于市场方面，也来自政府的其他部

---

❶ 李连江.影响公共政策失效之因素分析［J］.理论界，2007（5）：44-45.

门。由于我国的立法体系、行政制度等多方面原因，城市规划的综合职能总体而言经历了一个分散的过程，政府规划的整体性、综合性被人为肢解，相应的行政职能被配置在不同的政府部门，从而带来部门间利益的矛盾，不同政府规划之间相互重叠、交叉的情况十分严重，城市规划的政策属性被一步步削弱，地位明升暗降。而城市规划行政管理部门自身也存在管理的疏漏问题，维护自身权威的能力在下降。如控制性详细规划从2008年《城乡规划法》颁布以来，一直是城镇规划行政许可的依据，2011年1月1日起施行的《城市、镇控制性详细规划编制审批办法》（住房城乡建设部令［2011］第7号）第3条强调，控制性详细规划是城乡规划主管部门作出规划行政许可、实施规划管理的依据，但很多城镇仍然存在着控制性详细规划编而不批、不编不批和高调整率问题，这需要反思制度本身的问题。

（2）城市规划的社会形象面临挑战

城市规划的社会形象面临挑战不仅源于城市规划在坚持原本公正原则时与当今社会市场化的倾向存在着天然的对立，也源于城市规划行业对于自身社会责任的忽视。城市规划是关系到国计民生的重要工作，城市规划的每一个决策都关系到公共价值和社会财富在社会各个阶层、利益集团之间的分配。虽然行业内部已然意识到城市规划的这种社会资源配置作用，但总体上仍然局限于空间领域，陶醉于自我完善的形象设计。这得益于改革开放带来的设计市场繁荣，公共利益被放在一个不恰当的位置上，城市规划日渐成为政治家追求政绩、企业家追求利润、民众追求个人利益的技术工具。

（3）城市规划的学科发展缺乏目标

城市规划的学科发展一方面没有能够脱离工程思维的局限，另一方面，学科领域的拓展迄今没有触及学科发展的根本问题，即学科的基本定位问题，一直延续着计划经济时期规划作为计划的延续和具体化的基本逻辑，对于市场经济体制下城市规划作为一项社会公共政策的基本属性缺乏必要的认识，所以是无论规划教育，还是学科建设的其他方面，都极为重视规划的技术成分，注重规划师的职业技能，而不看重认识问题、解决问题的方法，不重视职业道德的培养。虽然引进了地理学、经济学、生态学、公共管理学等相关学科，但是学科之间的交叉还远远不够，体现在规划实践中，相关学科的研究成果与规划专业原本擅长的空间领域之间并没有能够实现真正融合，经常在规划的技术性、科学性的幌子下，将政府的规划职能变为一个部门的专业行为，将社会公众排斥在规划的过程之外。

二、城市规划失灵的原因与对策

（一）城市规划失灵原因

城市化的快速推进引发空间的快速扩张和空间资源的短缺，我国城市空间规划的权利、范围和市场在资源配置中的作用在实践中同步扩张，规划在很大程度上改变了干预市场对空间资源配置的决定性作用，但市场的巨大作用也不可避免地导致规划失灵，因此规划失灵的原因是多样的和复杂的。

1. 法治不足导致规划相悖

中华人民共和国成立以来，我国城市规划的法制建设主要经历了三个不同的阶段：①规划法制的基本空白阶段（1949~1979 年）。在此阶段城市规划主要围绕有计划的工业建设进行，尽管我国在 1956 年颁布了《城市规划编制暂行办法》，但其并没有很高的法律地位；②法制的行政指令化阶段（1980~1989年）。期间国家先后颁布了《全国城市规划工作纪要》（1980）、《城市规划编制审批暂行办法》（1980）和《城市规划条例》（1984），城市规划相关法律不断完善，但行政手段而非法律手段仍是此阶段城市规划工作实施的最主要的指导手段❶；③城市规划的法制化阶段（1990 年 ~ 迄今）。随着 1990 年 4 月 1 日我国城市规划领域第一部法律《城市规划法》的颁布，我国城市规划事业进入到有法可依的新阶段，随后，建设部又陆续颁布了《城市黄线管理办法》（2005）、《城市蓝线管理办法》（2005）、《城市规划编制办法》（2005）、《城市规划编制办法实施细则》（2006）等相关法规，2008 年我国开始实施《城乡规划法》，城市规划的法律体系日渐完善。

尽管与中华人民共和国成立初期相比，我国城市规划相关的法制建设更加的完善与全面，但其仍然不能适应现阶段我国城市规划的发展要求。随着我国城市规划发展水平以及地方政府对于城市发展要求的提高，一些新的规划方式不断出现，2000 年 6 月广州市编制完成了《广州总体发展概念规划》，首开国内概念规划的先河，同时战略规划、区域规划等规划行为也在一些发达城市和地区不断尝试，甚至替代城市总体规划执行。然而，从法制的角度来看，无论是概念规划、战略规划，还是区域规划都缺少必要的法律地位，也没有城市总体规划所具有的强制性和稳定性。更重要的是这些新兴规划在实施过程中经常与城市总体规划产生矛盾，造成规划实施的困难和混乱。

---

❶ 叶强，刘子毅 . 论构筑我国城市规划总体规划改革的法制化框架 [J]. 规划师，2006（11）：65-67.

2. 利益冲突导致执行失控

现阶段我国城市规划失灵问题的增多，一定程度上是规划过程中利益群体的复杂性增加所决定的，即在计划经济体制下，由于社会阶层和利益集团的利益隐含在共同利益之后，土地是无偿使用的，城市规划从编制到实施的过程中面对的矛盾和冲突较少，而现阶段，由于市场经济体制的引入，城市规划在土地使用的过程中并行着有偿使用和行政划拨两种分配方式，城市发展的动力机制由国家全权计划转变为由地方政府、开发商、社会公众、城市规划师等各方主体之间互动的利益关系推动和发展 ❶。一般来说，城市规划政策的制定和实施取决于政府及部门、城市规划师（包括规划院等机构）、企业（市场利益团体）和社会公众这四种利益群体的利益博弈（表 5-1）。

城市利益主体特征   表 5-1

利益主体	决策约束（行为）	总体目标	博弈特征	社会职责	表现形式
政府及部门	财政（卖与不卖）	可持续发展，关注城乡关系	具有自利性，追求自身利益最大化	制定政策，提供公共服务，协调公共利益	发起者，决策者，执行者（应该为中立性）
城市规划师（规划院）	衣钵（干与不干）	体现公共利益，追求秩序与美观	附着于其他利益团体之上，自利性	社会责任感，公利性，科学性和合理性	处于中立地位，向权力讲授真理（理应为中立性）
企业（市场利益集团）	盈利（买与不买）	追求商业利益最大化	投机意识，不择手段	实现品牌与战略，具有社会责任	抢占市场，创收赢利
社会公众	安居（值与不值）	追求良好生活环境	满足需求，具有维权意识、自利意识、投机意识	关注城市未来，具有社会责任	体现民意诉求

（1）地方政府

政府行为的主要目标在于通过行政手段解决市场无法解决的外部性和公共物品的市场失灵问题，即解决市场失灵问题。但政府自身具有很强的局限性，其在解决市场失灵的过程中很有可能造成政府失灵：①政府作为城市改造的主导方，理论上应当争取公共利益的最大化，但由于政府经济实力有限，不能独立承担所有城市建设项目，因此若过分追求公共利益，势必会损害市场主体的经济利益，导致市场积极性下降，严重时可能会导致项目搁浅；②政府若过度

---

❶ 吴可人、华晨. 城市规划中四类利益主体剖析 [J]. 城市规划，2005（11）：80-85.

追求经济利益以满足建设主体要求或平衡亏欠资金，则会造成伤害参与的另一方——社会公共利益，会导致社会不安定因素的出现。因此，作为规划调控的对象应该是自由市场、无序发展和短视自私的决策三方面（坎贝尔和范斯坦，Campbell and Fainstein，2003），通过规划的三个手段❶在公平和效率之间寻找平衡。但在实际工作中政府的政策客观上很难找到市场和社会的平衡临界点，因为无论是市场对于经济利益的需求、社会对于公共利益的需求本身或是两者之间的关系都是复杂多变的。政府的政策主观上不能或者不可能去寻找平衡点，因为我国地方政府被定位为"经营空间的企业"❷，存在强大的盈利冲动和相互竞争。

（2）企业

我国当前的城市建设投资主体已经从原有单一的公有单位，转变成为国有、集体、外资、合营、联营、股份等多种经济主体。伴随着城市建设投资主体多样性的增强，作为城市建设主体一方的土地投资的开发商和企业等部门开始在城市规划的建设项目选址、城市规划开放强度等方面发挥着越来越重要的作用。然而，对于私人部门的房地产开发商而言，追求利润最大化仍然为其本质属性，其在城市规划和建设的过程中，天然地追求区位条件更加优越、产业氛围更加浓厚和基础设施更加完善的土地，并且会更加地重视自身的投资效益以及房地产的收益前景。尽管越来越多的企业和开发商开始重视其建设项目所能够带来的城市整体效益以及社会公众的利益，然而，经济人的主体身份未变，企业和开发商的自利性属性也无法改变。

（3）社会公众

公众是规划相关利益主体中的一个重要而又广泛的构成要素。城市规划的建设结果直接影响到社会公众的生活水平、生存质量以及利益诉求。城市规划在本质上是一个社会资源重新分配的过程，住房资源、教育资源、交通资源、医疗卫生资源、市政资源、环境资源等社会资源都会在城市规划和建设过程中进行重新调整。作为城市规划结果的直接影响客体，社会公众会从自身利益的角度出发，对于不同城市规划行为作出不同的反应：对不符合其利益的规划行为，比如周围布局污染严重的工业用地，新建地块影响其住宅采光等行为进行抵制；相反，对于符合其自身利益的规划建设行为进行支持。在城市规划的制

❶ 作为社会财富再分配的手段，作为经济、社会、环境平衡发展的调控手段，作为促进经济增长的手段。
❷ 赵燕菁，刘昭晖，庄淑惠.税收制度与城市分工［J］.城市规划学刊，2009（6）：4-11.

定和实施过程中，公众可以通过合法的途径积极表达其自身的利益诉求，影响地方政府、企业、开发商以及规划师在城市规划建设中的决策，促进其自身愿望的实现。因此，社会公众是保证城市建设按照规划要求进行，以保障公众利益实现的最可靠的捍卫者和监督者，也可能是抵制城市规划实施的反抗者和对立者。尽管从我国城市规划发展的实际情况来看，公众参与仍然处于初级阶段，保证社会公众参与城市规划事业的相关法律、法规、政策仍不完善，在部分地区，公众参与的途径和渠道仍然不甚畅通，但从城市规划长期发展的角度来看，作为城市规划最主要的受影响者，社会公众必然会也应该会在城市规划的进程中扮演更加重要的角色。

（4）城市规划师

随着我国城市我国城市规划事业的发展以及城市规划角色和价值观念的变化，城市规划师开始在城市规划事业中扮演着重要的作用，并在新的时代要求之下被赋予了更多的责任。新时代的城市规划师要在公共政策和意识形态领域内为城市社会提供公共物品、维护公共利益、协调人际关系，保护弱势群体，谋求公平和正义，应在体现人的生存和社会价值方面发挥更多作用❶。并且，面对公共利益与私人利益的抉择时，必须要以公共利益为核心，并对公共利益负责：城市规划师应该将维护公共利益作为首要目标，为私人服务时不得超过这个界限；当公共利益可能受到负面影响的时候，告知各方并给出专业的建议❷。事实上，城市规划师在利益前提下往往缺乏这种情怀和解决问题的能力，同时城市建设中最重要的利益关系是政府、开发商与公众的关系，而我国城市规划师受聘于社区和市民的形式还未形成❸，加大了规划师保护社会公众利益的难度。

从理性经济人角度分析，在城市规划过程中，每一个社会公众也都在力求实现自身利益的最大化。如在拆迁过程中，被拆迁者往往会通过新建、扩建等方式设法套取更多的拆迁安置补偿。不过，从总体上看，政府拥有行政权力，开发商拥有资本，二者均处于优势地位，而且二者还往往会结成稳固联盟。作为第三方主体的社会公众，常常处于十分不利的地位，政府可以运用手中权力有效遏制社会公众违背公共利益的行为，而对于政府违背公共利益的行为，社

❶ 马武定. 城市规划本质的回归 [J]. 城市规划学刊, 2005（1）: 16-20.
❷ 林永新，阎川，陈雨等. 也论城市经营中的政府角色——与赵燕菁先生商榷 [J]. 城市规划, 2003（11）: 81-86.
❸ 吴可人，华晨. 城市规划中四类利益主体剖析 [J]. 城市规划, 2005（11）: 80-85.

会公众却往往难以有效制约。如政府可以制定政策，规定对划定拆迁范围之后拆迁区内出现的新建建筑不予补偿，并通过有力的核查使之落实，而对于政府的不合理拆迁行为，社会公众虽极力抗争却无力制止。在三方利益博弈的过程中，社会公众很难有效表达自身的利益诉求，维护自身合法权益。

3. 政策运行机制不够健全

城市规划旨在将城市空间资源进行合理的规划并运用，一部分的优化不能带动整体品质的提升，唯有在集体选择和安排的城市规划的基础上才能导向空间资源配置的结构性优化。客观上讲，我国城市规划运行的环境和机制仍十分不健全，在城市规划政策制定、实施、反馈的整个过程中呈现封闭型、政治家型状态，从主动性和被动性角度存在以下特征（表5-2）。

城市规划运行过程中的机制　　　　　　　表5-2

	主动	被动
政策制度	利益团体、精英群体的利益需要 扩大事权的需要 政绩考核的需要	部门争权 数据不真实（人口规模），需求的基础设施负担压力大 规划部门迫于上级领导压力改规划
政策执行	裁量的冗余度，有限空间 暗箱操作 利益驱使，扩大事权，肆意改动规划 政府短期行为的倾向性	执行期间，领导要求而变更指标 不同部门之间信息不对称，利益冲突 缺乏公众参与 经济发展目标导向

（1）政策制定

城市规划政策与制度的实际制定存在以下特征：①城市规划政策的非公众价值。由于其背景的局限性和缺少必要的公众参与、基层部门利益表达的渠道，使得城市规划政策制定并不能成为一种表达公众价值观（public value）的方式，而是仅仅成为掌握话语权的利益团体和经营团体表达利益诉求的工具，使规划决策背离城市发展目标，公共利益的最优化被某些群体利益、个人利益所替代。参与主体范围的大幅度缩减必然导致城市规划利益表达的不完善与不平衡，而实际亟需解决的城市规划问题可能由于利益表述渠道的劣势而难以进入城市规划议程之中，被长期忽视，因此导致实际的城市规划政策在某种程度上并不具有代表性和全面性，造成城市规划政策本身的先天缺陷；②政绩观导致政策制定的短视。我国评价政府人员绩效的文件主要有《国家公务员考核暂行规定》（国家人事部，2004）、《党政领导干部选拔任用工作条例》（中组部，2002）、《地方党政领导班子和领导干部综合考核评价试行办法》（中组部，2006）等。由于相应的政策监督机制的缺失，城市规划政策制定者并不需要向特定的客体对象汇报和负责，导致城市规划政策成为政策制定部门扩大事权和满足政绩考核的方法和手段；③规划不灵活导致的政策僵化。我国规划编制内容非常具体，法律条文相对粗线条，前者导致变更规划的信息成本过高而不能灵活适应和引导市场的发展，后者使得地方政府进行规划决策的自由裁量权过大，法律对于决策过程没有具体严格的规定，使得规划实施常常面临刚性和柔性的争辩。规划行业至今都没有找到成熟的技术方法确定控制性详细规划的技术指标，凭拍脑袋制定的数据自然与多变的市场需求很难达成一致，为了达到实体正义的目的，只好以花费大量社会成本的程序正义为手段解决实际问题。

（2）政策实施

对于城市规划政策实施的职能部门而言，城市规划政策的制定和执行的过程中同样存在着一系列可能导致政策失灵的因素：①由于不同职能部门之间的职责边界不清晰，在城市规划相关政策的执行过程中，各职能部门之间争权的现象仍然时有发生。住房城乡建设部、国土资源部和发改委均会针对城市空间提出相应的城市总体规划、土地利用总体规划和相应的国民经济和社会发展五年规划，不同规划政策之间在范围上经常会有交叉现象，而在内容上也难以避免有相互矛盾的问题产生；②尽管规划部门在城市规划政策制定和执行的过程中扮演着重要智囊中心的作用，然而，其与城市规划政策制定主体之间的职能和信息流通呈现的是一种不对称状态，即有关政策的信息和意见在城市规划部门和政府决策主体之间相互交换，而相应的决定则单方面的仅从政策制定主体流向城市规划部门。由于部门力量的不平衡，城市规划部门面临着上级领导和其他部门的压力，因此在政策制度建立的过程中修改城市规划政策，在城市规划的实际执行过程中修改城市规划指标以满足政府部门的利益诉求；③在特定的情况之下，城市规划的执行过程中有暗箱操作、从部门利益角度出发以及政府短期投机性行为的发生。在这种情况之下，城市规划应该具备的稳定性将很难得以保证，特别是地方政府进行规划决策的自由裁量权过大，法律对于决策过程没有具体严格的规定，使规划难以实施；④城乡规划行政审批效率低，不能满足城市建设快速发展的需求。具体体现在城市总体规划审批时限过长、地方政府的行政审批办事效率较低，甚至与相关法律规定相矛盾等。

近些年来，出现了大量征用农民土地、旧城改造拆迁、大型污染项目建设所引起的信访、上访等问题，而这些激化的社会矛盾的出现，实际上就是城市规划工作由行政部门唯一主导、忽视市场和公众参与所造成。尽管在一些地方，政府通过非制度方式对社会弱势群体和在城市规划中的利益受损者予以安抚和补偿，然而缺少城市规划管理和监督机制以及政府部门角色未改变，城市规划过程中的矛盾很难从根本上得以避免。

（3）政策监督

规划失灵从政策运行监督角度可以概括为两个方面的原因：①自上而下的监督代替了平行的监督和自下而上的监督，监督权受制于执行权，专有的监督部门缺乏应有的地位和独立性，造成部分环节的弱监和虚监，而多元化的监督体制分工缺乏规范化，缺乏核心监督的力量，监督偏重追惩；②公众监督机制缺失，执法不严，降低了政治腐败成本，加大了腐败的风险。政策监督协调机制的缺失，会造成规划决策背离城市发展目标，公共利益被某些群体、个人利益所替代。在缺少必要的城市规划监督机制下，政策主体在一定程度上已经成为城市规划违法的主体。根据国土资源部的数据显示，涉及地方政府作为违法主体案件的土地面积，占到了被查处违法用地面积的80%。当前发生的土地违法案件中，凡是性质严重的土地违法行为，几乎都涉及地方政府或相关领导。

4. 过于强调政府行政行为

与中华人民共和国成立初期的经济计划的具体落实角色相比，我国现阶段城市规划工作在内容和内涵上有了很大扩展，然而从城市规划管理体制的角度来看，现行的城市规划制度基本上还是计划经济体制下制度安排的延续，在管理上过多依靠行政手段，在操作上完全依靠技术手段，构架起了"技术—行政"的内部操作过程，而这一体系结构在当今城市规划中仍然发挥着重要的作用❶。随着我国经济体制完成从计划经济到市场经济的转变，城市规划工作的参与主体也应该从单一行政主导向政府、市场、社会公众共同参与进行转变，政府部门应该作为规划工作的参与主体之一，而不是唯一的组成部分。在新的社会背景之下，对于行政行为角色和作用的过分强调，必然会导致政府部门从自身的部门利益出发，运用自身政治资源实现部门利益甚至是某些领导的个人利益的最大化。

5. 政策执行人员严重缺乏

影响城市规划失灵的主要因素还包括专业人员的缺乏。我国现阶段正处

---

❶ 孙施文. 现行政府管理体制对城市规划作用的影响 [J]. 城市规划学刊，2007（5）：32-39.

于城市快速发展和城市化率快速增长的阶段。国家统计局报告显示，从 2002 年开始我国城镇化率以每年增加 1.35% 的速度推进，城镇人口平均每年增加 2096 万人；2011 年年底全国城镇总人口达到 69079 万人，我国城镇化率首次突破 50%，达到 51.3%。我国城市人口首次实现对农村人口的超越，表明我国已经从原来的乡土中国进入城镇中国的发展阶段，而相应地，伴随着城市化率的提高，城市规划事业将面临更大范围、程度和体量上的任务，即新增的城市人口必然带来更多对城市基础设施建设、城市就业、城市生活方式、城市保障、城市文明建设等方面提出的新要求。

近些年地方政府开发量剧增，城市改造任务加重，但与我国巨大的城市规划需求相矛盾的是，地方政府城市规划专业人才规模仍然偏小，同时其素质难以满足高质量城市规划标准的要求。我国的城市规划控制制度有着相当大的自由裁量权和专业背景要求。注册规划师制度已实行若干年，原本应作为主体的公务员队伍却反响平平，虽然注册规划师制度也处于争议之中，但至少起到了普及规划基础知识的作用，保证了行政主管部门公务员的底线要求，而达线率令人堪忧。

6. 缺乏公众参与制度保障

城市规划是通过政策的方式满足公众对物质空间需求的过程，在此过程中应该以公众需求为导向，以公众的充分参与作为具体的实施途径。从我国城市规划的制定和实施的过程来看，公众的参与权利并没有得到充分的实现，他们往往是在规划被批准之后了解城市规划的具体措施和细节，无论是在制度上还是机制上都处于被动的被告知状态。我国城市规划过程中的公众参与的总体水平仍然很低：①公众仍然不是城市规划政策制定的主体，并且在与地方政府的力量博弈过程中，仍然处于劣势的地位，既无法对政府主导下的城市规划过程进行监督，又无法对公众不满意的规划成果进行修改；②现阶段城市规划中的公众参与并没有做到对规划制定、修改、实施过程的全覆盖，公众在多数情况仅仅参与到规划结果的告知阶段。

我国城市规划公众参与行动开展时间较短，更重要的是我国城市规划中公众参与在政策和法规层面没有得到相应的保护和肯定，缺少权力砝码，对公众参与的保护强度远远不够。《城乡规划法》第 34 条规定，任何单位和个人必须服从人民政府根据城市规划作出的调整用地的决定。该规定的目的在于维护城市规划实施的强制性，并以政府的价值中立作为逻辑假设。然而，在实际的城市规划实施过程中，由于部分地方政府自立性取向和公众监督权利的缺失，使得政府的圈占土地、强制拆迁、形象工程等行为难以得到有效的控制，社会公众所应该具有的对城市规划执行的监督权和干涉权在法律层面上并没有得到保护。从现阶段城市规划公众参与权利的覆盖范围来看，公众参与也仅仅覆盖到规划批准实施的事后阶段。《城乡规划法》第 28 条规定，城市人民规划经批准之后，城市人民政府应当公布。而对于城市规划制定的过程中，并没有对公众参与进行硬性规定。公众参与仅局限在事后参与，而事后参与也必须服从政府作出的决定。

（二）城市规划失灵对策

1. 编制人本规划，回归规划本源

从历史的角度来看，我国城市规划工作曾经当作实现工业现代化和国家计划经济建设目标的技术工具，然而，在新的发展目标和新的城市发展需求的影响之下，城市规划工作的价值取向需要进行新的调整。现代城市规划提倡平实的、健康的、普通的城市生活环境，建造常识意义的"好城市"，因为满足普通市民的基本需要，回到城市的基本功能才是城市规划工作的根本目的。生活最基本、最必须、最可贵，因而也是最容易忽略的基本要素：干净的空气、清洁的水、温暖的阳光、健康的食物、安全的街道、宜人的环境、正当的工作和亲人及邻友在一起的平静生活，是一切人类生活的起点和最终目的 ❶。

尽管城市规划成果常常以规划路网、设置管线、安置绿地等物质形态作为表达方式，但实际看来，作为一种综合性质的社会性规划，城市规划对城市公民的影响范围不仅局限于空间物质层面，其影响和作用范围必然会涉及经济发展、文化建设、生活方式、社会秩序、生态环境等方方面面。我国传统的城市规划的总体利益取向，一般仅取决于政府官员、开发商人员以及规划人员，绝大多数城市公民特别是弱势群体的需要和利益诉求常常遭到忽视，以至于一些以牺牲城市公民的职业发展、生活方式和生态环境为代价的规划建设或者开发项目能够得以实施。伴随着新时期下城市规划观念的转变，城市规划师的职责和规划信念也应该作出相应的调整，面对公共利益与私人利益的抉择时，必须要以公共利益为核心，并对公共利益负责。新时期的城市必须做到为人民规划和让人民参与规划，同时确立以人的现代化为核心的社会发展观与平等化和平民化的理性精神，努力创造以提高城市居民生活质量为目标的多元文化融合、共存的文化环境 ❷。

---

❶ 张庭伟 . 城市规划的基本原理是常识 [J]. 城市规划学刊，2008（5）：1-5. v

❷ 马武定 . 城市规划本质的回归 [J]. 城市规划学刊，2005（1）：16-20.

2. 实现公开决策，保障公众参与

我国现在正处于城镇化高速发展的特殊历史时期，城镇化所带来的社会矛盾也随之不断的积累。在此特殊背景之下，通过公众参与的方式不仅仅能够切实地通过城市规划工作，反映和满足公众多样的利益诉求，并且可以有效地缓解社会压力，减少社会矛盾。当然，全面的公众参与对城市规划也会造成不小的压力与挑战：①城市规划工作有一定的技术门槛，公众对于城市规划工作的认识水平还有很大的进步空间；②公众参与过程可能会带来较大的时间成本，在一定程度上可能会影响城市规划对于高效率的要求。然而，公众参与城市规划是城市发展建设的必然趋势，应该遵循渐进式的规律。从西方城市规划发展的经验来看，欧美等发达国家的公众参与实践也是从 20 世纪 60 年代逐渐发展起来的，并且经历了从科学性、技术性的城市规划向公众性城市规划的转变。面对新时期城市规划公众参与的趋势，为了实现更高水平的公众参与，城市规划师的角色必须进行相应的改变，提高与公众沟通的技巧，转变自己的角色，让决策者和百姓大众都能看得懂城市规划 ❶。

在城市规划政策的制定和实施过程中，地方政府的"政策智慧"和规划专家的"规划智慧"对于城市规划的顺利实施起到关键性的作用，然而，公众在城市规划过程中应该扮演更加重要的作用。孙施文（2001）认为规划是一种政府行为，是一种技术行为，但更是一种公众的行为，公众自始至终都应该是被服务的主体 ❷。而真正的公众参与应该贯穿到整个城市规划的过程中，政府城市规划政策出台和实施之前应该公布并征询大众意见，当遭遇反对意见和质疑的情况时，应该出示相关的信息，给予明确的解释，政府规划行为的实施必须要以公众的广泛支持作为保证。同时，公民应该在城市规划中享有充分的监督权利，通过法律手段解决侵犯公民利益的，或者违背公民意愿的政府行为。

3. 完善规划管理体制，责任予以追究

随着我国经济体制的转变，城市规划的管理机制也进行了相应的调整和改变：①传统的政府主导和政府内部的技术—行政链条模式得到修正，规划管理职责从职责不清到逐步明晰、明确；②城市规划管理程序从繁琐复杂到规范统一、运转协调；③规划管理手段从传统机械式到以信息化、网络化为主要特征的新技术管理手段。党的十八大报告指出，要深化行政体制改革，创新行政管

---

❶ 石楠，李铁. 更好的公众参与和城市规划 [EB/OL]. [2011-11-30]. http://www.town.gov.cn/2011zhuanti/hktzt/ghdgzcy/index.shtml.

❷ 孙施文. 让公众参与城市规划 [N]. 人民日报，2001-7-19（3）.

理方式，进一步转变政府职能，形成廉洁高效，结构优化，运转协调，公正透明的行政管理体制。在应对行政管理体制深化改革和城乡规划出现的新问题时，城市规划管理体制改革的完善工作必须顺势而行，拥有系统性的目标体系、控制体系和行动计划。

作为城市规划工作参与的一方主体，政府部门的权限必须有所限制，其行为准则也应该在制度层面予以确认，并受到市场和社会公众的监督，承担行政管理过程中的责任。根据《行政许可法》的相关规定，规划许可及非行政许可的规划审批项目应由规划主管部门实施；而为了加快工作效率，提高专业化分工水平，规划部门出具的意见及相应技术审查工作可委托事业单位实施，真正实现技术审查与行政审批分离。

4. 城市规划的法制化，落实防范措施

城市规划的法制化体现在两个方面：①执行层面的规划法定地位的确立。城市规划体现公共政策，成为市场调控的重要手段，也就规定了市场经济条件下的城市规划必须严格实行法制化。城市规划的公共政策和有关管理制度，在达到一定程度后，需要及时上升为法律法规。不同类型的战略规划、概念规划和区域规划等非法定规划是城市竞争和高速发展下的自然产物，有其一定的合理性和必然性，应确定相关的法律地位，并实现与城市总体规划的良好整合，从而促进城市的长远发展和城市竞争力的提升；②城市规划法律也需要在一定程度上进行细化，建立城市规划制定和执行中的法律监督评价和责任追究机制。随着我国城市不断发展和城市化水平不断的提高，城市规划实践项目无论在数量上还是在复杂程度上都有所增加。在当代城市规划中，不同的利益诉求相互交错，不同的利益主体相互博弈，客观上增加了城市规划工作的实施难度。虽然《城乡规划法》在总体上为城市规划行为作出了纲领性的指导，然而在公共设施建设、城市土地使用权轮换、地方政府行政违法、政府行为监管、公众参与、地下空间开发等具体领域仍然没有相应的法律性文件作为指导。法制的缺失也必然导致地方政府行政裁量权过大，行政行为不受监管，公众参与缺乏保证等问题的出现。制度化和法律化是保证城市规划健康、顺利实施的关键所在。

第二节 城市规划法制历史与现实

我国城乡规划建设运营管理一直具有法制化传统，随着现代城市规划的法制化进程不断推进，城乡规划的法制体系也在日益完善。

一、城市规划法律制度演进

（一）古代城市规划法律制度

有关中国古代的城市规划的法律思想，大都反映在一些古籍书本当中。目前最早关于城市建设的法律可上溯至殷商时期，如《韩非子·内储说》中所提到的："殷之法，弃灰于道者，断其手。"此外，《尚书·序》记有"咎单作明居"，咎单是商汤的司空官，前人解释"明居"是"观居民之法也"，即属于丈量土地、划分居住区域及安置百姓的法规，这也是城市规划领域成文法的最早记载。

1. 演进历程

中国传统的城市规划由礼治走向法治经历了一个漫长的变化过程❶：①西周及春秋时期的"以礼代法"。该时期的城市规划法律制度主要是受到了宗法制度的影响。"礼"起源于原始宗教，在封建社会则被儒家视为维系天地人伦上下尊卑的宇宙秩序和社会秩序的准则。如《礼记·经解》提到"礼之于正国也，犹衡之于轻重也，绳墨之于曲直也，规矩之于方圆也。"纵观中国传统的城市规划，其规划思想和实施制度始终受到"礼"的深远影响，"礼"在很长时期内代替"法"发挥着规范作用。在城市规划方面，礼制是权力和地位的一种象征与标志，城市、建筑组群、坛庙、宫殿的形式规模都受到礼的严格限制。《周礼·考工记》中曾记述了西周的城邑等级，将城邑分为天子的王城、诸侯的国都和宗室与卿大夫的都城三个级别，不同级别城邑的道路宽度也有差异，王城"经涂九轨"（南北向道路为九辆车的宽度），诸侯城道路宽七轨，都城道路宽五轨。这种营建制度的等级观念自然产生了极为深远的影响，成为礼制思想对城市建设形态影响的一个典型例证❷；②秦朝至唐初的"礼法相参"。秦朝由商鞅变法而形成法家治国的局面，然而由于其残暴统治最终导致了自身的灭亡。汉吸取前车之鉴，"儒法合流、德主刑辅"成为立法的基本原则。秦汉时期的封建王朝首都开创了中央集权封建制下的国都建制，对后代都城产生了深远的影响；③唐末至清初的"礼入于法"。伴随着王朝的不断更迭和大量的城市建设活动，礼的思想终于融入了法律，并在法律实施的过程中进一步影响人们的思想。清末，随着西方列强的入侵，其政治法律制度也开始影响中国。隋唐长安城是我国封建社会建成的最大城市，在中国城市发展史上具有特殊的地位，它以宏大的规模、棋盘式的街道、规整的坊里、左右严谨对称的轴线布置，

---

❶ 文超祥，马武定. 传统城市规划法律制度的发展回顾［J］. 城市规划学刊，2009（2）：83-88.

❷ "经涂九轨，环涂七轨 ，野涂五轨，环涂以为诸侯经涂，野涂以为都经涂。"

把我国城市的空间结构推至十分典型的发展阶段。北宋时期发展出三套方城、宫城居中、中轴对称的布局，而且中轴线更加突出，此后封建时代的城市（尤其是都城）规划建设严格按这一套路实行一领导、统一规划和统一实施，取得了很高的建设成就。纵观中国封建社会，礼在城市规划建设方面发挥着重要的作用，甚至起到了规划法的指引作用。

除了基本的礼制思想以外，还有"象天法地，天人合一"的自然哲学理念作为补充，这种思想体现在城市规划上，即顺应自然，师法自然之意❶。

2. 法律制度特征

在"礼"的指引下，各个王朝均颁布了建筑做法、工料定额类等建筑法规，形成等级森严、缜密有度的工管制度，并设专门的管理机构和官职，实现了建设管理的规范化、标准化。最早的官书是《考工记》，记录了城池营建的基本规则；唐开元年间制定的《营缮令》，是我国历史上首部城市建设行政法规汇编，规定了官吏和庶民房屋的形制等级；宋代元佑（1086~1094 年）、崇宁（1102~1110 年）两次颁布《营造法式》，规定宫廷官府建筑制度，其中材料和劳动日定额等甚为完整；元代设有《经世大典》，其中"工典"门分 22 个工种，与建筑有关者占半数以上；明朝万历年间的《万历重修会典》也包括众多城市规划建设方面的内容，建筑等第制度多纳入《明会典》，另外还有一些具体规章，如《工部厂库须知》等；清朝的《钦定工部则例》则是城市规划建设方面明确的法规，内务府系统还有若干匠作则例规定得比较详细。值得一提的是，我国古代不仅有中央立法的城市法规，还有众多地方政府制定的相关规定，如明清时期在地方性法规中有许多内容涉及城市规划方面。1840 年以后中华文明开始受到西方列强的不断冲击，以礼制为主的城市规划法律法治难以为继，在一些沿海开放地区逐步出现了带有明显西方城市规划法律意识的规定和制度。

我国传统城市的法律制度主要包括城市的土地制度（土地征收、土地交易）、城市住宅制度（住宅建设标准、住宅建造风格）、城市建设制度及建筑审批及违法建设查处制度等这些法律体系反映了对主干法稳定性与延续性的重视，刑事制度的突出及师法自然、注重环境保护的法律文化，同时判例法占有相当成分。从秦"廷行事"、汉"决事比"和"春秋决狱"至汉晋"故事"，一直发展到唐宋以后的"例"，北宋中期以来，用例之风盛行，到明清有了突出的发展，遵从本朝先例甚至是前朝旧例，可以说是司法实践中经常采用的处理方式。

---

❶ 牛锦红. 回顾与展望：中国古代城市规划法律文化探析［J］. 城乡规划，2010（9）：96-101.

为严格执法，各朝还多在立法中明确处罚措施和行政保障措施。周代对占道经营采取"挞戮而罚之"措施，《周礼•地官司徒第二》的"司市"条"凡市入，则胥执鞭度守门"得以明证；《唐律》规定"诸侵巷街阡陌者，杖七十；若种植垦食者，笞五十，各令复故"；宋仁宗景祐元年（1034 年）开封知府王博命左右判官在一月之内，将侵街邸舍全部拆毁，左右军巡院依法惩治侵街者，给予诸侵街巷阡陌者杖七十的处罚。

（二）近代城市规划法律制度

1. 清末统治时期

中国历史在十九世纪"欧风美雨"的影响下开始走向近代化，清末随着列强的不断入侵，其政治法律制度对当时的中国也产生了一定的影响，而中国近代城市规划发展主要从租界开始。由于当时西方国家在城市规划方面也并没有形成完善的体系，故对后来中国城市规划真正有影响的是城市自治思想以及相应的法律规范❶。如 1845 年建立租界时，上海和英国领事馆共同商定公布了《上海土地章程》，其中就有关于市政建设的规范。按照 1854 年的《英、美、法租地章程》设立了"工部局"，负责管理城市建设和土地，该机构于 1869 年制定《上海公共租界地产章程》附则，规定了房屋、道路、自来水、煤气管道铺设等建设管理涉及城市建设和规划的各个方面，促进了中国城市规划的立法建设。上海市是制定城市规划法规政策较早的地区，《土地局章程》、《工务局办事细则》、《暂行建筑规则》等都为我国城市规划立法实践积累了经验。

2. 民国时期

北洋政府开始统治后，中国社会的近代化进程开始加速，在城市规划领域也产生了一批积极探索实践的先驱。例如孙中山先生在《实业计划》中多次涉及城市建设与规划方面，包括全国城市总体规划中发展新城完善旧城以及具体城市规划中的街道、住宅、基础设施、环境卫生角度的法律思考。当时著名的实业家张謇在南通城市建设方面作了很多努力，其中包含许多先进的理念和规划实践，使其成为城市建设的楷模。

20 世纪 20~30 年代社会虽然持续动荡，内忧外患加剧，城市建设及规划管理发展缓慢，但国民政府仍于 1939 年颁布了《都市计划法》，这是我国首部国家意义上的城市规划主干法律。在抗战后期，由于战局的转变加上西方国家城市规划思想的成熟，我国城市规划与法律规定的制定也逐渐提上了日程，逐

---

❶ 何流，文超祥 . 论近代中国城市规划法律制度的转型 [J]. 城市规划，2007（3）:40-46.

渐形成了主干法、配套法和相关法等一系列法律体系，如 1943 年"内政部"颁布的《县乡镇营建实施纲要》、《城镇重建规划须知》、《土地重划办法》、《省公共工程队设置办法》、《市公共工程委员会组织章程》等。与城市规划相配套的《建筑法》、《建筑师管理规则》、《建筑技术规则》等也是立法建设的重要组成部分。抗日战争结束后，为尽快恢复重建城市，行政院颁布《收复区城镇营建规则》，该法起到了战后重建期间城市规划主干法的作用。以这些法律法规为节点，标志着中国古代"礼法结合"的思想终结。

纵观封建帝制结束后的中国城市规划法治发展历程，中国城市规划不断受到来自西方城市规划法律文化的影响和渗透，中国的近代城市规划法律文化从依托礼法制度向服务社会经济不断转变，成为中国社会近代化历史进程的重要部分。由于受到当时社会政治经济背景的制约和我国文化自主性的缺失，以及激烈的社会动荡导致传统无法保存延续等，我国的法律体系仍然存在着很大的问题。

（三）现代城市规划法律制度

中华人民共和国成立后，城市规划法治建设经历了许多曲折但也在不断地完善。随着城乡建设迅速发展，城市规划法制建设也不断进步，逐步从单一到配套，从零乱到系统。

1. 初级阶段（1949~1977 年）

改革开放前的城市发展缓慢，不断探索，经历了破坏和停滞阶段。为恢复经济发展，保证城市建设秩序，1953 年政务院颁布《关于国家建设征用土地办法》。"大跃进"期间的城市建设无视城市发展规律，出现了很多盲目、违法建设的行为，给国家造成了很大的损失。1960 年 9 月建筑工程部党组就城市规划问题向中央提交了报告，国家由此发布《关于当前城市工作若干问题的指示》（1960），其中包括调整市镇建制、发展中小城市和逐步改善大中城市的市政建设等内容，并于 1962 年和 1963 年召开两次城市工作会议，在一定的程度上规范了城市规划建设。这一时期广泛开展的"农业学大寨"运动对农村山水田林路的统一整治对乡村发展起到一定的促进作用，但村镇层面仍然缺乏科学的建设规划。之后的"文化大革命"造成社会全面动荡，生产建设完全无序开展，使得本来有所发展的城市规划法制建设严重退步，城市发展更是举步维艰。

2. 起步阶段（1978~2007 年）

（1）政策文件管控阶段

20 世纪 70 年代以后，尤其是 1978 年十一届三中全会后，我国开始恢复城市建设。从 1978 年到 1983 年，我国没有国家级权力机关的城市规划立法，主要是政策文件和行政手段的控制。1978 年 3 月国务院召开了第三次城市工作会议，会议制定了《关于加强城市建设工作的意见》，针对城市规划和建设制定了一系列方针政策，对城市规划工作的恢复和发展起到了重要的作用。1979 年 3 月国务院发出《国务院关于成立国家建工、城建两个总局的通知》（国发〔1979〕70 号），批准成立国家城市建设总局，一些主要城市的城市规划管理机构也相继恢复和建立。自此，我国城市规划的法制环境逐步好转。1980 年 12 月国务院批转《全国城市规划工作会议纪要》并下发全国实施，第一次提出要尽快建立我国的城市规划法制体系，改变只有人治、没有法治的局面，并第一次提出城市市长的主要职责是指导城市规划、建设和管理好城市。1982 年 1 月国家建委、国家农委联合颁发《村镇规划原则》，指出了村镇编制规划的指导思想、基本任务、规划阶段和具体内容。

（2）规划条例管控阶段

1984 年国务院颁布了《城市规划条例》，这是中华人民共和国成立以来城市规划专业领域第一部基本法规，也是对中华人民共和国成立 30 年规划工作正反两方面经验的总结，标志着我国的城市规划正式步入法制管理的轨道。

（3）城市规划法管控阶段

在总结中华人民共和国成立以来城乡规划和建设正反两方面经验教训、借鉴吸收国外经验的基础上，1989 年全国人大常委会颁布《城市规划法》，1993 年国务院颁布施行《村庄和集镇规划建设管理条例》。围绕这"一法一条例"，中央和地方相继出台了一系列相应的实施性法律文件，同时与城乡规划相关的其他法律文件也纷纷颁布实施，如《土地管理法》、《房地产管理法》、《环境保护法》、《森林法》等。《城市规划法》的编制对于我国城市大规模的建设活动给予了很大的帮助，确保了建设的有效进行，然而由于当时特定的社会环境，不可避免地会使得《城市规划法》的编制有一定的历史局限性，主要体现在以下几个方面：①立法理念滞后、法治化程度较低。当时城市规划被看作国民经济计划的延伸，而随着社会的不断发展，城市规划所扮演的角色也应该随之逐渐调整；②技术理性色彩浓烈，但政策意义较为模糊，城市规划初步具有重新调节公共社会利益、协调公平的公共政策属性；③公众参与规划的制度缺失。当时的城市规划并没有很好地做到听取公众意见；④落后于城乡统筹发展的时代精神。城乡二元化的发展只能是一种过渡状态，从城镇化的整体进程来看最终还是要实现城乡一体化。❶

---

❶ 仇保兴. 从法治的原则来看《城市规划法》的缺陷 [J]. 城市规划, 2002（4）: 11-15.

　　1989~2003 年期间，我国城市规划法规体系逐渐形成，但城市规划仍是多使用行政管理的手段，一个城市的发展往往以领导意见为主，缺乏法制规范性，对城市规划也主要关注其工程技术属性，相关的城市规划法规政策也多是规划的编制技术与标准。这种人治为主的城市建设在国家强调法治的大背景下，显然要发生变化。2004 年宪法第四次修改，城市规划也开始进入法治环境，尤其是 2007 年《物权法》开始生效，城市规划理念有了质的变化。

　　3. 发展阶段（2008 年~迄今）

　　2008 年 1 月 1 日《城乡规划法》正式实施，摒弃了过去城乡规划二元结构立法模式，结束了"一法一条例"时期，标志着中国打破了建立在城乡二元结构基础上的规划管理制度，进入城乡一体规划时代。城乡规划法具有特殊性，具体表现在：①它独立于所有制结构和社会意识形态；②它是唯一一种专门立法的规划；③从立法的角度讲，城乡规划法是公权力对私有财产权力的干预和制约。当前城市规划的公共政策属性逐步得到确认，城市规划不仅是政府责任也是全社会公共治理的要求。从规划的编制到审批、从实施管理到监督都有一系列相关的法律政策作为依据，城市规划形成了一套由城市规划法规体系到规划实施管理的全社会参与的法制体系，具体比较见表5-3。

诸版城市（乡）规划法（条例）管理规定对照一览表　　表 5-3

对照项目	1984 版城市规划条例	1990 版城市规划法	2008 版城乡规划法
规划制定	城市总体规划、详细规划	城镇体系规划、总体规划、详细规划	城镇体系规划、城（镇）总体规划、乡规划、村规划、详细规划
规划实施	建设用地许可证、建设许可证	一书两证制度	一书三证制度
规划修改	——	——	按规定权限和程序修改
规划评估	——	——	规划定期评估
监督检查	——	——	规划全过程的监督检查

二、城市规划法律制度环境

　　从实体法的角度来看，中国的法律制度中存在直接体现对土地上私有权力的公共限制的城市规划法律制度，构成了城乡规划的法律制度环境❶、❷。

---

❶ 张京祥. 论中国城市规划的制度环境及其创新 [J]. 城市规划，2001（9）:21-25.
❷ 姚凯. 对上海市规划管理制度的思考——兼对当前城市规划法律制度的反思 [J]. 城市规划汇刊，2000（3）:67-71.

（一）城乡规划相关法律

1. 土地法

1986 年 6 月《土地管理法》首次颁布，2004 年 8 月现行的《土地管理法》颁布实施，期间经历三次修正。《土地管理法》颁布的目的是加强土地管理，维护土地的社会主义公有制，保护、开发土地资源，合理利用土地，切实保护耕地，促进社会经济的可持续发展。法律明确规定，中华人民共和国实行土地的社会主义公有制，即全民所有制和劳动群众集体所有制。全民所有，即国家所有土地的所有权由国务院代表国家行使。任何单位和个人不得侵占、买卖或者以其他形式非法转让土地。土地使用权可以依法转让。国家为公共利益的需要，可以依法对集体所有的土地实行征用。对城乡规划建设用地有重大影响的政策性文件还包括国务院《关于深化改革严格土地管理的决定》（国发[2004]28 号）以及国土资源部《城乡建设用地增减挂钩试点管理办法》（国土资发 [2008]138 号）等。

2. 物权法

2007 年 3 月颁布的《物权法》是为了维护国家基本经济制度，维护社会主义市场经济秩序，明确物的归属，发挥物的效用，保护权利人的物权，根据宪法制定的法规。"物权"一词起源于罗马法中的"对物权"，是中世纪注释法学派在解释罗马法时首先提出的。在物权的含义中，大体上均包括对物的支配、直接获得利益以及排斥他人等方面的内容，这说明物权的属性在法理中没有实质的争议。简言之，物权是指权利人直接支配物并排除他人干涉的权利，是民事权利主体对一个具体的物所享有的占有、使用、收益和处分的权利，是一系列民事权利的总称❶。

城市规划是实现城市政府管制土地与其他不动产意图的重要途径，作为政府的一种公权力，是政府出于公共利益的需要，通过规划实现对城市不动产财产开发、利用、限制甚至剥夺，从而完成城市土地与空间资源的有效配置。上述操作不可避免地要触及土地、房屋等的财产关系。物权概念的法律认可对于土地权利制度及城市规划的思维体系、操作模式等都产生深刻的影响：①立足点的改变。随着市场化改革的不断深入，我国的经济体制由公有制转变为多种所有制共存的格局，市场机制逐步形成，资源主要通过市场方式来进行配置。相应地，在城市规划与建设中主体也呈现多元化趋势。根据《物权法》的精神，国有财产与公民

---

❶ 赵民,吴志城. 关于物权法与土地制度及城市规划的若干讨论 [J]. 城市规划学刊,2005(3):52-58.

私有财产受到同等的法律保护，无论财产主体是谁，其在法律许可范围内的价值取向行为都应受到法律的保护。因此城市规划在配置、利用城市土地和空间资源的过程中必须关注对社会各利益主体合法财产权益的保护。一味满足政府意志要求、忽视社会公众利益与愿望的行为在法律上将找不到任何依据，这意味着城市规划的立足点必须作相应的改变❶；②立法原则的改变。城市规划的立法原则将发生本质性的转变，城市规划应积极面对各种合法的权益诉求，才能成为协调社会不同利益的一种工具，才能实现公共利益最大化的目标。

3. 城市房地产管理法

我国 1994 年 7 月第一次颁布《城市房地产管理法》，2007 年 8 月通过了第一次修正法案，2009 年 8 月进行了第二次修正。该法律的颁布实施是为了加强对城市房地产的管理，维护房地产市场秩序，保障房地产权利人的合法权益，促进房地产业的健康发展。现行《城市房地产管理法》具有两个突出的作用：①更好地实现了与民事基本法律的衔接，如《物权法》、《担保法》、《合同法》等基本民事法律，搭建起行政法与民法的重要桥梁；②为房地产业和市场监管搭建法律框架。为房地产开发、经营和交易的规范化奠定了良好基础，有力地保护了房地产市场的交易安全，在一定程度上起到克服交易双方在房屋质量、价格等领域的信息不对称性、消除不平等经济地位的积极作用。值得注意的是，随着城镇化的快速推进，城市房地产市场已经日趋成熟，农村房地产市场也在悄然启动，今后立法工作必须更加促进城乡房地产的统筹融通，缩小不合理差距，才能有利于维持房地产市场的持续繁荣。

4. 国有土地上房屋征收补偿条例

2011 年 1 月国务院颁布的《国有土地上房屋征收与补偿条例》是在《城市房屋拆迁管理条例》（1991 年出台、2001 年修改）基础上形成的，强调为了公共利益的需要，征收国有土地上单位、个人的房屋，应当对被征收房屋所有权人（被征收人）给予公平补偿。同时规定房屋征收与补偿应当遵循决策民主、程序正当、结果公开的原则。条例的颁布使得沿用 20 年之久的"拆迁"词汇彻底退出了历史舞台，无疑是我国法治建设与社会发展进程中浓重的一笔，具有深远的意义。条例的不足之处在于没有涉及对农村集体土地上的房屋征收与补偿规定，然而随着城镇化、工业化进程的不断推进，农村集体土地的合法权益将会得到越来越多的关注，如果不能妥善处理，将会很容易导致群体事件发

---

❶ 朱喜钢，金俭，奚江.《物权法》氛围中的城市规划 [J]. 城市规划，2006（12）:81-88.

生，从而影响社会和谐稳定。

（二）城乡规划相关制度

城市的规划、建设与管理不是一个封闭的过程，因此不仅要以城市规划法规体系为规范，还要在整个社会法制体系下进行❶。与城市规划相关的其他制度环境与城市规划法规体系共同构成了我国城市规划的法制环境。

1. 行政权力运行制度

我国政府行政运行实施服务型政府、权力清单和权力公开透明制度。

（1）服务型政府

我国政府正在向小政府大社会转变，政府进行大部制改革就是要改变原来的政府运行体制，原来政府权力体系的纵向性不支持横向的平行调节，而以城市经济生活为核心的各种交互联系在城市内部、城市之间以及各个层次的区域之间广泛发生。在原来自上而下的行政体制下，合并政府职能、改变政府体制，将垂直的线性管理体系转变为网络状的协作体系将有利于城市规划的协调，而政府也需实现由经济建设型政府转向公共服务型政府、责任政府和诚信政府。

（2）权力清单制度

党的十八届三中、四中全会提出推行政府权力清单制度，确立权力清单应遵循职权法定、简政放权、公开透明和便民高效原则。2015 年 3 月中共中央办公厅、国务院办公厅印发《关于推行地方各级政府工作部门权力清单制度的指导意见》（中办发 [2015]21 号），要求省级政府 2015 年年底前、市县两级政府 2016 年年底前基本完成权力清单公布工作，确立行使权力需承担的责任事项及其对应的追责情形，以此增强政府的公信力和执行力。

（3）权力公开透明制度

与权力清单制度相伴相生的是权力公开透明制度，以此为基础构建政府权力运行制约和监督体系，包括重大决策的听证咨询制度、重大决策的征求意见制度和党代表、人大代表、政协委员参与政府决策制度，以及行政和党政事务例行公开制度、党内情况通报制度、新闻发言人制度等，目的是让权力运行透明、责任如影随形和百姓监督有据。

2. 财政税收体制

财税制度在我国城市建设中具有重要地位。土地财政成为政府部门发展城乡的直接经济来源之一。由于城市建设需要大量的资金，而且城市规划存在着

---

❶ 孙忆敏，赵民. 从《城市规划法》到《城乡规划法》的历时性解读——经济社会背景与规划法制 [J]. 上海城市规划，2008（2）:55-60.

"有多少钱办多少事"的情况,因此城乡的发展确实要依靠国家健全的财税体制,才能保证城市规划的科学合理性。税收政策在我国存在两个方面的重大影响:①影响城市的用地结构。在中国城市的产业格局中,第二产业在国内生产总值中占据着重要地位,而城市的主要税源往往也由城市第二产业提供。政府在以发展为目标的前提下鼓励工业的大规模发展,并为吸引产业进驻提供了大量的优惠政策与条件,这种政策因素也直接导致了工业用地的优先增长。税收政策还是高科技产业发展的助推器,通过税收优惠政策,可以减轻高科技产业的税收负担,促进以信息产业为核心的高科技产业和信息产业园的发展;②促使开发区优先发展。开发区包括经济特区、经济技术开发区、保税区(自由贸易区)、高新技术产业开发区、台商投资区、边境经济合作区、国家旅游度假区等不同形式、不同规模、不同功能和类型,他们具有享受特殊经济政策的共同特性。开发区的优惠政策推动了开发区的快速发展,促进了城市的外延拓展。

3. 投资引导制度

为了获取社会效益和环境效益,公益性投资项目只能由代表公共利益的政府财政来承担,并按政府投资运作模式进行,资金来源应以政府财政投入为主,并配以固定的税收或收费作为保障。公益性投资主要包括对行政、国防、文教等部门的公用设施建设的投资。在市场经济条件下,公益性基础设施项目分为两类:①行政性项目,包括行政部门和国防部门的项目,属于纯公共产品的性质,必定由政府投资;②事业性项目,主要是文教部门的项目,如公共图书馆和博物馆、基础性科学研究部门等,也带有公共产品的性质,也属于政府投资的范围。在土地市场和房地产市场的共同作用下,城市必然朝着更密更高的方向演化,导致城市公共活动空间减少,城市环境恶化。政府作为公众利益的代表,通过建设城市的公园、广场、河滨绿地等公共活动空间来维护和改善公共卫生,促进城市健康发展,营造和谐的城市环境。投资模式的多样化,尤其是社会资本进入基础设施和公共服务设施领域,对城市的影响更为巨大。

4. 权威决策制度

我国处于威权国家阶段,在威权国家的政治体制下,各项行动的方向性指令依旧来源于自上而下的管控,在同时受到传统城市规划人治的影响下,对城市规划的重视程度和实施力度与领导者的决策有重大关系。如果一个城市的领导班子重视本地规划建设,就会对城市规划的科学性与合理性更为关注,并在规划方案落实的过程中加强政策约束。但领导决策也可能出现偏差,而且不一定能代表群众的意见,因此,在公众越来越有参与规划的要求和能力时,加强

城市规划管理制度研究

240

城市规划的法制建设、改变政府的权威决策体制、保障公民的公共参与权是城市规划的发展方向之一。

（三）城乡规划法律权限

政府的公权来自公民的授权，政府在行使公权力的过程中应最大限度保护公民的私权，但出于公共利益的实现和城市的有效管理目的，限制私权甚至剥夺私权的情形时有发生。政府干预和限制公民不动产权而行使的公权主要包括规划权和征收权，即政府出于公共利益的目的，为了使土地按国家既定的土地利用计划使用，以求地尽其利，政府就有必要对土地使用进行管制，从而完成城市土地和空间资源的有效配置。规划权的行使体现了权力（权利）主体的意志和愿景，征收权的行使则是实现权力（权利）主体意志和愿景的一种重要手段。从这个角度来看，规划与征收是目的与手段的关系。在城镇化快速发展的今天，规划权与征收权如影相随，共同发挥着巨大作用。

1. 规划权

城市规划权来源于政府的权力，是政府为以绝大多数私权的实现——公共利益目的，保护社会公众利益而对城市土地与城市空间进行调整、布局、引导、管制的权力，通过规划对城市不动产财产施以限制或剥夺❶，是特定针对城市空间层面的最重要的公权力。我国于 1990 年颁布《城市规划法》，以法律形式确立规划对城市发展的指导作用。2008 年实施的《城乡规划法》取代《城市规划法》，将规划的法律效力由单一城市扩展到城镇体系（区域）、城市、乡镇和村庄。规划指导城乡发展，城乡发展须以经法定程序批准的规划为蓝图，因此，规划权在城乡发展过程中扮演着重要作用，规划权主导着城乡发展。

物权是指民事权利主体对一个具体的物所享有的占有、使用、收益和处分的权力。私权和公权都为社会物质财富直接或间接的转化形式，是社会整体利益的法律表现。随着《物权法》的实施，居民城乡规划的参与意识和私权的维护意识显著增强，政府规划权的合法性、公正性、公平性和公开性受到来自公民的不动产私权的挑战，城市总体规划或控制性详细规划的内容（某些项目选址）因市民的不支持而改变，而规划的全民公决制度在有些城市（灾后重建城市）已经出现。在我国的城镇化进程中，城市规划在不同发展阶段被赋予了不同的职能模式，即改革开放前计划经济时期的"行政控制经济模式"、改革开放后社会主义市场经济体制背景下的"政府主导市场引导模式"以及当前复杂社会

---

❶ 朱喜钢，金俭，奚汀 .《物权法》氛围中的城市规划 [J]. 城市规划，2006（12）:81-88.

问题同时涌现的"社会公共政策模式"。任何发展背景下，作为政府的一项职能，规划权是政府的公权力之一，是政府实现空间资源配置、进行城市土地利用管制的基本手段，是一种自然的主权者固有的权力❶。为了防止滥用公权力，世界各国普遍采用的做法是通过法律规定政府行使公权力征收私人财产时应给予补偿，我国《宪法》第20条、第22条，《物权法》第42条，《土地管理法》第58条，《城乡规划法》的第39条、第50条、第57条、第62条均有明确的补偿规定。

2. 征收权

政府干预和限制公民不动产物权的另一种形式是征收权，包括建筑征收和土地征收。国家征收是主权国家行使公共管理的必要手段，作为处理公共利益和私人利益冲突的行政权力，其实质是国家对私人利益的侵犯，能够克服自愿交易的障碍，防止私人"漫天要价"❷。城市规划通过行政权力对私人权力进行必要的调节，国家征收成为实现规划目的的最有效工具。征收权是国家为了公共利益的需要的有偿占用，《宪法》、《物权法》所确定的国家征收制度都强调必须基于公共利益的需要才能行使国家征收行为。

土地征收是国家或政府强制性将农村集体土地收归国有并给予补偿的一种基本土地管理制度。城市发展不可避免地涉及规模的扩张，动用国家征收权将农民集体所有的土地及其财产收归国有就成为必然的选择。动用国家征收权必须在征收概念明确、征收条件充分、征收程序合规、征收行为合理、征收问题解决的制度框架内行使，这需要建立和完善土地征收的合法性审查机制。由于征收权利的主体是国家，其行为属于行政行为，与市场开发行为存在本质的差异，对于符合公共利益需要的城市规划项目，必须遵循先征收、后开发的实施程序，并建立健全救济机制，为被征收人提供权利救济的管道。

三、城乡规划法规体系

（一）城乡规划法规体系

我国城乡规划法规体系是指包括有关法律、行政法规、部门规章、地方性法规和地方规章在内的城市规划法规体系，主要由基本法（主干法）、配套法、相关法规和部门规章组成（表5-4）。我国城乡规划还有25部技术标准和44部专用标准，规划编制标准体系逐步完善。由此可见，我国城乡规划已经初步

---

❶ 朱喜钢，金俭. 政府的规划权与公民的不动产物权 [J]. 城市规划，2011（2）：82-86.

❷ 陈锦富，于澄. 基于城市规划的国家征收权探讨 [J]. 城市规划，2010（4）:9-13.

形成了一套法规体系，涵盖了城市规划的各个领域。但是，现行的城市规划法规体系并不完善，从地方层面研究城乡规划法规体系的适用性在运行过程中出现很多问题，如体系庞杂、缺乏对地区差异性的考虑、内容矛盾、存在空白点、法规出台连续性差以及违法处罚不到位等问题。

我国城乡规划法规体系一览表　　　　　　　　　　表 5-4

类型	法律法规名称（说明）
基本法	《城乡规划法》（2007，城乡规划管理的唯一部法律） 《村庄和集镇规划建设管理条例》（国务院令[1993]第 116 号） 《风景名胜区管理条例》（国务院令[2006]第 474 号） 《历史文化名城名镇名村保护条例》（国务院令[2008]第 524 号）
配套法	《建设项目选址规划管理办法》（1991）、《城市国有土地使用权出让转让规划管理办法》（1992）、《开发区规划管理办法》（1995）、《建制镇规划建设管理办法》（1995）、《城市地下空间开发利用管理规定》（1997）、《城市抗震防灾规划管理规定》（2003）、《城市绿线管理办法》（2002）、《城市紫线管理办法》（2003）、《城市蓝线管理办法》（2005）、《城市黄线管理办法》（2005）、《停车场建设和管理暂行规定》（1988）
行业规章	城市规划监察有 1 部规章：《城建监察规定》（1996）；城市规划行业管理有 2 部规章：《注册城市规划师执业资格制度暂行规定》（1999）、《城市规划编制单位资质管理规定》（2001）；城市规划编制方面的规章有 9 部，包括：《城市规划编制办法》（建设部令[2005]第 146 号）、《城镇体系规划编制审批办法》（1994）、《县域城镇体系规划编制要点》（建村[2000]74 号）、《村镇规划编制办法》（2000）、《城市规划编制办法实施细则》（1995）、《城市绿化规划建设指标的规定》（1993）、《历史文化名城保护规划编制要求》（1994）、《近期建设规划工作暂行办法》（2002）和《城市规划强制性内容暂行规定》（2002）；城市规划审批有两 2 部规章：《省域城镇体系规划编制审批办法》（住房城乡建设部令[2010]第 3 号）和《城市总体规划编制审批办法》（征求意见稿）（2016）
相关法	《土地管理法》、《环境保护法》、《矿产资源法》、《建筑法》、《物权法》、《水法》、《公路法》、《港口法》、《固体废物污染环境防治法》、《立法法》、《旅游法》、《赔偿法》、《城市房地产管理法》、《道路交通安全法》、《环境影响评价法》、《防震减灾法》、《军事设施保护法》、《行政复议法》、《行政强制法》、《行政诉讼法》等共 50 多部法律、行政法规及部门规章

（二）城乡规划法律关系

1. 基本法律关系的主体与客体

就其法律性质而言，城市规划属于一种典型的行政规划。[1] 作为行政规划，必然存在着行政主体与行政相对方这一对法律关系主体。城市政府作为行政主体，城市中的社会公众作为行政相对方——客体存在，他们之间法律关系的

---

[1] 朱芒，陈越峰. 现代法中的城市规划——都市法研究初步 [M]. 北京：法律出版社，2012：1.

确定对城市规划产生了极大的影响。应该注意的是，在城市规划过程中，开发商的地位和作用不容忽视。新城市社会学代表人物哈维在其资本的三级环程理论中指出，资本在次级环程是投资，而投资是城市发展和变迁的主要决定因素❶。作为资本持有者的开发商，其在房地产、交通等领域的投资，对城市的发展和变迁起着至关重要的作用。因此在城市规划实施过程中，有必要将开发商从社会公众中分离出来，作为单独的客体进行分析。

城市规划基本法律关系的载体是城市空间，主要指的是城市的土地和建筑等，城市规划基本法律关系就是在制定和实施城市规划的过程中，政府、开发商和社会公众三方围绕城市空间载体形成的法律上的权利、义务关系，在进行利益诉求和博弈的过程推动着城市的发展和变迁。城市规划实施的客体必须服从规划的管理，坚决杜绝任何破坏规划的行为。城市规划的实施主体，也必须依法管理和约束，防止实施规划过程中的随意性。

2. 主体与客体的逻辑关系

城市规划的应然法律状态，是指在规范城市规划的过程中能够实现法律价值的那些法律所应有的状态，法律的基本价值是秩序、公平和个人自由❷。我国学者沈宗灵（2009）则将法的价值概括为维护社会公平正义、保障自由与平等、统筹兼顾多方利益、促成良好秩序❸。构建城乡规划公正、自由、平等、利益均衡和良好秩序的法律环境的基础是明确土地和建筑的产权。由于各主体之间围绕城市空间进行利益诉求和博弈，为维持一个良好的利益博弈秩序，实现社会公正和对个人合法权利的尊重，法律必须明确城市空间的产权问题。正如西方经济学家所言，如果所有客观存在物的产权都是明确的，那么就不会出现市场失灵的情况。在当前情况下，最主要的是要明确土地和城市建筑的产权问题。土地和建筑是城市空间最主要的物质基础，如果其产权归属不能明确、产权关系不能理顺，势必会造成各方主体之间的矛盾冲突，也势必会造成弱者合法权益的损害，不利于维持良好的社会秩序以及实现社会公正和各方利益的均衡。

（三）城乡规划法律授权

城乡规划法是我国各级城乡规划管理部门行政的法律依据，也是城乡规划

❶ 夏建中. 城市社会学 [M]. 北京：中国人民大学出版社，2010:161.
❷ 彼得·斯坦. 西方社会的法律价值 [M]. 王献平译. 郑成思校. 北京：中国人民公安大学出版社，1990：1-7.
❸ 沈宗灵. 法理学 [M]. 北京：北京大学出版社，2009：42-59.

编制和城乡各项建设必须遵守的行为准则，是调整有关国家行政管理活动的法律规范，属于行政法的范畴。

1. 授权来源

卢梭的《社会契约论》指出公权是人们为保障和促进私权而设立的，公权力源于民众对私权及相应利益的让渡。城乡规划是典型的公权力，城乡规划授权渊源（法律的效力来源）主要有法律、行政法规、地方性法规、部门规章、规范性文件、规划与标准等 ❶。除地方性法规外，前面已有说明。1989 年《城市规划法》实施后，各地根据自身实际情况纷纷出台了有关城市规划管理地方性法规和规章，国内的主要城市（直辖市、副省级省会）大多编制了相应的具体实施办法。2008 年《城乡规划法》实施后，各地也对城乡规划条例进行了与时俱进的修改，如《北京市城乡规划条例》于 2009 年进行了修订。

已经制定的城乡规划也是重要的法律授权依据。《城乡规划法》第 7 条规定，经依法批准的城乡规划，是城乡建设和规划管理的依据，未经法定程序不得修改。因此，全国和省域的城镇体系规划、城市总体规划、镇总体规划、控制性详细规划、乡和村规划都属于法定规划。此外，城乡规划领域的技术标准也是城乡规划中的重要法律依据，主要包括三种类型：①国家规范与标准，如《城市居住区规划设计规范》（GB 50180—2002）；②行业规范与标准，如《城市道路绿化规划与设计规范》（CJJ 75—97）工程建设标准强制性条文，如《城市用地分类与规划建设用地标准》（GB 50137—2011）等。

2. 事权范围

《城乡规划法》明确了各级政府的权力，分清责任，做到一级政府、一级规划和一级事权；具体而言主要有以下六个方面的授权：①规划编制权。当前我国城乡规划编制总体上包括"三阶段、五层次"，其中"三阶段"是指总体规划、控制性详细规划和修建性详细规划；"五层次"是指住房城乡建设部组织编制的全国城镇体系规划，省、自治区人民政府组织编制省域城镇体系规划，城市政府组织编制城市总体规划和控制性详细规划（市城乡规划主管部门），县政府组织编制县府所在地镇的总体规划和控制性详细规划（县城乡规划主管部门），其他镇（乡）政府组织编制各自总体规划、控制性详细规划以及乡规划、村庄规划；②规划审批权。《城乡规划法》对各个层次的城乡规划审批权和备案权作了明确的规定（表 5-5）；③参与选址权。对于涉及国家机关用地、

---

❶ 隋卫东，王淑华，李军 . 城乡规划法 [M]. 济南：山东大学出版社，2009：192.

军事用地、城市基础设施和公益事业用地等允许以划拨方式取得国有土地使用权的建设项目，建设单位在报送有关部门批准或者核准前，应当向城乡规划主管部门申请核发选址意见书作为是否与城乡规划相符的法定凭证；④建设用地核定权。城市、县人民政府城乡规划行政主管部门依据控制性详细规划核准建设用地的具体位置、允许建设的范围、使用性质、开发强度等规划条件，核发建设用地规划许可证；⑤建设工程批准权。城乡规划行政主管部门在接到建设单位的申请后，依据控制性详细规划和规划条件进行审查，符合控制性详细规划和规划条件的，核发建设工程规划许可证；⑥规划调整修改权。地方人民政府根据经济和社会发展的需要（仅限于上级城乡规划变更、行政区划调整、国务院批准重大项目建设、经过评估确需修改、审批机关认为应改），向原审批机关提出专题报告，经同意后，方可编制修改方案。

城乡规划审批事权总结 表 5-5

城乡规划			审批主体
全国城镇体系规划			国务院城乡规划行政主管部门报国务院审批
省域城镇体系规划			国务院审批
城市规划	总体规划		直辖市的城市总体规划由直辖市人民政府报国务院审批；省、自治区人民政府所在地的城市以及国务院确定的城市的总体规划，报国务院审批；其他城市的总体规划由城市人民政府报省、自治区人民政府审批
	详细规划	控制性详细规划	经本级人民政府批准
		修建性详细规划	需要建设单位编制修建性详细规划的建设项目，还应当提交修建性详细规划；对符合控制性详细规划和规划条件的，由城市、县人民政府城乡规划行政主管部门或者省、自治区、直辖市人民政府确定的镇人民政府核发建设工程规划许可证
镇规划	总体规划		镇人民政府组织编制的镇总体规划，报上一级人民政府审批
	详细规划	控制性详细规划	报镇人民政府上一级人民政府审批
		修建性详细规划	需要建设单位编制修建性详细规划的建设项目，还应当提交修建性详细规划；对符合控制性详细规划和规划条件的，由城市、县人民政府城乡规划行政主管部门或者省、自治区、直辖市人民政府确定的镇人民政府核发建设工程规划许可证
乡规划			报乡镇上一级人民政府审批

续表

城乡规划		审批主体
村庄规划		报乡镇上一级人民政府审批
风景名胜区规划	总体规划	国家级风景名胜区的总体规划，报国务院审批；省级风景名胜区的总体规划，由省、自治区、直辖市人民政府审批
	详细规划	国家级风景名胜区的详细规划由省、自治区人民政府建设主管部门或者直辖市人民政府风景名胜区主管部门报国务院建设主管部门审批；省级风景名胜区的详细规划，由省、自治区人民政府建设主管部门或者直辖市人民政府风景名胜区主管部门审批
历史文化名城、名镇、名村保护规划		历史文化名城保护规划由省、自治区、直辖市人民政府审批；历史文化名城、名镇、名村保护规划由省、自治区、直辖市人民政府审批

3. 授权方式

城乡规划许可是城乡规划行政主管部门，应建设单位或个人的申请，通过颁发规划许可证等形式，依法赋予该单位和个人在城乡规划区内获取土地使用权进行建设活动的行政行为。❶2008 年《城乡规划法》完善了城乡规划行政许可制度，建立完善了针对土地有偿使用和投资体制改革的建设用地规划管理制度，规定了各项城乡规划的行政许可。

（1）许可类型

我国现行的城乡规划审查许可制度包括两个方面的内容：①城镇规划的实施管理实行"一书两证"的规划管理制度，即依法核发"选址意见书"（城乡规划主管部门依法审核建设项目选址的法定依据）、"建设用地规划许可证"（经城乡规划主管部门依法审核、建设用地符合城乡规划要求的法律凭证）、"建设工程规划许可证"（经城乡规划主管部门依法审核、建设工程符合规划要求的法律凭证）；②乡村规划的实施管理实行"乡村建设规划许可证"，即经城乡规划主管部门依法审核、在集体土地上有关建设工程符合城乡规划要求的法律凭证的规划管理制度，可以理解为城镇规划管理制度的简易化。

（2）许可原则

城乡规划行政许可施行信赖保护原则。《行政许可法》第 8 条规定，公民、

---

❶ 隋卫东，王淑华，李军. 城乡规划法 [M]. 济南：山东大学出版社，2009：204.

法人或者其他组织依法取得的行政许可受法律保护，行政机关不得擅自改变已经生效的行政许可。行政许可所依据的法律、法规、规章修改或者废止，或者准予行政许可所依据的客观情况发生重大变化的，为了公共利益的需要，行政机关可以依法变更或者撤回已经生效的行政许可。由此给公民、法人或者其他组织造成财产损失的，行政机关应当依法给予补偿。城乡规划主管行政部门做出的行政行为（发放行政许可）非有法定事由或法定程序不得随意撤销、废止或改变，行政行为具有确定力和公信力。对行政相对人做出授益行政行为，事后发现违法情形，不是因为相对人的过错造成的，行政机关不得撤销，除非不撤销或者改变此种行为会损害国家、社会公共利益。在城乡规划的法律、法规、规章修改或废止，以及发出行政许可的客观情况发生变化的情况下，如法定城乡规划的修改等，为了公共利益的需要，城乡规划行政主管部门行政机关可以撤销、废止或修改已经发出的行政许可，但应进行利弊权衡，若非相对人过错造成，需对相对人受到的侵害给予补偿。

第三节　城乡规划法制困境与钳制

一、产权制度下的规划法治困境

产权即财产权利，是对具有经济价值的资产的支配权力，产权包括私有产权和共有产权，相对于共有产权，私有产权具有排他性、可分割性、可让渡性和明晰性。产权制度是界定和保障产权关系的制度，并由政府建立和保护的，与城乡规划相关的产权包括土地产权和建筑产权。

（一）土地产权

1. 土地产权的本质

我国实行土地公有制制度，《宪法》第10条明确规定，城市的土地属于国家所有。农村和城市郊区的土地，除由法律规定属于国家所有的以外，属于集体所有；宅基地和自留地、自留山，也属于集体所有。当前我国土地产权的界定并不是建立在稳定的法律制度之上，常常随着政治权力和利益集团的参与而不断变化，产权归属表现出极大的弹性[1]。周雪光基于社会学思路提出关系产权的概念，即产权是一束关系[2]，可以解释复杂土地产权的一些基本特征。通过和社会关系网络之间的对比发现具有以下特征：①持续性。土地功能一旦

[1] 张静. 土地使用规则的不确定：一个解释框架 [J]. 中国社会科学，2003（1）：113-124.

[2] 周雪光. 关系产权——产权制度的一个社会学解释 [J]. 社会学研究，2005（2）：1-30+243.

确定并得到使用则具有长期稳定的关系，不能随意改变；②双边性和多边性。土地产权关系极为稳定甚至是对称的，一宗土地的改变往往影响周边关系，邻避效应和土地升值都属于产权多边形特征。在城市规划中不同使用功能的建设用地之间存在均衡性的比例关系，一旦这个关系发生破坏，城市功能则出现严重的失调；③制度约束下的稳定性。产权基础的关系建立依赖于更为广泛的制度保障（法律认定）或共享认知（社会承认）。增减挂钩政策是典型的例子，从宏观层面促使城乡建设用地格局发生改变，而城市规划从中观和微观的角度改变了土地利用性质和功能。即土地产权的相对稳定性一方面是由于法律的维系，另一方面是人们作为所有者的认知和承诺。

2. 土地产权的相关法律规定

我国已经实现了计划经济时代实施的划拨用地产权制度向划拨和批租的双轨制用地产权制度的转变。土地产权的规定分散在《宪法》、《土地管理法》等多部法律法规之中，见表5-6。

土地产权的相关法律规定一览表 表5-6

法律名称	土地产权相关内容
《宪法》（2004修正）	①我国城市的土地属于国家所有，农村和城市郊区的土地（包括宅基地），除由法律规定属于国家所有的以外，属于集体所有；②国家为了公共利益的需要，可以依照法律规定对土地实行征收或者征用并给予补偿；③任何组织或者个人不得侵占、买卖或者以其他形式非法转让土地，土地的使用权可以依照法律的规定转让
《土地管理法》（2004修正）	（1）土地产权：①土地所有权归属问题。我国城市的土地属于国家所有，农村和城市郊区的土地（包括宅基地），除由法律规定属于国家所有的以外，属于集体所有；②土地的征收征用问题。国家为了公共利益的需要，可以依照法律规定对土地实行征收或者征用并给予补偿。具体补偿则按照被征收土地的原用途进行；③土地使用权转让问题。任何组织或者个人不得侵占、买卖或者以其他形式非法转让土地，土地的使用权可以依照法律的规定转让。除兴办乡镇企业和村民建设住宅或者乡（镇）村公共设施和公益事业建设可以使用农村集体所有土地外，农民集体所有的土地的使用权不得出让、转让或者出租用于非农业建设。任何单位和个人进行建设，需要使用土地的，必须依法申请使用国有土地（包括国家所有的土地和国家征收的原属于农民集体所有的土地）。在国有土地使用权的转让上，除国家依法划拨国有土地使用权外，国家依法实行国有土地有偿使用制度，以出让等有偿使用方式取得国有土地使用权的建设单位，

续表

法律名称	土地产权相关内容
《土地管理法》（2004 修正）	缴纳土地使用权出让金等土地有偿使用费和其他费用后，方可使用土地。土地的权属和用途不得擅自改变。依法改变土地权属和用途的，应当办理土地变更登记手续。禁止占用耕地建窑、建坟或者擅自在耕地上建房、挖砂、采石、采矿、取土等；④农村土地承包经营问题。农民集体所有的土地由本集体经济组织的成员承包经营，土地承包经营限为三十年，农民的土地承包经营权受法律保护。在土地承包经营期限内，对个别承包经营者之间承包的土地进行适当调整的，必须经村民会议三分之二以上成员或者三分之二以上村民代表的同意，并报乡（镇）人民政府和县级人民政府农业行政主管部门批准。农民集体所有的土地，可以由本集体经济组织以外的单位或者个人承包经营，但须经村民会议三分之二以上成员或者三分之二以上村民代表的同意，并报乡（镇）人民政府批准；⑤农民宅基地问题。村民一户只能拥有一处宅基地；农村村民出卖、出租住房后，再申请宅基地的，不予批准；⑥土地使用权的收回 （2）收回国有土地使用权：①为公共利益需要使用土地的；②为实施城市规划进行旧城区改建，需要调整使用土地的；③土地出让等有偿使用合同约定的使用期限届满，土地使用者未申请续期或者申请续期未获批准的；④因单位撤销、迁移等原因，停止使用原划拨的国有土地的；⑤公路、铁路、机场、矿场等经核准报废的 （3）收回土地使用权：①为乡（镇）村公共设施和公益事业建设，需要使用土地的；②不按照批准的用途使用土地的；③因撤销、迁移等原因而停止使用土地的
《城市房地产管理法》（2007）	①城市规划区内的集体所有的土地，经依法征用转为国有土地后方可有偿出让。使用年限届满，土地使用者需要继续使用土地的，应当至迟于届满前一年申请续期，除根据社会公共利益需要收回土地使用权的，应当予以批准，经批准准予续期的，应当重新签订土地使用权出让合同，依照规定支付土地使用权出让金；②土地使用者未申请续期或者虽申请续期但未获批准的，土地使用权由国家无偿收回。对于以划拨方式取得土地使用权的，在转让房地产时，受让方应当办理土地使用权出让手续并缴纳出让金
《物权法》（2007）	①土地产权的归属。城市的土地，属于国家所有；法律规定属于国家所有的农村和城市郊区的土地，属于国家所有。法律规定属于村集体所有的土地，属于村集体所有，由村集体经济组织或者村民委员会代表集体行使所有权；②土地的使用权问题。农民集体所有和国家所有由农民集体使用的用于农业的土地，依法实行土地承包经营制度，土地承包经营权人依法享有土地的用益物权；耕地的承包期为三十年，草地的承包期为三十年至五十年，林地的承包期为三十年至七十年，承包期届满，由土地承包经营权人按照国家有关规定继续承包；土地承包经营权人依法有权将土地承包经营权采取转包、互换、转让等方式流转。建设用地使用权可以通过出让或者划拨等方式取得，建设用地使用权人依法对国家所有的土地享有用益物权。建设用地使用权人有权将建设用地使用权转让、互换、出资、赠与或者抵押，但法律另有规定的除外。建筑物、构筑物及其附属设施转让、互换、出资或者赠与的，该建筑物、构筑物及其附属设施占用范围内的建设用地使用权一并处分；住宅建设用地使用

续表

法律名称	土地产权相关内容
《物权法》(2007)	权期间届满的,自动续期;③土地用途不得改变。土地承包经营权未经依法批准,不得将承包地用于非农建设。建设用地使用权人不得改变土地用途,确需改变土地用途的,应当依法经有关行政主管部门批准;④土地的征收。国家为了公共利益的需要,依照法律规定的权限和程序可以征收集体所有的土地。征收集体所有的土地,应当依法足额支付土地补偿费、安置补助费、地上附着物和青苗的补偿费等费用,安排被征地农民的社会保障费用,保障被征地农民的生活,维护被征地农民的合法权益
《土地管理法实施条例》(2011 修订)	与《土地管理法》基本一致,只是在以下两个方面存在补充:①土地所有权上规定,农村集体经济组织全部成员转为城镇居民的,原属于其成员集体所有的土地属于全民所有即国家所有(第 2 条);②强调依法批准的土地征收方案具有强制性。如第 25 条规定,征收土地方案经依法批准后,由被征收土地所在地的市、县人民政府组织实施。征地补偿、安置争议不影响征收土地方案的实施
《城镇国有土地使用权出让和转让暂行条例》(1990)	①土地使用权的出让。土地使用权出让最高年限规定,居住用地七十年,工业用地五十年,教育、科技、文化、卫生、体育用地五十年,商业、旅游、娱乐用地四十年。土地使用者应当按照土地使用权出让合同的规定和城市规划的要求,开发、利用、经营土地;②土地使用权的转让。土地使用权可以通过出售、交换和赠与等形式进行转让。土地使用权转让价格明显低于市场价格的,市、县人民政府有优先购买权。土地使用权转让的市场价格不合理上涨时,市、县人民政府可以采取必要的措施;③土地使用权的终止。土地使用权因出让合同规定的使用年限届满、提前收回及土地灭失等原因而终止。对于因公共利益需要而提前收回土地使用权的,应当根据土地使用者已使用的年限和开发、利用土地的实际情况给予相应的补偿;对于土地使用权期限届满的,土地使用者可以申请续期,需要续期的,应当依照规定重新签订合同,支付土地使用权出让金,并办理登记。对划拨土地使用权,市、县人民政府根据城市建设发展需要和城市规划的要求,可以无偿收回

3. 土地产权的特征

(1)农村土地产权

基于国有化特征,我国农村土地产权存在三权分立状况,普洛斯特曼(1994)发现农民的土地准所有权具有不确定性特征:①使用权期限不足,使用功能也不确定;②存在因人口变化调整土地而失去土地的风险;③存在因非农征地而失去土地的风险❶。我国农村土地利用规则存在相互矛盾的情况,保护耕地和发展经济侵占耕地政策相伴相生,根据国家耕地保护政策、城乡建设用地增减

---

❶ 罗伊·普洛斯特曼. 解决中国农村土地制度现存问题的途径探讨 [M]// 农业部农村经济研究中心. 中外学者论农村. 北京:华夏出版社,1994:236-239.

挂钩政策、耕地占补平衡政策，土地的空间分布格局随时可能变化。其核心原因是土地制度要达到的目标并不确定。艾尔温·莱施认为，每一种地权划分的方式都需要有明确的目的，如果目标不明确，就不可能明确地权划分。例如，如果目的是防止土地过分集中，一些国家通过立法对私人拥有土地进行最高限量，并禁止非农业买主在农业地区购买土地；相反，如果目的是防止土地过于分散，一些国家规定了购地者的资格，以避免土地细碎化。很明显我国并没有准确的土地所有制度的最终目标。

农村土地使用规则是一个具有多个合法性声称的系统：①根据《农村土地承包法》，土地可以经农户分别承包，并且承包期限被承诺可以不断延长；②根据《土地管理法》，乡村土地的所有权是集体共有的，没有确定的个体具有最终产权；③根据《城乡规划法》，乡村建设用地的空间规划权属于乡镇人民政府；④根据《村民委员会组织法》，村民委员会办理本村的公共事务和公益事业，村委会是集体所有权的代理人。上述各项规则都是"合法"的，并把所有权、所有权代理人和使用权分开，产生了几种与地权相关的社会身份：所有者、所有者代表和使用者，共同构成法律承认的直接或潜在当事人。问题是人们面对的并非是限定的合法性声称系统，不同的规则都有象征性的合法地位，不同身份都有资格就地权主张意见，于是出现了选择问题。与法律过程不同，土地使用变化不是规则衡量，而是力量衡量，衡量是否符合公共利益。它不是典型的法律过程，而是一种政治过程，遵循利益政治逻辑，讲求程序公正。

（2）城市土地产权

我国城市土地产权制度是在明确土地的国家所有基础上，实行所有权与使用权分离，即土地所有者与土地使用者权利实施分割，土地所有者将土地所有权的占有权、使用权、部分收益权和部分处分权分离出来，仅保留部分收益权和部分处分权。土地使用者获得占有权、使用权、部分收益权和部分处分权。现阶段国家作为城市土地的主权主体，其内部存在多层级委托—代理关系：全体人民委托给全国人民代表大会行使土地所有权，全国人民代表大会委托给国务院，国务院委托给地方政府❶。

从城市土地产权管理角度可以将土地产权分解为土地所有权、土地使用权、土地经营权和土地管理权：①城市土地国家所有权实现的公平是指资源地租的实现能够维护资源最终所有者的正当合法收益，实现社会基本公平，其效

---

❶ 韦镇坤，尹兴，董金明.我国城市土地产权实现中存在的问题和对策研究[J].马克思主义研究，2015（9）：63-72.

率体现为资源地租对全民利益的实现、社会价值分配的优化起到的促进作用；②从权力关系的流转而言，城市土地使用权分配中市场出让与其所有权的经济实现密切相关；③土地产权是通过城市经营实现的，土地财政是政府采取的典型的经营模式，却逐渐衍生为不同利益群体投资、投机、炒作进而获利的手段；④土地管理权包括城市土地的计划管理权、行政管理权、规划管理权、地籍地政管理权等。国土资源管理实践中存在出让、出租、转让、划拨、征收、征用和收回等多种使用权类型 ❶。

4. 土地使用权的获得

转型期城市土地的获得通过两种方式：划拨和竞争性出让（拍卖、招标、挂牌）。从制度根源角度，前者是计划经济制度下的行政指令行为，是建立在排除一切选择与竞争的基础上，以零成本的社会条件为假设的交易行为，后者是市场化条件很高的情况下，具有一定选择和竞争的、需要支付较高成本的市场行为。

《城乡规划法》规定，以划拨方式提供国有土地使用权的应当向城乡规划主管部门申请核发选址意见书，竞争性出让的建设项目则不需要申请选址意见书。《划拨用地目录》（国土资源部令 [2002] 第 9 号）规定国家机关用地和军事用地、城市基础设施用地、非营利性邮政设施用地、非营利性邮政设施用地、非营利性教育设施用地、公益性科研机构用地、非营利性体育设施用地、非营利性公共文化设施用地、非营利性医疗卫生设施用地、非营利性社会福利设施用地、石油天然气设施用地、煤炭设施用地、电力设施用地、水利设施用地、铁路交通设施用地、公路交通设施用地、水路交通设施用地、民用机场设施用地、特殊用地 19 类。除划拨土地外，我国实施国有土地有偿使用制度。

5. 土地产权存在的问题

城市土地存在两个方面的问题：①产权管理方面的问题。我国关于土地的国有资产管理机构和国土管理机构法定代表人资格的争议从未停止，而城市土地的计划管理权、行政管理权、规划管理权、经营管理权、地籍地政管理权等与土地密切相关的系列管理权限界定不清，职能混乱，引起政府管理部门之间的争权与冲突。也使得土地的优化配置存在困难，审批和管理难以规范；②他项权利方面的缺陷。社会主义市场经济条件下，城市规划的政府空间规划权和市场机制下的私有使用权构成一种相互矛盾的关系，政府投资公共领域随着社

---

❶ 王湃. 我国城市土地产权制度的问题与对策 [J]. 特区经济，2013（7）：166-167.

会资本的进入使得土地使用权关系变得模糊，还涉及土地的地上、地下空间权以及人防设施的权力争执等。目前我国城市土地产权的分割和分享结构过于粗略，只规定了土地的平面空间范围，并没有严格界定立体空间的界限，不利于城市土地产权的充分流动。同时依附于土地产生的相邻权、通行权尚未有相应的设置和界定，影响了城市土地的高效、公平利用。

（二）建筑产权

1. 建筑产权的本质

（1）建筑产权的时限性与分离性

我国房屋建筑一般分为民用住宅建筑、商用建筑和工业用建筑三类，由房屋所有权和土地使用权两部分组成，房屋所有权的期限为永久，按建筑使用类型确定土地使用权年限，一般民用住宅建筑土地使用年限为 70 年，商用房屋建筑土地使用年限为 40 年，呈现建筑所有权与土地使用权分离特征。届满自动续期，续费按当时的 1%~10% 来收取（即土地使用权出让金）。

（2）建筑产权的绝对性和排他性

建筑产权的绝对性是指只有产权人才具有对房地产的充分、完整的控制、支配权，以及从而享有的利益。排他性是指产权人排除他人占有、干涉的权利，这种权利包括直接的物权，也包括由此派生的典权、抵押权等他项权利。

（3）建筑产权的私有性与共有性

共有产权因占有建筑的先后而存在，分为两种类型：①同时共有。《物权法》第 70 条规定，业主对建筑物内的住宅、经营性用房等专有部分享有所有权，对专有部分以外的共有部分享有共有和共同管理的权利；②分时共有。我国部分城市试点实施经济适用住房共有产权模式，即各方通过共同出资购买一套住房并因此享有一定份额的产权，从而减轻住户单方一次性购买的经济压力。我国现行住房保障制度主体的经济适用房、两限房由于土地的划拨性质使住户获得的只是有限产权。从住房加土地全部资产的角度，住户和国家形成了共有产权关系。

（4）产权获取的多样性与特殊性

房屋建筑具有的商品属性使其获取方式多种多样，包括购买、建设、赠与、继承、分割、合并、变更、交换、析产等。其中最常见的是前四种方式：①购买是人们取得产权的一种主要形式；②建设取得是房屋产权的一种原始取得；③赠与取得是指原产权人通过赠与行为，将房屋赠送给受赠人；④继承是指被继承人死亡后，其房产归其遗嘱继承人或法定继承人所有。

　　房地产抵押是指抵押人以其合法的房地产以不转移占有的方式向抵押权人提供债务履行担保的行为，并非实际的获得。保障性住房是由国家提供的，目的是使无力购房者能够住有所居，体现了住房所具有的保障性功能和公共产品属性。政府一般采取半市场化（经济适用房、两限房）、非市场化（廉租房）、救济（贴租）等多种方式提供，获取居民则限制在低收入群体中。

　　2. 建筑产权的相关法律规定

　　建筑产权的相关规定包含在《物权法》等法律法规中，具体见表 5-7。

建筑产权的相关法律规定一览表　　　　　　表 5-7

法律名称	建筑产权相关内容
《物权法》（2007）	①建筑产权的归属。私人对其合法的房屋享有所有权。建设用地使用权人建造的建筑物、构筑物及其附属设施的所有权属于建设用地使用权人，但有相反证据证明的除外。业主对建筑物内的住宅、经营性用房等专有部分享有所有权，对专有部分以外的共有部分享有共有的权利。建设用地使用权转让、互换、出资或者赠与的，附着于该土地上的建筑物、构筑物及其附属设施一并处分；②建筑的征收。国家为了公共利益的需要，依照法律规定的权限和程序可以征收单位、个人的房屋。对单位、个人房屋的征收，应当依法给予拆迁补偿，维护被征收人的合法权益。征收个人住宅的，还应当保障被征收人的居住条件
《城市房地产管理法》（2007）	①房地产转让、抵押时，房屋的所有权和该房屋占用范围内的土地使用权同时转让、抵押；②为了公共利益的需要，国家可以征收国有土地上单位和个人的房屋，并依法给予拆迁补偿；③房屋所有权人以营利为目的将以划拨方式取得使用权的国有土地上建成的房屋出租，应当将租金中所含的土地收益上缴国家
《城镇国有土地使用权出让和转让暂行条例》（1990）	①土地使用权转让时，其地上建筑物所有权随之转让；②土地使用权期满，土地使用权及其地上建筑物、其他附着物所有权由国家无偿取得；③划拨土地被无偿收回的，其上的建筑物相应收回，国家给予适当补偿
《国有土地上房屋征收与补偿条例》（2011）	①国家为了保障国家安全、促进国民经济和社会发展等公共利益的需要，可以对房屋实施征收；②对被征收的房屋，应当给予包括房屋价值、搬迁和临时安置费用、停业停产损失等在内的补偿费用，被征收房屋的价值，不得低于公告之日类似房地产的市场价格。补偿可以采取货币补偿和房屋产权调换两种形式，由被征收人选择

（三）产权制度下的规划难题

　　从上述相关的法律法规规定可以看出，我国现行的法律法规并没有完全解决土地和建筑等的产权问题，而且一些法律法规之间还存在着冲突，同时涉及地下空间及人防工程等产权规定还存在着空白，这种状况必然会使城市规划的制定和实施面临一系列的难题。

1. 政府独控土地交易市场导致主体间的不公平

依据上述法律法规，政府是土地市场的唯一供给者，任何单位或个人进行建设，需使用土地的，都必须向政府申请国有土地使用权。政府可以在"促进国民经济和社会发展的需要"的名义下，大量征收、征用农村集体所有土地，或者收回国有土地使用权。对农村耕地的征收，其补偿标准依照农业产出计算，最高补偿不得超过近三年平均产值的 30 倍，然而，政府在实现农村集体所有土地的国有化之后，则按照市场价进行土地使用权的出让。这样，在征收环节，政府从农村集体土地获得了巨额的土地收益剪刀差。在土地使用权出让上，政府采取"非饱和适度供应"的土地政策，通过限量供应土地，使土地的价格不断飙升。这样，在供给环节，政府又获取了大量的垄断利益。开发商在以高价取得土地使用权之后，为了获取最大利润，尽力炒高房价。而在城市拆迁过程中获得货币补偿的被拆迁者最终要为高房价埋单，他们实际上也是拆迁过程中的利益受损者。在这一轮博弈中，政府作为土地市场的垄断者，获取了巨额的利益，社会公众则遭受了严重的不公待遇，这势必会引起他们的对抗。现实中，农民抗征、市民抗拆的现象屡见不鲜，这都在一定程度上阻碍了城市规划的实施。

2. "城中村"的出现及其相关问题

随着城市化的迅速发展，城市空间不断向农村扩张，城镇化发展的要求必然要对农村的土地进行征收。对农村耕地的征收，依据农业产值进行补偿，成本较低。但对农村居住区的征收会涉及社区的拆迁和"人的城市化"，需要解决拆迁人口的医疗、养老等一系列问题，成本较高。基于政府决策选择"走好走的路"的制度逻辑，在城镇化扩张过程中，只对农村的耕地进行征收，保留了农村居住区，而不断膨胀的城市将存留下来的农村居住区包围，就形成了"城中村"。

由于缺少有效的监督和管理，"城中村"土地违法使用现象频频发生，比较典型的有以下两种情况：①农民利用集体所有土地（未被征收的耕地、林地等）建房出租，或者将土地使用权转让给一些商人建房出租。涉及土地产权的相关法律都明确规定，土地使用权人不得擅自改变土地用途，农民集体所有的土地的使用权不得出让、转让或者出租用于非农业建设。因此，无论是村民自己在农用地上建房出租，还是将农用地使用权转让给他人建房出租，都是违法的。依据《物权法》、《土地管理法》以及一些政策性文件的规定，农民享有宅基地的土地使用权，可以在宅基地上建设住宅和其他附属设施，也可以将宅基地使用权转让给集体组织内的其他成员，经过村民会议三分之二以上成员或者三分之二以上村民代表的同意，还可以将宅基地使用权转让给集体组织以外的人员❶，但不得将宅基地使用权或宅基地上的住宅转让给城市居民，也不得将宅基地使用权出租给城市居民用以建房。据此，城市居民通过租用或者购买"城中村"农民宅基地使用权来建房出租的行为是违法的；②小产权房的建设与出售。小产权房是农民或者一些开发商没有经过相关部门的批准而擅自在农村集体所有土地上建设的商品性住房。由于农村土地使用权期限一般是 30 年，所以这些住房被称作小产权房。但这些住房没有也不可能取得相关部门颁发的产权证，实际上是无产权房。农民自己在集体所有的农用地上建小产权房，擅自改变了土地的用途，该行为是法律所禁止的。农民将集体所有农用地出租或转让给开发商建小产权房，不仅改变了土地的用途，更是违背了农民集体所有的土地的使用权不得出让、转让或者出租用于非农业建设这一法律规定，当然属违法行为。

3. 城市建设用地使用权与建筑所有权问题

依照现行法律规定，城市居民所购得的商品房具有两种权属状态：①商品房本身的所有权；②建房用地的土地使用权。其中，商品房的所有权是永久的，无期限限制，而建房用地的土地使用权是有期限的，至少有 70 年的使用期。对于 70 年年限到期后，该作何处理问题，我国法律存在着不同的规定。《物权法》规定，住宅建设用地使用权期间届满的，自动续期，但这与即将实施的房产税如何衔接仍是需要解释的问题。

《城市房地产管理法》规定，土地使用者应当至迟于届满前一年申请续期，除根据社会公共利益需要收回土地使用权的，应当予以批准。经批准准予续期的，应当重新签订土地使用权出让合同，依照规定支付土地使用权出让金，未获批准或者没有申请续期的，国家无偿收回土地使用权。《城镇国有土地使用权出让和转让暂行条例》规定，对于土地使用权期限届满的，土地使用者可以申请续期，需要续期的，应当重新签订合同，支付土地使用权出让金，并办理登记。该条例同时规定，土地使用权期满，土地使用权及其地上建筑物、其他附着物所有权由国家无偿取得。

在土地使用权续期问题上，《物权法》规定期限届满后自动续期，而其他

---

❶ 前提是受让人没有宅基地使用权，因为我国法律规定一户只能有一处宅基地。

两部法律法规则规定土地使用者必须申请续期。对于申请时间，《城市房地产管理法》作出了严格、明确的规定，即土地使用者必须在土地使用期的第69年之前申请续期。显然，《物权法》更有利于保护土地使用者的权益，但它没有规定续签合同和缴纳土地出让金等问题。总的来说，在土地使用权续期问题上，三法规定难判优劣。那么究竟适用哪一部法律文件呢？在法律效力上，《物权法》与《城市房地产管理法》效力位阶相同，如果把《城市房地产管理法》看作特别法优先适用，那么《物权法》的该项规定就形同虚设。而在现实操作中，效力位阶较低的《城镇国有土地使用权出让和转让暂行条例》却经常被行政执法部门适用，这种现象显然是违背《立法法》规定的。在城市住宅建设用地使用权到期后土地使用者该如何续期的问题上，法律还需要作出统一规定。

如果说城市住宅建设用地使用权届满后，土地使用者没有申请续期，或者申请续期没有被批准，那么土地上的住宅所有权该如何归属？依照《城镇国有土地使用权出让和转让暂行条例》，这些住宅无偿归国家所有。但是依照《物权法》的规定，建设用地使用权人取得所建设房屋的所有权，虽然《物权法》上有"房随地走"之说，但也仅限于建设用地使用权转让、互换、出资或者赠与这几种情况。因此，在使用期限届满之后，国家收回土地使用权，但土地上建筑的所有权还应当归建设用地使用权人所有。《城镇国有土地使用权出让和转让暂行条例》的规定显然与《物权法》的相关规定冲突，在这种情况下，《城镇国有土地使用权出让和转让暂行条例》的该项规定应当被更改或者撤销。时至今日，《城镇国有土地使用权出让和转让暂行条例》的相关规定没有变动，如果届时被适用，那么必然会导致众多居民失去房屋这一最大私有财产，也必然会引起他们的强烈反对，给城市和社会带来极大的不稳定性因素。因此城市规划的顺利制定与实施，有赖于产权问题的解决。

4. 公民房屋征收条件与拆迁问题

（1）房屋征收条件模糊

公共利益的界定也面临着巨大争议。《宪法》（第13条）规定唯一征收公民房屋的只有公共利益需要，但如何界定公共利益仍存在诸多争论和模糊之处。有相关解释说明的公共利益包括如下方面：①国防设施建设的需要；②国家重点扶持并纳入规划的能源、交通、水利等公共事业的需要；③国家重点扶持并纳入规划的科技、教育、文化、卫生、体育、环境和资源保护、文物保护、社会福利、市政公用等公共事业的需要；④为改善低收入住房困难家庭居住条件，由政府组织实施的廉租住房、经济适用住房等建设的需要；⑤为改善城市居民居住条件，由政府组织实施的危旧房改造的需要；⑥国家机关办公用房建设的需要；⑦法律、行政法规和国务院规定的其他公共利益的需要。《土地法》第58条规定，在以下情况下由国家收回国有土地使用权：①为公共利益需要使用土地的；②为实施城市规划进行旧城区改建，需要调整使用土地的；③土地出让等有偿使用合同约定的使用期限届满，土地使用者未申请续期或申请续期未获批准的；④因单位迁移撤销等原因，停止使用原划拨的国有土地的；公路、铁路、机场、矿产等经核准报废的。

（2）房屋拆迁仍然无法可依

尽管旧的《城市房屋拆迁管理条例》已废除，而且新的《国有土地上房屋征收与拆迁补偿条例》规定强制搬迁应遵循如下规定：①予以补偿，补偿金不得低于类似房产市场价；②禁止断水断电断气等暴力拆迁；③90%以上被征收人同意方可进行危房改造；④符合公共利益范围。但集体土地上的房屋拆迁仍无明确的法律保护，一旦发生冲突纠纷，将很难避免出现"无法可依"的局面。

二、权利救济下的规划法治钳制

法律是（利益）平衡器，政府行政行为的依托和法律基础——行政法在平衡各种利益包括私人之间的利益、私人与公共利益、私人与国家的利益时，往往以公共利益为重，而忽略私人利益或少数人的利益，以践踏、剥夺私人权益或少数人的权益为代价。在城市规划的主体中，社会公众处于弱势地位，表达相关利益诉求的渠道不畅，维护自身合法权益受到制度的钳制。

（一）社会公众参与城市规划的权利制度设计

1. 权利内涵

政府官员在行使职权时并非绝对的利他主义者，在城市规划和实施过程中，他们很可能为了部门利益和私人利益而去损害公共利益，这就需要社会公众的参与，以此来监督和制约政府行为。依据《城乡规划法》及相关法律的规定，公民参与城市规划的权利包括：①知情权、查询权。城市规划应当公布以保证公民的知情权，公民有权就涉及其利害关系的建设活动是否符合规划的要求向城乡规划主管部门查询；②举报权、控告权。公民有权向城乡规划主管部门或者其他有关部门举报或者控告违反城乡规划的行为。城乡规划主管部门应当及时受理并组织核查、处理；③建议权、听证权。城市规划报送审批前，应当通过论证会、听证会等形式听取专家和公众的意见。城市规划实施过程中，相关部门应当组织专家对实施情况进行评估，并采取论证会、听证会等形式听取公众意见。利害关系人有权要求举行听证会。

2. 权利特征

上述权利虽有利于公民参与城市规划，但目前这些权利还是很脆弱的：①举报权和控告权的受理主体是城乡规划主管部门，是城市政府领导下的部门之一，很难依法对本部门和上级政府违反城市规划的行为作出公正处理。因此，该项权利有利于遏制开发商及其他公众违反城市规划的行为，却很难遏制政府违反城市规划的行为；②法律仅仅赋予公众以建议权，而政府是否应当接受公众合理建议，不接受公众合理建议会产生什么样的法律后果，法律未作进一步的规定。因此对于公众提出的符合公共利益的建议，政府接纳与否，可自由裁量。就目前来看，社会公众参与的相关权利很容易被政府侵害，社会公众难以凭此权利使自身的意志和利益诉求在城市规划中得到有效体现。

（二）社会公众参与权利受到侵害的法律救济

社会公众参与城市规划的相关权利易受到政府侵害。根据调查收集的案例发现，社会公众参与的相关权利受到政府侵害后，很难得到法律救济。

1. 司法救济路径缺失

在西方一些国家，公众对损害公共利益的法律文件或政府政策可以进行司法诉讼，要求法院对其进行司法审查。法院在审查之后，如果确定该项法律文件或政策违反宪法或上位法的规定，损害公共利益，则可以宣布其无效。但在我国，司法机关不具有审查规范性法律文件和政府决定、命令的功能。我国《行政诉讼法》明确规定，行政法规、规章或者行政机关制定、发布的具有普遍约束力的决定、命令不属于人民法院的受理范围。因此，公众不能通过司法诉讼要求法院对违反公共利益的规范性法律文件或政府的决定、命令进行审查并予以撤销。

在城市规划过程中，政府具体的行政行为对公共利益造成损害并无视社会公众的建议权等权利时，社会公众也不能通过行政诉讼等途径得到司法救济。《行政诉讼法》第11条对我国行政诉讼的受案范围进行了规定，从规定中可以看出，只有在具体行政行为侵害了相对人合法的私人权益时，行政相对人才能够提起行政诉讼。具体行政行为对城市公共利益的侵害没有直接涉及社会公众的私人利益，社会公众就没有诉权，也就不能进行行政诉讼，即使提起行政诉讼，也会因不在行政诉讼受案范围而被法院裁定不予受理。如2001年南京市中山园林管理局申请建造"观景台"，南京市规划局在没有广泛调查、听取民意的情况下，就批准了该申请。随后，在紫金山最高峰头陀岭兴建了一座全钢筋水泥结构的"观景台"建筑物，耗资近千万元。就南京市规划局同意建造"观景台"一事，东南大学法律系两名教师，曾向南京市中级人民法院提起行政诉讼，要求市规划局撤销规划许可，法院认为南京市规划局的规划许可行为没有侵犯其合法权益，因此原告不享有诉权而驳回起诉，这一案例印证了上述论断。

2. 行政救济路径狭窄

依据《立法法》（2000）等相关法律的规定，我国对规范性法律文件实施"备案—核准"审查制度，即所有的规范性法律文件都要备案，由备案机关对其进行核准，审查其是否违反上位法规定，是否违反公共利益。在《监督法》（2006）颁布之前，政府颁布的决定、命令不需要在其他任何机关备案，仅实行政府内部的事前审查机制。《监督法》颁布之后，依据其相关规定，政府的决定、命令必须在本级人大常委会备案，接受人大常委会的核准。这样，对规范性法律文件和政府决定、命令的审查，我国的法定程序是"备案—核准"。

按照现有法律规定，要求备案机关审查并撤销损害公共利益的规范性法律文件或政府决定、命令有规定的机构。《立法法》第90条规定，国务院、中央军事委员会、最高人民法院、最高人民检察院和各省、自治区、直辖市的人民代表大会常务委员会认为行政法规、地方性法规、自治条例和单行条例同宪法或者法律相抵触的，可以向全国人民代表大会常务委员会书面提出进行审查的要求，由常务委员会工作机构分送有关的专门委员会进行审查、提出意见。前款规定以外的其他国家机关和社会团体、企业事业组织以及公民认为行政法规、地方性法规、自治条例和单行条例同宪法或者法律相抵触的，可以向全国人民代表大会常务委员会书面提出进行审查的建议，由常务委员会工作机构进行研究，必要时，送有关的专门委员会进行审查、提出意见。

依照上述规定，社会公众可书面提请全国人大常委会对行政法规和地方性法规进行审查。而公众能否就部委规章、地方性规章和政府决定、命令向全国人大常委会提起审查建议，法律并没有规定。同样，公众能否向其他备案机关提出审查的建议也未见相关法律条款，《立法法》只是规定将制定审查程序的权力交给备案机关自行行使。也就是说，其他备案机关在审查所备案的法律文件或其他规范性文件时，自行决定是否将接受公众审查建议纳入审查程序。如果这些机关没有将接受公众审查建议纳入审查程序，那么社会公众向其他备案机关提起审查建议就没有法律依据。总之，从对政府抽象行政行为进行审查的角度看，现行的审查制度很难对公众的参与权利进行救济。

第四节　城乡规划法律属性与缺欠

2008 年起施行的《城乡规划法》，具有极大的进步意义，但也存在一定的不足之处。

一、城乡规划法的基本属性

城乡规划是我国专门就某一种规划进行立法的唯一实践，其他各类规划知识只作为相关法律中的部分内容，其原因主要有：①城市规划工作十分重要，必须独立于其他工作单独进行立法；②城市规划的综合性很强，不可能与其他业务领域进行联合立法；③城市规划作为一种调节土地与空间使用的政策工具，其适用性与经济体制无关，计划经济体制下会采用它，市场经济体制下更会采用它，它独立于所有制结构和社会意识形态，这与城市规划的基本属性有关。

（一）法律属性

法是行为准则的最高形式，尹文子阐述"法有四呈"：不变之法、齐俗之法、刑赏之法和平准之法。从现代角度对法进行分类，按照法律所调整的范围分为公法和私法，按法律所调整的具体内容一般分为行政法、民法和经济法。《城乡规划法》从呈现形式、组成框架等来看，兼具多种法律特征。

1. 行政法角度

如果把城乡规划看成是政府行为，则《城乡规划法》就应该是行政法，具备行政法属性及组成框架。行政法是关于行政权的授予、行使以及对行政权进行监控和对其后果予以补救的法律规范。以有效率的行政权和有限制的行政权为逻辑起点，因基于某方面的行业管理而属于特别行政法。行政法属于公法范畴，与私法的区别不仅在于所规约的对象不同，更在于其基本原则的差异。公法是法律规定可为方可为，私法是法律规定不可为方可为，即公共部门行使的权力必须是法律明确授权的，而且一旦授权，如果公共部门没有行使，要追究其不作为。而法律没有授权的内容，则不能作为，一旦自行作为则属于越权，追究责任。同时，法律在授权时也会对权力的可能滥用和不当使用制定补救、监督和惩处的规则，以保证权力的正当而有效的行使。

与国家管理模式相契合的城乡规划，强调公私利益契合和行政优益性，通过维护公共利益和公共理性来助成解决私人选择失灵问题，从收用行政、给付行政、秩序行政和合作行政四个方面统筹塑造公私交融的行政法利益基础，聚焦行政行为规范性，重视命令和服从的同时建立利益协调的公众参与机制，促进城乡规划行政逻辑的合理性和行政法制化的正当性，建构一套行政法权力约束框架和一种因认同而遵从的行政法治理逻辑，运用协商模式寻求行政法效力的普遍认同。从行政管理角度，城乡规划的制定工作是具有"立法"性质的行政行为，而立法权与法律的空间适用范围、行政空间范围与行政层级有关。因此，阿尔博斯认为，规划法具有既作为规划工作（规划制定）的框架，又作为规划实施工具的重要意义。

2. 经济法角度

经济法是调整现代国家进行宏观调控和市场规制过程中发生的社会关系的法律规范的总称，表明其是对市场经济活动中社会关系的制度控制。经济法有两种分析方法阐释其本质：①将经济法描述为"与经济有关的法律"；②调整公共经济关系之法。经济法是对所有经济活动进行干预的法律，立基于"国家—市场"二元分析框架来认知经济法，并由此形成"市场失灵—国家干预—法律规范"的认识是经济法学界的基本共识❶。城市制度经济学认为，城市规划是一种对人类在市场经济中活动的空间表达的制度式控制（黎伟聪，2005），代表性控制制度就是《城乡规划法》：①《城乡规划法》的立法目的是加强城乡规划管理，协调城乡空间布局，改善人居环境，促进城乡经济社会全面协调可持续发展，与经济发展直接相关；②《城乡规划法》是基于社会公共性角度通过空间资源的分配时限对经济活动进行有效干预的部门法，具备国家对城乡经济规划的内容，明确城乡建设相关利益主体的权责，对社会资源在空间分配上进行引导和规制。由此可见，二者同为规范经济关系和经济活动的空间表达，从其内涵和规制对象角度，城乡规划法亦属于经济法的范畴。

经济法的理论基础之一是责任理论，被视为影响经济法制度建设，尤其是影响经济法实效和影响经济法理论"自足性"的重大问题。经济法具有责任客观性、具体归责基础以及具体责任形态的基本特征，即只要违反法定义务，就应当承担否定性的法律后果，承担经济法律责任，简称经济责任。一般而言，法律责任和部门法紧密联系，《城乡规划法》第39条和第50条均规定，给当事人、许可人和利害关系人合法权益造成损失的，应当依法给予赔偿，从这个角度看，城乡规划法具有经济法的特征。

---

❶ 张继恒. 经济法的部门法理学建构 [J]. 现代法学，2014（2）：80-90.

（二）权利属性

1. 政府责任

《城乡规划法》有关城市政府应当承担的制定和实施城市规划的职责主要有三个方面：①城乡规划的制定和修改。各级政府是城乡规划编制、修改的主体，上级政府是城乡规划审批的主体，有关人民政府必须严格遵守《城乡规划法》关于职权、程序编制、审批和修改城乡规划的规定，若未履行上述职责，则应承担相应的行政法律责任；②公共行政和公众参与。城市政府定期组织对城乡规划的实施情况进行评估。报审前，以论证会和听证会的方式征求公众意见，批准后公布并接受公众监督；③规划的监督检查。城市政府对下级政府编制、修改、实施规划的情况进行监督检查，责令下级政府城乡规划主管部门撤销或直接撤销违法的行政许可，实施行政救济。

2. 社会职责

《城乡规划法》有关企业和社会应当承担的职责主要有两个方面：①遵守职责。《城乡规划法》第9条规定，任何单位和个人都应当遵守经依法批准并公布的城乡规划，服从规划管理，并有权就涉及其利害关系的建设活动是否符合规划的要求向城乡规划主管部门查询；②监督职责。《城乡规划法》第9条同时规定，任何单位和个人都有权向城乡规划主管部门或者其他有关部门举报或者控告违反城乡规划的行为。城乡规划主管部门或者其他有关部门对举报或者控告，应当及时受理并组织核查、处理。

二、城乡规划法的进步意义

制定《城乡规划法》的根本目的在于依靠法律的权威，运用法律的手段，保证科学、合理地制定和实施城乡规划，统筹城乡建设和发展，实现我国城乡的经济和社会发展目标，推动我国整个经济社会全面、协调、可持续发展。与《城市规划法》相比存在诸多的变化，具有跨时代的进步意义。

（一）城乡规划法的法理本身

1. 立法基础发生变化

《城乡规划法》重要的改变是作为立法基础的改变：①法律事权范围的改变，法律关注点转向民生。《城乡规划法》的前身是1989版《城市规划法》，该法律仅是规范了城市建设领域的法律制度，重点在于科学合理建设城市地区，对乡镇农村关注不多。《城乡规划法》注重统筹城乡发展，传统的城乡规划与管理的二元体系被打破，不仅包括城市规划、镇规划，还包括乡规划和村规划，城乡规划进入一体化时代，并从关注民生的角度出发作出相关规定。如《城乡规划法》第 4 条、第 29 条、第 34 条等；②立法的立足点偏向民众。《城乡规划法》的立足点由 1989 年版的"国家本位"向"民众本位"转变，由强调维护行政权威转向制约行政权力，由强调民众服从转向保护私有财产，由强调政府内部事务转向强化公众参与，由城市本位转向城乡统筹。强调对于基本民生投入的重视和公权力对于私人财产权利的干预和制约，强化部门协调、公众参与和监督机制。出于公共利益的需要是城市规划公权力使用的前提条件，私权保护和私权平等是城市规划公权力使用的重要约束条件。《城乡规划法》落实了法律责任，维护了规划严肃性，在实现公共利益的同时，保护私有财产权利；③立法的出发点在于效率优先，树立兼顾公平的基本价值观，从强调民众服从转向保护私有财产。《城乡规划法》兼顾了城市和乡村社会公平，如第 1 条、第 4 条和第 29 条。《城乡规划法》旨在最大程度地保障城市正常运行，促进经济全面发展、节约资源（土地、水源、能源）并高效利用基础设施，促进统筹城市和乡村社会、经济全面发展，如第 4 条、第 10 条、第 17 条和第 35 条。

2. 立法原则发生改变

《城乡规划法》的重要改变是立法原则的变化：①规划应当符合多数人的意志；②规划的制定应当有效约束个人意志。《城乡规划法》的法律关系是约束政府权力寻租和错误政绩观、资本持有者的权力寻租、公众以非法手段维护自身合法权益的行为；③规划许可应当是公开、公平的。《城乡规划法》提出了规划公开的原则，确立了公众的知情权作为基本权利，明确了公众表达意见的听证会、举报途径及时间要求，强调了按公众意愿进行规划的要求，提出对违反公众参与原则的行为进行处罚；④规划许可应当遵循信赖保护原则；⑤规划应有利于建立利益均衡机制。

（二）行政执行发生变化

1. 执法手段发生变化

《城乡规划法》重要的改变是执法手段发生变化：①更加重视加强规划程序的合法化、合理化建设。《城乡规划法》明确了权利范围、防止滥用权力、规定职权范围、明确身份、界定关系，通过设立规划编制与修改、行政许可与处罚的行政程序，实现行政行为的规范。并加强了行政监督，限制自由裁量，实行行政公开和人大报告制度，对总体规划、控制性详细规划的编制修改程序以及"一书两证"的申请办理都作出了严格的规定；②调整行政执法机关。对比《城市规划法》和《城乡规划法》的执行机关可以看到，《城市规划法》规定的执行机关为人民法院，《城乡规划法》关于违法建设行政处罚中查封施工现场、强制拆除等措施是由县级以上地方人民政府责成有关部门执行的，行政强制执行赋予了行政当局维护社会秩序的强制权力，这是《城市规划法》和《城乡规划法》较大的差别之一。相比较而言人民法院的执行力更强，更具有威慑力，而行政强制可以应对大量的违法现象，两者各有利弊，在未来的规划管理执法过程中究竟哪种方式更有效值得探讨；③实施责任处罚。《城乡规划法》对行政不作为等行为作出了惩罚，包括未依法组织编制规划、未按法定程序编制审批修改城乡规划、未在法定期限内核发规划许可、发现违法建设不查处或者接到举报后不依法处理等方面。《城乡规划法》对程序违法等行为作出了惩罚，包括未依法公布经审定的修建性详细规划、建设工程设计方案的总平面图、同意修改修建性详细规划、建设工程设计方案的总平面图前未听取利害关系人的意见等。《城乡规划法》实施责任处罚更加严格，相关部门存在程序违法问题将会依照法律严肃处理，包括超越职权或者对不符合法定条件的申请人核发规划许可、未依法取得选址意见书的建设项目核发建设项目批准文件（项目管理）、未依法在国有土地使用权出让合同中确定规划条件或者改变国有土地使用权出让合同中依法确定的规划条件的（土地管理、规划部门）、未依法取得建设用地规划许可证的建设单位划拨国有土地使用权的（土地管理）等。

2. 行政责任发生变化

《城乡规划法》强调了行政行为的经济责任。《城乡规划法》强调严查不当之处并依法补偿当时经济损失，体现了对人民群众负责的态度和积极补偿的精神。如第 39 条规定，规划条件未纳入国有土地使用权出让合同的，该国有土地使用权出让合同无效；对未取得建设用地规划许可证的建设单位批准用地的，由县级以上人民政府撤销有关批准文件；占用土地的，应当及时退回；给当事人造成损失的，应当依法给予赔偿。第 50 条规定，在选址意见书、建设用地规划许可证、建设工程规划许可证或者乡村建设规划许可证发放后，因依法修改城乡规划给被许可人合法权益造成损失的，应当依法给予补偿。第 60 条规定，违法行为由本级人民政府、上级人民政府城乡规划主管部门或者监察机关依据职权责令改正，通报批评；对直接负责的主管人员和其他直接责任人员依法给予处分。

3. 行政监督发生变化

《城乡规划法》对行政行为进行严格监督，强调社会的舆论监督和上级对下级的行政监督。社会监督方面，如第 9 条规定，任何单位和个人都有权向城乡规划主管部门或者其他有关部门举报或者控告违反城乡规划的行为。城乡规划主管部门或者其他有关部门对举报或者控告，应当及时受理并组织核查、处理。第54条规定，监督检查情况和处理结果应当依法公开，供公众查阅和监督。上级对下级的行政监督方面，第57条规定，城乡规划主管部门违反本法规定作出行政许可的，上级人民政府城乡规划主管部门有权责令其撤销或者直接撤销该行政许可。因撤销行政许可给当事人合法权益造成损失的，应当依法给予赔偿。从另一个角度来看，按照法律规定行为相对人只能采取举报、控告的行政诉讼通道维护自己的利益，这或许也是我国目前城乡规划领域的上访多、举报多的制度原因所在。

三、城乡规划法的制度缺欠

《城乡规划法》存在法律相互冲突、法律不明确、法律不完善以及法律缺失等多方面的制度缺欠。

（一）法律相互冲突方面

1. 行政强制执行方面

按照《行政强制法》等法律规定，强制执行属于暂时性限制，但对城乡规划违法建设的强制性措施包括查封现场和拆除，前者是暂时性限制，符合《行政强制法》的规定，后者则是永久性消除，与《行政强制法》的暂时性限制是完全不同的。就强制拆除而言，《城乡规划法》与《行政强制法》、《土地管理法》等法律在执行条件和作出强制拆除决定的主体的规定上存在着明显的冲突。违法建设强制拆除过程中，没有明确所产生的成本负担机制、造成的损失问责机制、构成犯罪的追究机制，哪些违法建设属于"无法采取改正措施消除影响、应该限期拆除"的情形也没有明确界定。这些模糊之处使该法在实施的过程中遇到了很多问题，如难以操作，执法难度大，与法律的基本精神相悖等。

如申请由法院作出强制拆除决定的，如果当事人提起行政诉讼，则法院必须在判定当事人的房屋属违法建设的情况下，才能裁定行政机关强制执行，除非当事人在法定期限内放弃提起行政诉讼的权利。因此，《土地管理法》规定由行政机关申请法院强制拆除的条件为"当事人在法定期限内不起诉又不自行拆除"是必要的。对于国土管理部门，法律没有授予其强制拆除的行政强制执行的权力，因此，其要拆除违法用地上的建筑，就只能在当事人在法定期限内不起诉又不自行拆除的情况下申请法院强制拆除，或者在当事人提起的行政诉讼结束后，法院判决当事人违法用地时申请法院强制拆除。

《城乡规划法》赋予政府强制拆迁权，规定只要当事人逾期未拆除，相关行政机关即可强制拆除，其立法初衷是减少执法成本。同时，即便当事人在规定期限内申请行政复议或提起行政诉讼,依照《行政复议法》和《行政诉讼法》的相关规定，强制拆除这一具体的行政行为不停止执行。然而,《行政强制法》第44条对拆除违法的建筑物、构筑物、设施作出了专门限定，行政机关只要作出拆除违法的建筑物、构筑物、设施的决定，就必须符合《行政强制法》的要求。完全依照其他法律法规做出的行政行为却是违法的，这反映出了相关法律之间的冲突。冲突解决的原则是旧法服从新法，下位法服从上位法，依据这一原则的结论是对违法的建筑物、构筑物、设施的强制拆除，必须符合《行政强制法》。但是这样一来，大量违法建设特别是新生违法建设就难以得到及时的查处，不利于违法建设的查处进程。

2. 法定规划衔接方面

城乡规划与国民经济和社会发展计划，以及土地利用总体规划的关系存在立法悖论：①长期规划（城乡规划）以短期规划（国民经济和社会发展计划）为依据不合逻辑；②城市规划的空间发展引导与控制同国民经济和社会发展规划的政策与引导实行双平台控制难以同步实现；③城市总体规划和土地利用总体规划两个法律地位平等的规划缺乏衔接的手段和制度。

（二）法律不明确方面

1. 规划行政许可

（1）行政许可范围

《城乡规划法》对事权范围的界定尚不清楚：①如何处理规划区范围外的建设事务仍无定论。现行法律对"城中村"和城市规划区范围之外的建设缺少规定，规划区外不能进行行政许可；②开发区如何管理。我国目前林林总总的各类"开发区"，其本质就是新市区的建设，但是在开发区的建设上，至今没有宪法和法律依据。在某种程度上可以说，开发区的泛滥和无序，正是《城乡规划法》缺位造成的；③城市更新改造地区的法律适用性。目前许多地区旧区改造需求极为迫切，按照已有的法定图则所限定的规划条件进行行政许可无法满足更新改造中的利益平衡要求。

（2）行政许可条件

《城乡规划法》对规划许可条件、许可期限的规定不明确。法定条件是城乡规划许可的依据及规划管理的核心,《城乡规划法》对核发行政许可具备的法定条件的具体条文内容规定较为模糊，不如其他法律的相应立法条款详尽严谨。如《建筑法》第8条对申请领取施工许可证的条件进行了详细的规定,《房地产管理法》第44条对申请商品房预售许可证的条件进行了详细规定。

（3）行政许可方式

《城乡规划法》中提出建设项目选址意见书、建设用地规划许可证、建设工程规划许可证及乡村建设规划许可证（以下简称"三证"）为城乡规划实施的法定手段。《城乡规划法解说》以及《城乡规划违法违纪行为处分办法释义》中均提出，选址意见书属于行政审批，"三证"属于行政许可，即选址意见书是城乡规划主管部门依法审核建设项目选址的法定凭据，"三证"是经城乡规划主管部门依法审核，符合城乡规划要求的法律凭证。《城乡规划法》第 42 条规定，城乡规划主管部门不得在城乡规划确定的建设用地范围以外作出规划许可。事实上规划选址存在城乡规划确定的建设用地范围外选址的可能性（例如跨行政区域的建设项目），因此选址意见书不应增设为规划许可。选址意见书代表的是规划主管部门对某地块适宜用地性质、开发强度等规划条件的确认意见，而具体到建设单位并不是其主要审批内容，而是发展改革等项目审批部门的职权范畴。因此以划拨方式供地的建设项目，完全可以参照出让方式供地项目，在规划主管部门提供规划条件后由发改部门进行核准。而对于实行审批制的政府投资项目，由于发展改革等项目审批部门以及规划管理中建设用地规划许可的把关，实际上选址意见书起到的规范建设项目的作用已很小，反而增加了行政审批环节。因此，选址意见书应逐渐过渡为规划主管部门针对不同投资主体，提出某地块适宜开发建设的规划意见，而不应作为城乡规划实施的法定手段。对于新纳入城市规划区的原非计划区，应及时妥善处理原有建筑物，并应当规定通过追认或者改造使其合法化为原则。

（4）行政许可内容

《城乡规划法》行政许可与非行政许可的内容缺乏准确界定。我国地方性建设法规及技术文件都规定了各自的报批对象，但没有明确规定哪些建设活动不需要申请规划许可，由于对开发项目是否需要申请规划许可的界定不清，对一些事实需要规划许可的建设项目缺少明确的规定和限制。

（5）行政许可程序

行政许可程序（如先有选址、规划条件后方可办理土地手续，是否是基本农田）涉及众多职能部门之间的协调及多元利益主体的配合，部门沟通欠缺。如《建筑法》第 8 条和《房地产法》第 44 条均有明确规定，建设工程规划许可证的取得是申领施工许可证和商品房预售许可证的钳制条件，但《城乡规划法》的立法内容并未得到相应反映。《城乡规划法》也未明确出现合法化的概念和程序，实践中将违法建设合法化的情形主要有三种：①年代久远的违法建设，由于历史原因和时效问题，不得不将其合法化；②违法建设在补办手续或限期改正后合法化；③罚款后合法化，源于违法执法。违法用地合法化目前主要通过土地确权违规实现。而对于一些违反规划但确有一定价值的建筑，我国目前还缺少将其合法化的法定路径。

2. 规划行政处罚

《城乡规划法》中规定的对行为相对人违法行为的处罚方式主要包括查封现场、限期改正、罚款、没收、拆除等方式，但是在执行的过程中还存在一些模糊之处。

（1）查封现场

《城乡规划法》规定，城乡规划主管部门作出停止建设或者限期拆除的决定后，当事人不停止建设或者逾期不拆除的，建设工程所在地县级以上人民政府可以责成有关部门采取查封施工现场的措施。查封现场的行政处罚存在三个不明确的问题：①查封现场的行政执法主体并不明确，按照《城乡规划法》和《北京市城乡规划条例》规定，查封现场由建设工程所在地县级以上地方人民政府可以责成有关部门，《〈北京市城市规划条例〉行政处罚办法》规定城市规划行政主管部门作为执法主体，《北京市禁止违法建设若干规定》则规定城市综合执法部门和乡镇人民政府作为查封现场的行政执法主体，多个法律规定不一，存在法律适用性问题；②查封现场的时限未明确。法律法规均未规定查封现场的有效时间；③查封现场受到阻挠的应对措施未能明确。暴力抗法常常出现在查封现场和拆除等时期，由于查封施工现场行为在执行上及具体实施上无明确规定，如实施后可能存在涉诉风险。

（2）限期改正

限期改正是要求违法行为当事人在规定期限内对违法建设的实体违法部分进行改正的措施，其前提条件是违法建设能够在规定期限内通过改正恢复到消除违法影响的状态，改正的结果就是使违法建设恢复到合法状态，责令限期改正的期限一般不超过 15 日。限期改正存在两个问题不能解决：①对于限期改正的具体期限，法律规定为 15 日，但实际工作过程中，常常由于各种原因未能在规定的时限内完成，且缺乏必要的保证措施；②改正到何种程度即可，并没有法律规定和具体的法律解释。

（3）恢复原状

目前行政法对"恢复原状"中的"原状"没有清晰的界定。学界关于"恢复原状"的讨论多局限在物权法领域，提出的一般原则是恢复原状付出成本不超过金钱赔偿时，可进行恢复原状。

（4）罚款

罚款是违法建设治理过程中最常用的处罚形式。按照《住房和城乡建设部关于印发〈规范城乡规划行政处罚裁量权的指导意见〉的通知》（建法[2012]99号）第6条规定，处罚机关按照第5条规定处以罚款，应当在违法建设行为改正后实施，不得仅处罚款而不监督改正，说明罚款属于并罚形式。关于罚款基数的计算，第12条规定，对违法建设行为处以罚款，应当以新建、扩建、改建的存在违反城乡规划事实的建筑物、构筑物单体造价作为罚款基数。已经完成竣工结算的违法建设，应当以竣工结算价作为罚款基数；尚未完成竣工结算的违法建设，可以根据工程已完工部分的施工合同价确定罚款基数；未依法签订施工合同或者当事人提供的施工合同价明显低于市场价格的，处罚机关应当委托有资质的造价咨询机构评估确定。目前，我国对违法建设的罚款属于行政罚款范畴，对个人罚款以10万元为上限，对单位罚款以100万元为上限，对违法工程罚款一般以工程造价的10%为上限，而工程造价的计算不包含土地价值，总价值也比较低，与违法建设所带来的收益相差甚远。《城乡规划法》规定的罚款中对于工程造价的计算没有具体的操作办法，固定5%~10%的处罚份额也相对僵化。《关于规范城乡规划行政处罚裁量权的指导意见》规定的违法收入是按照新建、扩建、改建的存在违反城乡规划事实的建筑物、构筑物单体出售所得价款计算，实际上包含了土地价值，这是较为合理的。总体而言，我国对违法建设的罚款仅停留在行政罚款层面，罚款金额较少，不足以震慑违法建设行为。

（5）冻结房产

冻结房产属于违法建设治理过程中的辅助手段，我国《城市房地产管理法》、《城市房地产转让管理规定》、《房屋登记办法》中存在冻结房产的相关规定，但不够明确。根据《民事诉讼法》和《关于人民法院民事执行中查封、扣押、冻结财产的规定》等法律法规规定，冻结房产只能由人民法院执行。

（6）没收

没收是行政处罚中仅次于拆除的较为严厉的行政处罚。依据《行政处罚法》第53条的规定，除依法应当予以销毁的物品外，依法没收的非法财物必须按照国家规定公开拍卖或者按照国家有关规定处理。没收非法财物拍卖的款项，必须全部上缴国库，任何行政机关或者个人不得以任何形式截留、私分或者变相私分；财政部门不得以任何形式向作出行政处罚决定的行政机关返还没收非法财物的拍卖款项。由于违法建设为不可移动财产，在没有合法化之前不能拍卖。对于不符合规划要求的违法建设，之所以要没收是因为"无法拆除"。对于无法拆除而又不符合规划的违法建设，《城乡规划法》未有明确的没收程序和管理规定，没收后的建筑及其附属设施没有明确的接收主体，导致没收多以罚款替代，运用较少，难以符合法律本意。

3. 民事责任

"任何人不得从其违法行为中获利"的法谚源自罗马法：刑法中的罪刑相适应原则、民法中的全部赔偿原则。民事责任对于城乡公共利益的侵害而言是最有效的责任方式，如果运用得当，仅仅民事责任本身就足以在相当大的程度上震慑潜在的违法者。我国《民法通则》关于侵权责任的责任方式包括停止侵害、排放妨碍、消除危险、返还财产、恢复原状、赔偿损失、消除影响、恢复名誉、赔礼道歉等。其中，城乡规划法中主要是"排除危害、赔偿损失"。目前我国城乡规划法律中有关民事责任的规定存在重大缺陷，没有规定"恢复原状、赔偿损失、消除影响"这些责任方式，也造成拆除费用无法可依。

4. 行政处分

新的《城乡规划法》虽然明确了处分的对象、责任主体和违法行为,较原《城市规划法》相关规定有了历史性飞跃。但从实际操作角度看，对违法对象的划分还显单一,违法行为界定过于原则，处分种类也未明确 ❶;同时《城乡规划法》对政府的法律责任作出的行政处罚规定中，政府的法律责任承担模式是：对机关进行通报批评或责令改正,对直接责任人员给予行政处分。依据《公务员法》（2006）第 56 条规定，行政处分分为警告、记过、记大过、降级、撤职、开除六个等级，对公务员因未依法履行职责的行为给予何种等级的行政处分，《城乡规划法》没有明确规定，再加上作出行政处分的机关是本级政府或者上级政府，就很容易出现给予重大违法行为轻罚的现象。现实中，一些地方政府为实现 GDP 和政府财政收入的最大化增长,进行城市建设时大肆违反《城乡规划法》等相关规定，最后在追究责任时，仅对当地政府通报批评，对直接责任人员给予警告、记过等行政处分，甚至有些官员不仅没有被处罚，反而因为"政绩卓著"而被提拔。最大限度地追求 GDP 和财政收入的增长，以求获得政绩和提拔，这是地方政府想违法进行城市规划和建设的动力所在；事前缺乏有效的制约机制和制约力量，事后追究责任不力，这是地方政府敢违法进行城市规划和建设的主要原因。

---

❶ 苏自立，曹银涛．违反城乡规划的惩戒性立法探索——以《重庆市城乡规划违法违纪行为处分规定》为例 [J]．城市规划，2010（9）：35-39.

5. 刑事处罚

刑事责任作为法律责任的最后一道防线，如果运用得当，也能在很大程度上震慑潜在的违法者。由于违法建设侵害的是公共利益，人身侵害并不明显，按照《侵权法》规定与民事权益和违法建设相关的有生命权和健康权，即可能由于违法建设遮挡阳光、破坏消防通道等而产生的生命权和健康权侵害，遗憾的是该法并未对违法建设侵害进行详细规定。因此在刑事责任方面，我国现行法律同样存在重大缺陷，缺乏错误作为的责任追究制度，缺乏有效的社会监督，违法成本低，这是地方政府能够肆无忌惮进行不良城市规划的重要原因。目前相关刑罚仅有渎职罪（主要是受贿罪）、非法占用农用地罪、非法转让倒卖土地使用权罪、重大环境污染事故罪、妨害公务罪、煽动暴力抗拒法律实施罪、聚众冲击国家机关罪等。

（三）法律不完善方面

1. 乡村规划管理制度不完善

《城乡规划法》首次提出乡村规划建设需要"乡村规划许可证"，这一创新举动有利于城乡规划的统筹发展和科学合理安排落实乡村建设，但首次提出也面临着配套制度不完善和缺乏相关实施经验的问题。村庄建设规划行政许可的基本要件是许可依据、许可部门和许可申请。按照法定规划体系，行政许可依据应为村规划。类比城镇规划管理的行政许可依据，村庄规划应至少达到控制性详细规划的深度方可作为依据进行行政许可。在原有村庄底数不清、产权不明、需求多变、政策多样、依据多元、标准缺失的基础上编制的村庄规划更多依赖村庄规划编制的公众参与流程，很难达到规划本身的技术价值和行政许可的准确性、唯一性和科学性要求，使得事权依据和土地使用合理性判别存在基础性障碍。

2. 公众参与管理制度不完善

《城乡规划法》对公示、听证的规定过于原则化。《行政许可法》对行政许可实施中需要听证的情况作出规定，但《城乡规划法》对公示和听取意见应采取的形式以及举行听证会和听取相对人和利害关系人的意见的情形并不明确。

3. 规划救济制度不完善

（1）司法救济

《城市规划法》第42条规定，当事人对行政处罚决定不服的，可以在接到处罚通知之日起十五日内，向作出处罚决定的机关的上一级机关申请复议；对复议决定不服的，可以在接到复议决定之日起十五日内，向人民法院起诉。当事人也可以在接到处罚通知之日起十五日内，直接向人民法院起诉。当事人逾期不申请复议、也不向人民法院起诉、又不履行处罚决定的，由作出处罚决定的机关申请人民法院强制执行。也就是说当时的法律规定行为相对人可以采用司法诉讼维护自己的权益。

（2）行政救济

行政救济是行政复议机关依法对在城乡规划管理过程中，公民、法人或者其他社会组织因规划行政主管部门及具有行政处罚权的执法部门的违法或不当行为使其合法权利受到侵害作出的有效补救及给予的必要和适当补偿的制度。按照行政诉讼法规定，人民法院不受理公民、法人或其他社会组织对行政法规、规章或者行政机关制定、发布的具有普遍约束力的决定、命令等抽象行政行为提起的诉讼，因此我国还不能针对行政计划行为直接提请撤销之诉。

4. 没收制度不完善

（1）没收物的产权归属

没收是行政处罚中仅次于拆除的较为严厉的行政处罚。《当代汉语词典》将没收定义为：把犯罪的个人或集团的财产收归公有，也指把违反禁令或规定的东西收去归公。❶《建筑经济大辞典》将没收定义为：剥夺个人所有的财产，无偿地收归公有。有下列三种情况：①刑罚的一种。各国对没收的规定大致有两种情况，一种是所谓一般没收，即将犯人的全部财产悉行剥夺，收归公有。另一种是所谓特别没收，即没收与犯罪有密切关系的特定物。其范围涵盖三类，第一类是国家规定禁止私人制造的物或不许个人持有的物，即违禁物。第二类是为实行犯罪准备和使用的物，如为杀害用的凶器、伪造货币用的器械等。第三类是犯罪所得的物，如盗窃所得的钱财，贿赂所受的财物等。我国刑法规定，没收财产是一种附加刑，并规定它也可以独立适用。在适用没收财产的刑罚时，没收犯罪分子个人所有财产的一部或全部，不得没收属于犯罪分子家属所有或者应有的财产。查封财产以前犯罪分子的正当债务，需要以没收的财产偿还的，经债权人请求，由人民法院裁定；②革命措施。主要是中华人民共和国成立初期依法没收地主土地、官僚资本；③行政处分。如海关对于一般走私行为，尚不够判刑的，没收其走私物品。❷一些行政学者将没收界定为有处罚权的行政主体依法将违法行为人的违法所得和非法财物收归国有的处罚形式。❸因此，没收的

---

❶ 莫衡等 . 当代汉语词典 . 上海：上海辞书出版社 .2001.

❷ 黄汉江 . 建筑经济大辞典 . 上海：上海社会科学院出版社 .1990.

❸ 姜明安 . 行政法与行政诉讼法（第六版）[M]. 北京：北京大学出版社 .2015.

对象一定包含违法财物，其结果一定是将违法财物收归国家所有。《行政处罚法》第53条规定，没收违法所得和非法财物，必须全部上缴国库，任何行政机关或者个人不得以任何形式截留、私分或者变相私分。财政部门不得以任何形式向作出行政处罚决定的行政机关返还没收的违法所得和非法财物。

（2）没收物的拍卖

《行政处罚法》第53条规定，除依法应当予以销毁的物品外，依法没收的非法财物必须按照国家规定公开拍卖或者按照国家有关规定处理。没收非法财物拍卖的款项，必须全部上缴国库，任何行政机关或者个人不得以任何形式截留、私分或者变相私分。财政部门不得以任何形式向作出行政处罚决定的行政机关返还没收非法财物的拍卖款项。但是，违法建设在没有合法化之前不能拍卖。对于不符合规划要求的违法建设，之所以要没收是因为"无法拆除"和"无法合法化"。对于无法拆除而又不符合规划的违法建设，法律缺乏明确的规定，从而形成逻辑悖论。

（3）没收物的管理

国家层面的法律未规定违法建设的具体操作程序，使违法建设在没有正式的产权手续前提下很难拍卖，因此只能归房产管理部门统一管理，但其具体用途、使用方式等很难规定，部分城市将其用于保障性住房或其他公用事业。同时没收分为全部没收或部分没收，建筑本身的关联性使得部分没收部分难以使用，因此有些城市采用自增建部分基底起实施没收，有效杜绝了取得有效证件却在施工期间加建、扩建的情况。

（四）法律缺失方面

1. 区域规划内容的缺失

《城乡规划法》在区域规划方面的局限表现在区域规划尤其是跨区域规划内容的缺失❶。如果说市域范围内区域规划的内容可以通过划定规划区得到兼顾，而跨市甚至跨省的区域规划在《城乡规划法》中则是空白，也因此同样缺失设立区域性规划委员会和区域规划建设委员会的规定，导致区域协调的基本规划原则未得到制度化的表达，仅仅在约束力很弱的第5条"城市总体规划、镇总体规划以及乡规划和村庄规划的编制，应当依据国民经济和社会发展规划，并与土地利用总体规划相衔接"中有所体现。同时，制度化规划序列中市（县）域城镇体系规划基本无法发挥本应由区域规划发挥的作

---

❶ 张京祥，罗震东. 从城市区域视角审视《城乡规划法》[J]. 城市规划，2006（12）：54-56.

用：①市（县）域城镇体系规划无法表达或承载区域规划的全部内容；②除国家和省域城镇体系规划外，市（县）域城镇体系规划的地位和作用有弱化的倾向。

2. 乡村人居环境内容的缺失

目前我国乡村管理水平极低，具体体现在两个方面：①改善乡村人居环境的相关法律和法规严重缺失。体现在我国乡村地区农房建设质量管理的制度至今仍是空白，如《建筑法》第83条规定，抢险救灾及其他临时性房屋建筑和农民自建低层住宅的建筑活动，不适用本法。同时《村委会组织法》框架下的村民自治与《城乡规划法》框架下的乡村规划编制权、空间管理权还存在争议；②在乡村规划建设管理方面缺乏对村民义务的约束内容和约束手段，体现为缺乏具体的执法机构和执法人员。

3. 地下空间管理内容的缺失

我国地下空间相关立法主要局限于各专项工程的建设和管理，对于地下空间的综合管理、规划编制、规划审批、用地权属、建设管制等体制机制问题缺乏明确的规定，无法适应当前地下空间快速发展的需求。

四、城乡规划法的制度建议

任何一部成文法的进步和局限都是并存的，中国快速城镇化背景下新问题、新需求不断出现，也使得不断修订和完善现有法律法规成为立法实践的重要组成部分。

（一）完善《城乡规划法》的法条解释

作为法律的重要组成部分，由最高立法部门作出的法条解释同样具有法律效力，应完善以下内容：

1. 完善和增补区域规划内容

完善市（县）域城镇体系规划内容与形式的转化及其与城市总体规划的融合。根据《城乡规划法》对规划区概念的界定，在高度城市化地区城市规划区可以是整个市（县）域，其中城市总体规划可以更多地发挥区域发展战略即协调统筹职能，以满足城市区域一体化发展需求。此外，应在《城市规划编制办法》中补充一定的区域规划内容。

2. 加大对政府的法律震慑和社会监督

政府作为国家行政机关，承担着实现和维护公共利益的职责。同时，作为理性经济人，政府官员又追求自身利益的最大化。"经济人"假设不是对人的歧视和否定，而只是揭示出人自利的本性。在现实中，"没有利益支撑的公利行为是难以长久的、稳定的、持续的、理性的和有节制的"。❶政府官员在履行行政服务职能时追求自身利益（包括权力、地位、收入和名誉等）是合理的，关键是政府官员对自身利益的追求不能以权力交易和损害公共利益为前提。如何防止政府官员通过权力寻租和损害公共利益等手段来追求自身利益呢？靠政府官员的自制力显然是不行的，必须要靠法律约束。因此法律至少应当在以下两个方面作出有效约束：①加大对政府官员以权谋私、损害公共利益的行为的惩罚力度。通过加大处罚力度，增加官员以权谋私、损害公共利益行为的成本，对政府官员的行为形成震慑，促使其正确行使职权，正确处理好私人利益与公共利益的关系；②赋予公民以切实的参与权、监督权和畅通的法律救济途径，实现社会对政府的有效监督和制约。相关公民中的大多数是公共利益的直接或间接受益者，公共利益实现与否，关乎大多数相关公民的私人利益能否实现。因此，法律赋予公民以切实的参与权和监督权，能够对政府官员的行政行为形成有效的监督和制约，促使其合法合理行政。

3. 加强对开发商的监督和法律震慑

开发商通过投资追求利益最大化的动机，与城市政府通过发展房地产等产业来实现 GDP 和财政收入增长的目的不谋而合，这促使二者结合并形成城市增长联盟。在城市规划的制定和实施过程中，二者占据绝对优势地位，主导着城市空间形态的发展并从中各取所需。开发商还往往通过对政府官员行贿等手段从政府手中获取政策优惠等支持，或者擅自违反法律和城市规划的规定，建设违规违章建筑，以此为自己谋取更大的利益。对于以上行为，法律应在以下两个方面予以加强：①监督。加强监督既包含加强执法监督，也包含加强社会监督。在执法监督上，要统一执法监督主体，完善监督技术，建立定期监督巡查制度。在社会监督上，要赋予广大公民以举报权，重视并保护公民的举报行为；②威慑。加强威慑就是要加大对开发商行贿和违规建设等行为的惩处力度，迫使其不敢恣意违反法律和城市规划的规定。

4. 完善社会公众相关权利

在当前情况下，政府和开发商处出于强势地位，二者很有可能会利用手中的权力或资本非法谋取自身利益的最大化。社会公众处于弱势地位，其利益诉求难以表达，其合法权益随时可能受到侵害。为规范政府、开发商、社会公众之间的关系，以及维护社会公正，法律应当除了需加强威慑，尤其是加强对政

---

❶ 宋喆．"经济人"假说对规范政府官员行为的启示［J］. 东方企业文化，2012（12）:137-139.

府和开发商违法行为的威慑、监督和制约外，还应完善和巩固社会公众的相关权利，使社会公众的合理利益诉求能够在城市规划的制定和实施过程中得以体现。社会公众的相关权利至少应当包括知情权、参与权、监督权、举报权等。法律不仅要规定公众享有这些权利，而且还要保证公众能够切实行使这些权利，在权利受到侵害时，公众能够得到有效的法律救济。

（二）适时进行《城乡规划法》的修订

1. 加强城乡规划抽象行政行为的司法审查

增加对规划抽象行政行为的复议和司法审查机制。除了依法进行规划的公示公开和公众参与，应立法允许公众通过复议审查和司法审查，对行政规划的合法性进行审查，以期获得权利救济。既定规划，其本质就是一种抽象行政行为，行政机关可以依据规划，实施行政许可。尤其是目前我国司法审查的受案范围仅限于行政机关的具体行政行为所产生的行政争议，且理论中为了说明对规划进行司法审查的合理性，编造种种理由试图将有些规划纳入具体行政行为范畴。应该说，这都不是解决问题的办法，也不符合规划的科学属性。为了保障民众的权益，应当规定将城乡规划作为抽象行政行为，纳入司法审查对象。

2. 鼓励跨行政区域的规划管理创新

根据区域发展的需要，鼓励跨行政区域的规划创新，并赋予其成果法律地位和法律效力，是积极推进区域规划编制和实施的有力措施。根据公共物品的属性进行权力与资源的划分，加强省一级政府的创新自主权，强化省级政府应对发展的引导和控制力，促进多中心协同治理。

（三）补充相应的法律法规

《城乡规划法》作为主干法，处于城乡法规体系的核心，具有纲领性和原则性的特征，而具体实施细节则需要制定相应的配套法规或专项法规加以明确，从而对主干法形成必要的补充和保护：①制定《区域空间规划法》。借鉴德国的经验，在城市规划核心法《联邦建设法典》外制定《空间秩序法》以解决区域发展规划的空间层次的问题。我国应编制《区域空间规划法》作为《城乡规划法》的配套法或专项法，相对独立的《区域空间规划法》能比较全面地补充区域规划的相关内容和实施措施，也能成为对《城乡规划法》的有力补充；②制定《地下空间管理法》。应从对照地上和地下空间开发差异性和特殊性的角度，明确地下空间立法的五项任务：明确地下空间利用的基本规则，建立地下空间管理的协调机制，完善地下空间建设的程序规定，确立地下空间使用的安全核心，形成地下空间维护的长效机制。基于地下空间全面、协调管理和规划引领、职责一致原则合理开发和有效管理地下空间，确立管理模式，实现地下空间利用的可持续发展；③制定《乡村保护法》。奉行依法治国理念，制定《乡村保护法》或《乡村发展法》，建立永久性农村地区和农业自然保护区，采取有机农业的可持续发展方式，切实保护农村、农民、农业，实现乡村依法治理，逐步促进乡村规划建设管理法制化、制度化。细化乡村规划许可制度，修订《建筑法》，将乡村居民住宅建设纳入法律框架体系，确保农房建设实现依法管理。

本章小结

城市规划政策的制定和实施是一个政策本身与政策客体、政策环境之间不断博弈的动态过程。规划失灵既是转型期我国公共行政领域面临的普遍困境，也是城市规划领域的特有症结，其根本原因是城市规划的合理性不再只建立在合理的工程技术的基础上，还在于城市规划利益相关各方存在选择和选择偏差。城乡规划的法制体系不断完备，但仍存在产权制度下的实施困境和权利救济的制度性缺陷。任何一部成文法的进步和局限是并存的，《城乡规划法》具有极强的进步意义，也存在法律相互冲突、规定不明确、程序不完善以及内容缺失等多方面的制度缺欠。在我国快速城镇化背景下，新问题、新需求不断涌现，不断修订和完善城乡规划法律体系成为立法实践的重要组成部分。